TRAITÉ

DES

FONCTIONS ELLIPTIQUES

ET DE LEURS

APPLICATIONS.

TRAITÉ

DES

FONCTIONS ELLIPTIQUES

ET DE

LEURS APPLICATIONS,

Par G.-H. HALPHEN,

MEMBRE DE L'INSTITUT.

TROISIÈME PARTIE.

FRAGMENTS.

PUBLICATION FAITE PAR LES SOINS DE LA SECTION DE GÉOMÉTRIE DE L'ACADÉMIE DES SCIENCES.

PARIS,

GAUTHIER-VILLARS ET FILS, IMPRIMEURS-LIBRAIRES

DU BUREAU DES LONGITUDES, DE L'ÉCOLE POLYTECHNIQUE,

Quai des Grands-Augustins, 55.

1891

Madame Halphen a confié les manuscrits laissés par son mari aux membres de la section de Géométrie de l'Académie des Sciences, en exprimant le désir que tout ce qui semblerait pouvoir être publié soit communiqué au monde mathématique.

Nous remplissons ses intentions, et nous faisons paraître, avec le concours dévoué de M. Stieltjes, ces quelques pages, où l'illustre géomètre a laissé ses dernières pensées.

Elles seront accueillies par les amis d'Halphen et les admirateurs de son talent avec les sentiments de tristesse et de regrets que nous laisse à jamais sa mort prématurée.

NOTICE

SUR

G.-H. HALPHEN,

PAR M. É. PICARD.

Il semble que l'on puisse aujourd'hui distinguer, chez les mathématiciens, deux tendances d'esprit différentes. Les uns se préoccupent principalement d'élargir le champ des notions connues; sans se soucier toujours des difficultés qu'ils laissent derrière eux, ils ne craignent pas d'aller en avant et recherchent de nouveaux sujets d'études. Les autres préfèrent rester, pour l'approfondir davantage, dans le domaine de notions mieux élaborées; ils veulent en épuiser les conséquences, et s'efforcent de mettre en évidence dans la solution de chaque question les véritables éléments dont elle dépend. Ces deux directions de la pensée mathématique s'observent dans les différentes branches de la Science; on peut dire toutefois, d'une manière générale, que la première tendance se rencontre le plus souvent dans les travaux qui touchent au Calcul intégral et à la théorie des fonctions; les travaux d'Algèbre moderne et de Géométrie analytique relèvent surtout de la seconde. C'est à celle-ci que se rattache principalement l'œuvre d'Halphen; ce profond mathématicien fut avant tout un algébriste. Les problèmes difficiles d'Algèbre et de Géométrie énumérative, par lesquels il débuta dans la Science, et où une solution n'a de prix que si elle est complète et définitive, l'habituèrent à creuser à fond les questions qu'il étudiait. On retrouve dans tous ses écrits le souci constant de ne rien laisser d'inachevé. Mettant à profit, avec un art consommé, le secours que peuvent se prêter les diverses parties des Mathématiques, il a su pousser jusqu'à leur dernier terme les solutions des problèmes qu'il s'est posés. Son œuvre, si parfaite, laissera dans la Science une trace durable.

Georges-Henri Halphen naquit à Rouen, le 30 octobre 1844; il entra à l'École Polytechnique en 1862, et, à sa sortie en 1866 de l'École d'Application de Metz, fut envoyé comme lieutenant d'Artillerie à Auxonne d'abord et ensuite à Strasbourg. Le premier travail mathématique que nous ayons à mentionner date de 1869: il est relatif à la recherche du nombre des droites communes à deux congruences. Halphen avait trouvé sa voie; nous allons le voir bientôt attaquer successivement, et avec plein succès, les problèmes les plus difficiles relatifs à la théorie géométrique de l'élimination et à la théorie des courbes algébriques. Travaillant en silence, il s'était initié, pendant les années précédentes, aux méthodes de l'Algèbre et de la Géométrie modernes. Dès cette époque, il était en possession de résultats de la plus haute importance, concernant les courbes gauches algébriques, et les communiquait très succinctement à l'Académie dans les premiers mois de 1870. Nous reparlerons de ce beau Mémoire, que d'autres productions d'Halphen égalent peut-être, mais certainement ne dépassent pas. Maintenant c'est sur un autre terrain que le lieutenant d'artillerie va déployer son énergie et montrer sa valeur. Il était à Besançon au mois de juillet 1870; après s'être occupé activement de l'armement de cette place, il arriva à Paris, très souffrant encore d'une chute de cheval qu'il venait de faire. Malgré l'avis de son médecin, il partit peu de jours après pour Mézières; employé d'abord à la défense de cette ville, il eut la chance de la quitter avant son investissement complet, et alla retrouver au Nord l'armée du général Faidherbe. Là il prit part à la bataille de Pont-Noyelles, où il fut fait chevalier de la Légion d'honneur, puis aux batailles de Bapaume et de Saint-Quentin. Il était nommé capitaine à la fin de cette campagne, dans laquelle il s'était signalé par des actions d'éclat, qui lui valurent l'honneur d'une citation dans le récit du général Faidherbe sur les opérations de l'armée du Nord.

En 1872, Halphen se fixe à Paris, où il devient répétiteur à l'École Polytechnique et reprend ses études scientifiques. De tous les travaux de cette partie de sa vie, ceux qui lui ont coûté le plus d'efforts sont relatifs à la théorie célèbre des caractéristiques. A la suite des recherches de M. de Jonquières et de Chasles, l'étude des systèmes algébriques de coniques, dépendant d'un paramètre arbitraire, préoccupait vivement les géomètres. Chasles avait, par induction, trouvé une loi générale faisant connaître le nombre des coniques satisfaisant à une condition donnée. Ce nombre se composait d'une somme de deux termes, chacun de ceux-ci étant un produit de deux facteurs, dont l'un dépendait seulement du système et l'autre de la condition. Halphen, en même temps que plusieurs autres géomètres éminents, s'efforça de démontrer la loi de Chasles : il crut même en avoir trouvé une démonstration ; mais, bientôt après, s'apercevant d'une erreur dans ses raisonnements, il fut conduit à soupçonner que la loi était inexacte et reprit l'étude de la question. Après de longues recherches, il eut la satisfaction d'arriver à la solution complète par une méthode dont on ne peut trop louer l'originalité. On peut faire correspondre uniformément les coniques d'un système aux points d'une courbe algébrique convenable ; de même, on fera correspondre à la condition donnée une autre courbe algébrique. C'est la considération de ces deux lignes qui conduit Halphen au résultat cherché. En particulier, pour que l'énoncé de Chasles soit exact, il faut et il suffit que l'une d'elles ne passe pas à l'origine des coordonnées. Il en sera toujours ainsi, si le système de coniques ne présente que des singularités ordinaires, c'est-à-dire des singularités qui existent nécessairement dans l'ensemble d'un système et de son corrélatif. Cette distinction entre les singularités ordinaires ou nécessaires et les singularités extraordinaires avait été pour Halphen, au début de ses études, un trait de lumière. Elle lui était bien familière dans une autre théorie, dont il s'occupait en même temps, celle des courbes algébriques, à laquelle il consacra de nombreux Mémoires.

Les points singuliers jouent dans l'étude des courbes algébriques un rôle considérable. Les principes pour la discussion d'une telle courbe dans le voisinage d'un point avaient été établis définitivement par Puiseux. D'autre part, Riemann, dans sa théorie des fonctions abéliennes, avait introduit la notion capitale du genre des courbes algébriques, et partagé celles-ci en différentes classes, deux courbes étant de la même classe quand elles se correspondent uniformément. L'illustre géomètre, qui aimait les grands horizons, avait peu insisté sur plus d'un point difficile, en particulier sur ce qui concerne les singularités élevées. Halphen donne une formule générale, applicable à tous les cas, pour la détermination du genre d'une courbe algébrique ; puis, passant à l'étude des courbes d'une même classe, il approfondit une proposition remarquable donnée par M. Nœther, d'après laquelle on peut trouver dans toute classe des courbes n'ayant que des singularités ordinaires. Le savant géomètre allemand employait pour cette transformation une succession de substitutions quadratiques; Halphen veut trouver une transformée ayant avec la courbe initiale des rapports géométriques simples; il y réussit de deux manières différentes. Dans une première solution, il établit que toute courbe plane algébrique est la perspective d'une courbe gauche n'ayant qu'un point singulier, et telle qu'en ce point toutes les branches aient des tangentes distinctes; faisant alors la perspective de cette courbe gauche d'un point de vue arbitraire, il obtient la transformée cherchée. La seconde solution se rattache à l'étude d'une série de courbes analogues aux développées, dans laquelle apparaissent dans tout leur éclat la science profonde et le remarquable talent de notre auteur. Prenant une conique arbitraire dans le plan de la courbe à transformer, il considère en chaque point de celle-ci sa tangente et la polaire du point par rapport à la conique; le lieu de l'intersection de ces deux droites donne une transformée uniforme de la courbe. Halphen établit qu'après avoir répété un nombre fini de fois cette transformation on arrivera à une courbe n'ayant plus que des points singuliers ordinaires ; puis il démontre ce théorème si curieux et si caché, qu'à partir d'un certain rang les degrés et les classes des transformées précédentes forment deux progressions arithmétiques de même raison. Ce beau résultat comprend, comme cas particulier, cette étonnante propriété des développées successives des courbes algébriques, dont les degrés et les classes sont, à partir d'un certain rang, en progression arithmétique.

Ces travaux approfondis sur la théorie des courbes permirent à Halphen de reprendre ses études sur l'élimination. La recherche des points d'une courbe algébrique, qui satisfont à une condition exprimée par une équation différentielle algébrique donnée, se présente en Géométrie dans divers cas particuliers, par exemple dans la recherche des points d'inflexion. La question méritait d'être abordée dans toute sa généralité. Halphen se place au même point de vue que dans la théorie des caractéristiques, c'est-à-dire cherche à mettre en évidence les éléments relatifs à la courbe et les éléments dépendant de la condition, qui est ici l'équation différentielle. Pour les équations du premier ordre, la solution est de même forme que dans le cas classique des caractéristiques; pour celles du second ordre, on a encore une formule analogue, mais renfermant trois termes au lieu de deux. La généralisation semble immédiate, mais l'analogie tromperait étrangement ; pour les équations d'ordre supérieur, on ne peut plus, d'une manière générale, fixer de limite pour le nombre des termes. C'est là un résultat dont l'intérêt philosophique est très grand; il montre, avec la dernière évidence, que les singularités élevées des courbes algébriques ne peuvent avoir pour équivalents, dans toute question, un nombre déterminé de singularités ordinaires indépendant à la fois de cette question et de la courbe que l'on étudie. Bientôt après, ces difficiles recherches sont étendues aux courbes gauches, et, dans quelques cas particuliers, aux surfaces algébriques.

Dans un des Mémoires précédents, Halphen avait rencontré des équations différentielles restant inaltérées par une transformation homographique quelconque. Ce nouveau genre d'invariance excita son intérêt; il réussit à former toutes les équations jouissant de cette propriété et présenta ce travail comme Thèse, en 1878, sous le titre d'*Invariants différentiels.* L'équation différentielle des lignes droites et celle des coniques donnaient immédiatement deux exemples d'invariants. La découverte d'un invariant du septième ordre, amenée par les considérations géométriques les plus ingénieuses, permit à Halphen de développer la théorie générale, qu'il étendit ensuite aux courbes gauches.

Ces résultats, si intéressants en eux-mêmes, allaient permettre à leur auteur d'aborder une importante question de Calcul intégral. Dans deux Notes mémorables, Laguerre venait d'appeler l'attention des géomètres sur les invariants des équations différentielles linéaires. Halphen voit de suite le rapport qu'il y a entre ses recherches antérieures et la notion nouvelle introduite par Laguerre; ainsi assuré, en quelque sorte *a priori,* de la possibilité d'édifier une théorie complète des invariants des équations linéaires, il s'attaque à ce nouveau problème et en approfondit tous les détails. Le nombre des invariants absolus distincts d'une équation linéaire est inférieur de deux unités à son ordre; on peut les obtenir d'une manière régulière, en ramenant l'équation à une forme canonique, forme dont l'introduction dans cette question, comme dans certaines théories algébriques parallèles, est bien digne de remarque. Halphen montra l'intérêt de ses recherches au point de vue du Calcul intégral, en apprenant à reconnaître si une équation différentielle linéaire est susceptible d'être ramenée à certains types connus déjà intégrés, au moyen d'un changement de variable et de fonction qui n'altère pas sa forme. On comprend que les relations entre les invariants absolus doivent jouer, dans une telle question, un rôle capital; c'est, en effet, de la nature de ces relations qu'Halphen déduisit la solution du beau problème qu'il s'était posé. L'Académie avait proposé, comme sujet du grand prix des Sciences mathématiques pour 1880, de perfectionner la théorie des équations différentielles linéaires; le prix fut décerné au Mémoire *Sur la réduction des équations linéaires aux formes intégrables*.

Bientôt après, Halphen remportait un nouveau succès académique. L'Académie des Sciences de Berlin avait mis au concours, pour le prix Steiner de 1882, la solution d'une question importante concernant les courbes gauches algébriques. Halphen, nous l'avons dit, possédait, dès 1870, d'importants résultats sur cette théorie; ce lui fut l'occasion de reprendre son travail qui n'avait pas été publié et de le compléter. Il l'envoya au concours et reçut le prix, qui fut doublé, en même temps que M. Nœther. Cet admirable Mémoire me paraît l'œuvre la plus profonde d'Halphen. Il a réussi à énumérer et à classer en diverses familles les courbes d'un même degré. Dans la théorie si difficile des courbes gauches algébriques, c'est sur l'extension des formules de Plücker qu'avaient d'abord porté les efforts des géomètres; elle fut obtenue, il y a longtemps déjà, par M. Cayley, et complétée par M. Salmon. Dans ces formules s'introduisent, outre le degré, certains nombres entiers relatifs à la courbe considérée; mais ceux-ci ne suffisent pas, en général, à distinguer une famille de courbes. Parmi eux, il en est un d'une importance extrême; c'est le nombre des points doubles apparents. Pour une courbe d'un degré donné, ce nombre a une limite supérieure, facile à obtenir. Bien autrement cachée était la limite inférieure; Halphen réussit à trouver la limite véritable, c'est-à-dire celle qui peut être effectivement atteinte, et démontre ce résultat si saillant que les courbes correspondantes sont situées sur des surfaces du second degré. La classification repose sur la considération de l'ordre minimum d'une surface algébrique passant par la courbe gauche; pour l'obtenir, Halphen introduit différentes fonctions numériques du degré de la courbe, dont les valeurs sont comprises entre le maximum et le minimum que nous venons de signaler, et l'ordre cherché dépend de la place qu'occupe dans cette suite le nombre des points doubles apparents. Les méthodes générales sont appliquées à la classification complète de courbes jusqu'au vingtième degré, et à celle des courbes de degré cent vingt.

Je ne puis parcourir l'œuvre entière d'Halphen ; à côté de ces études de longue haleine, dont nous avons essayé de donner une idée, nous pourrions citer d'autres Mémoires de moindre étendue, où nous retrouverions une pensée originale. Mentionnons au moins un travail sur la théorie des séries, qui renferme des résultats inattendus; une série très générale, procédant suivant certains polynômes entiers, dont chacun est la dérivée du suivant, et qui semble susceptible de représenter des fonctions très variées, ne peut au contraire être employée que pour le développement de fonctions entières, jouissant elles-mêmes d'un caractère très spécial. De tels résultats, si négatifs qu'ils soient, sont d'un grand intérêt; ils nous montrent une fois de plus avec quelle prudence on doit procéder dans l'emploi de nouveaux modes de développement des fonctions. Ces constatations ont d'ailleurs leur mélancolie, car elles peuvent inquiéter pour plus d'un développement, usité dans les applications, et dont la légitimité est pour le moins douteuse.

Ces travaux considérables avaient placé Halphen parmi les géomètres les plus éminents de l'Europe. Le 15 mars 1886, l'Académie des Sciences, dont il avait été trois fois le lauréat, le désignait, à la presque unanimité des suffrages, pour remplir la place vacante, dans la Section de Géométrie, par le décès de M. Bouquet. Halphen était chef d'escadron depuis le 13 juillet 1884, et il avait, peu de temps auparavant, été nommé examinateur d'admission à l'École Polytechnique. Dans ces concours, où sont en présence de si sérieux intérêts, ce n'est pas une tâche facile que d'exprimer, par un nombre, son opinion sur la valeur d'un candidat. Jugeant de ce qu'il sait, on voudrait aussi apprécier l'effort intellectuel dont il sera plus tard capable; difficulté d'autant plus grande qu'une préparation excellente, mais ayant quelquefois cherché à tout prévoir, peut provoquer l'illusion. Dans ses nouvelles fonctions, Halphen montra, dès le début, beaucoup de pénétration. Enchaînant ses questions avec une grande habileté, il parcourait sans effort le cycle entier du programme et il a laissé le souvenir d'un examinateur incomparable.

Tous ceux qui ont approché Halphen ont apprécié ce caractère noble et loyal, que blessait et irritait la moindre injustice. Quand l'intérêt de la Science lui paraissait en jeu, il exprimait sans réserves son opinion. Bienveillant pour les travaux qu'il avait à juger, quand il croyait y trouver une idée, il aimait peu les généralisations faciles, qui, disait-il, encombrent la Science.

Au mois d'octobre 1886, Halphen voulut reprendre dans l'armée un service actif, et fut chargé du commandement de batteries au 11e régiment, à Versailles. C'était une lourde tâche qui venait s'ajouter à l'effort considérable que lui demandait en ce moment même la préparation de son *Traité sur les fonctions elliptiques*.

On ne peut parler sans tristesse de cette Œuvre, interrompue par une impitoyable fatalité, où l'auteur s'était proposé de développer la théorie des fonctions elliptiques sous la forme qui lui paraissait la plus avantageuse pour les applications, et en même temps de donner de celles-ci un tableau complet. Halphen était depuis longtemps familier avec cette théorie. Ses recherches sur les équations différentielles linéaires avaient principalement porté autrefois sur les équations à coefficients doublement périodiques; plus récemment un Mémoire sur une courbe élastique l'avait forcé à faire une discussion approfondie des divers cas qui peuvent se présenter dans le problème de l'inversion. Les deux premiers Volumes seuls ont paru : le premier est consacré à la théorie générale, le second traite des applications à la Mécanique, à la Géométrie et au Calcul intégral. Ils exerceront une grande influence sur cette importante branche de la Science. Les questions traitées trouvent là leur solution définitive. Les transcendantes elliptiques y sont maniées avec la même aisance que les fonctions circulaires dans d'autres sujets plus élémentaires ; les formules de cette autre Trigonométrie sont certes plus complexes, mais cette complication, tenant à la nature des choses, semble réduite autant qu'il est possible.

Le troisième Volume devait traiter des applications algébriques et arithmétiques; c'eût été, sans aucun doute, la partie maîtresse de ce bel Ouvrage. C'est là que se serait déployé dans tout son éclat le talent d'Halphen, rompu aux problèmes les plus abstraits de l'Algèbre. Après de laborieux efforts, ce puissant esprit avait enfin triomphé des difficultés énormes que présentait un tel sujet, et il allait se mettre à la rédaction définitive. Le temps ne devait pas lui être donné pour achever son œuvre. Le 21 mai dernier, il était enlevé à l'affection des siens, après une courte maladie, à l'âge de quarante-quatre ans. Ce fut un deuil cruel pour la Science française, dont il était un des plus éminents représentants, et aussi pour notre armée, qui perdit en lui un officier supérieur du plus grand avenir. Tous les amis d'Halphen garderont le souvenir de cet homme de cœur, qui mourut avant l'heure en travaillant noblement pour la Science et pour son pays. Sa vie trop courte aura du moins été bien remplie, il laisse un nom et une œuvre qui ne périront point.

TRAITÉ

DES

FONCTIONS ELLIPTIQUES

ET DE LEURS APPLICATIONS.

TROISIÈME PARTIE.

FRAGMENTS.

CHAPITRE I.

Division des périodes par 5. — Résolution de l'équation du cinquième degré par les fonctions elliptiques.

Préambule.

Le problème de la division des périodes consiste dans la recherche des valeurs que prennent les fonctions elliptiques quand l'argument est commensurable avec une période. Soit u un tel argument; il existe un nombre entier n, tel que le produit nu soit une période : la recherche des fonctions elliptiques, ayant u pour argument, constitue le problème de la division par n.

Nous avons, dès le début, résolu le problème de la division par 2 et par 4. Il se résout *par radicaux,* c'est-à-dire que les fonctions elliptiques correspondantes s'expriment explicitement, au moyen de formules contenant des radicaux, en fonction des invariants. En effet, l'équation du troisième degré

$$4x^3 - g_2 x - g_3 = 0,$$

de laquelle dépend la division par 2, et dont les racines sont les trois quantités e_α, se résout par radicaux. Puis, dans la division par 4, on a obtenu (t. I, p. 54) des formules explicites contenant des radicaux carrés sous lesquels figurent ces quantités e_α.

Le problème de la division par 3 se résout encore par radicaux. Les fonctions p ayant pour arguments des tiers de périodes sont les racines d'une équation $\psi_3 = 0$, du quatrième degré (t. I, p. 96), résoluble par radicaux.

L'addition des tiers de période avec des demi-périodes ou des quarts de période fournit, encore par radicaux, la solution du problème de la division par 6 ou par 12. Comme, de plus, la formule de duplication montre que la division d'un argument quelconque par 2 dépend d'une équation du quatrième degré, il est clair que l'on peut exprimer par radicaux les fonctions elliptiques relatives à la division par 3.2^m.

Pour les autres divisions, le problème se présente sous une forme bien plus compliquée. La division des périodes par n dépend de l'équation $\psi_n = 0$, dont le degré est $\frac{1}{2}(n^2 - 1)$, quand n est impair. Pour la division par 5, c'est déjà le douzième degré. A la vérité, la résolution par radicaux est impossible, sauf en des cas particuliers. Mais l'équation $\psi_n = 0$ est loin d'être l'équation la plus simple à laquelle se ramène le problème, sauf pour $n = 2$ ou $n = 3$. Quand n est un nombre premier, c'est à une équation de degré $(n + 1)$ que l'on est conduit : de cette équation découle toute une grande théorie, celle de la *transformation*, objet principal de ce Volume.

Avant d'aborder les considérations générales de cette théorie, nous allons traiter, par les moyens les plus élémentaires, le problème de la division par 5, avec la belle théorie qui s'y rattache, la résolution de l'équation du cinquième degré. Ce sera l'objet de ce Chapitre. La division par 7, traitée de même, fournira la matière du Chapitre suivant.

Équation du sixième degré pour la division par 5.

Soit 2ω une période quelconque, et posons

$$a = p\,\frac{2\omega}{5}, \qquad b = p\,\frac{4\omega}{5},$$

$$\varphi a = 4a^3 - g_2 a - g_3.$$

Les deux relations

$$2\,\frac{2\omega}{5} = \frac{4\omega}{5}, \qquad 2\,\frac{4\omega}{5} + \frac{2\omega}{5} = 2\omega$$

conduisent, par le théorème d'addition, aux deux égalités

$$(1) \qquad 2a + b = \frac{1}{4}\left(\frac{\sqrt{\varphi a} + \sqrt{\varphi b}}{a - b}\right)^2, \qquad 2b + a = \frac{1}{4}\left(\frac{\sqrt{\varphi a} - \sqrt{\varphi b}}{a - b}\right)^2;$$

d'où l'on conclut

$$3(a + b)(a - b)^2 = \tfrac{1}{2}(\varphi a + \varphi b),$$
$$(2a + b)(2b + a)(a - b)^2 = \frac{1}{16}\left(\frac{\varphi a - \varphi b}{a - b}\right)^2.$$

Soient

$$a + b = x, \qquad ab = y.$$

Les deux équations, qu'on vient d'obtenir et qui sont symétriques en a et b, se changent en les suivantes :

$$(2) \qquad \begin{cases} 6x(x^2 - 4y) = 4(x^3 - 3xy) - g_2 x - 2g_3, \\ 16(2x^2 + y)(x^2 - 4y) = [4(x^2 - y) - g_2]^2 \end{cases}$$

ou bien

$$(3) \qquad \begin{gathered} 6xy = x^3 + \tfrac{1}{2}g_2 x + g_3, \\ 5y^2 + (5x^2 + \tfrac{1}{2}g_2)y - x^4 - \tfrac{1}{2}g_2 x^2 + \tfrac{1}{16}g_2^2 = 0. \end{gathered}$$

En substituant, dans cette dernière, la valeur de y tirée de la précédente, on obtient, pour x, l'équation

$$(4) \qquad x^6 - 5g_2 x^4 - 40 g_3 x^3 - 5g_2^2 x^2 - 8g_2 g_3 x - 5g_3^2 = 0.$$

Cette équation, du sixième degré, étant censée résolue, on aura, pour chaque racine x, la quantité y par la première égalité (3), puis a et b comme racines de l'équation

$$(5) \qquad a^2 - xa + y = 0.$$

C'est ainsi que les douze solutions de l'équation $\psi_5 = 0$ se partagent en six couples, dont chacun dépend de deux équations, l'une du sixième degré, l'autre du second. A peine est-il besoin d'observer que l'élimination de x et y entre les équations (3, 5) mènerait à l'équation $\psi_5 = 0$, où pu serait remplacé par la lettre u.

On peut écrire l'équation (4) sous la forme symbolique très curieuse que voici :

$$(6) \qquad (x - 10A)(x + 2A)^5 = 0,$$

en convenant que, après le développement, on remplacera les puissances de A par les quantités ci-après :

$$(7) \qquad \begin{cases} A^2 = \frac{1}{12} g_2, & A^3 = \frac{1}{8} g_3, \\ A^4 = (\frac{1}{12} g_2)^2, & A^5 = \frac{1}{12} g_2 \cdot \frac{1}{8} g_3, \quad A^6 = (\frac{1}{8} g_3)^2. \end{cases}$$

On doit, dans cette convention, remarquer que, les symboles de A^2 et A^3 une fois choisis, ceux de A^4 et A^5 sont, par là, fixés si l'on veut que ces symboles deviennent des valeurs effectives quand le même fait a lieu pour A^2 et A^3. Mais cette condition unique ne détermine pas le symbole de A^6 ; elle serait effectivement remplie si l'on prenait, pour A^6,

$$(\tfrac{1}{8} g_3)^2 + \lambda \Delta,$$

λ étant arbitraire. En effet, les symboles de A^2 et A^3 sont des valeurs effectives quand on a

$$(A^2)^3 - (A^3)^2 = 0 = \frac{1}{(12)^3}(g_2^3 - 27 g_3^2) = \frac{1}{(12)^3} \Delta.$$

Cette forme symbolique (6) devient donc effective quand les fonctions elliptiques dégénèrent par l'évanouissement du discriminant. Ainsi, au cas $\Delta = 0$, A est une quantité effective, et l'équation (6) a une racine égale à $10A$, plus une racine quintuple égale à $-2A$. A cette dernière, suivant les égalités (3, 5), correspond $y = A^2$, puis $a = b = -A$. A la racine simple correspond $y = \frac{89}{5} A^2$, puis

$$a, b = A\left(5 \pm \frac{6}{\sqrt{5}}\right).$$

Ces deux quantités, a et b, égales aux deux suivantes

$$-A\left(1 - \frac{3}{\sin^2 \frac{\pi}{5}}\right), \qquad -A\left(1 - \frac{3}{\sin^2 \frac{2\pi}{5}}\right),$$

sont conformes à ce que l'on doit effectivement trouver pour des fonctions elliptiques dégénérées (t. I, p. 27), dont les arguments ont des valeurs finies. Quant aux dix autres quantités, toutes égales à $-A$, il est très facile de trouver leur signification. Pour éviter une redite, nous renvoyons le lecteur à un Chapitre ultérieur, où cette considération sera présentée sous une forme générale.

Autre équation pour la division par 5.

En prenant, pour inconnue, $(a-b)^2$ au lieu de x, on obtient une transformée dont on verra plus tard l'importance. Soit donc

$$(a-b)^2 = x^2 - 4y = t.$$

Par les équations (2), nous avons

$$(8)\qquad \begin{aligned} 3xt &= x^3 - g_2 x - 2g_3, \\ 4t(9x^2 - t) &= (3x^2 - g_2 + t)^2. \end{aligned}$$

De là se concluent aisément deux équations du second degré en x,

$$\begin{gathered} 3(g_2 - t)x^2 + 18 g_3 x + (g_2 - t)^2 + 4t^2 = 0, \\ 9g_3 x^2 - 2(t^2 - g_2 t - g_2^2)x + 3g_3(g_2 - t) = 0. \end{gathered}$$

Soient α, β, γ et α', β', γ' les coefficients de ces deux équations; on a

$$\begin{aligned} -\tfrac{1}{36}(\alpha\gamma' - \gamma\alpha') &= g_3 t^2, \\ \tfrac{1}{6}(\beta\alpha' - \alpha\beta') &= 27 g_3^2 + (g_2 - t)(t^2 - g_2 t - g_2^2), \\ \tfrac{1}{2}(\beta\gamma' - \gamma\beta') &= -4g_2^4 + (t - g_2)(5t^3 - 2g_2 t^2 - 4g_2^2 t - 3g_2^3 - 27 g_3^2). \end{aligned}$$

Dans le résultant $(\alpha\gamma' - \gamma\alpha')^2 + (\beta\alpha' - \alpha\beta')(\beta\gamma' - \gamma\beta')$ apparaît le facteur $(t - g_2)$. Ce facteur supprimé, on obtient un résultat remarquable par sa simplicité :

$$(9)\qquad 5t^6 - 12 g_2 t^5 + 10\Delta t^3 + \Delta^2 = 0.$$

Parmi les diverses expressions de x en fonction de t, remarquons celle-ci :

$$(10)\qquad x = \frac{\alpha\gamma' - \gamma\alpha'}{\beta\alpha' - \alpha\beta'} = \frac{6 g_3 t^2}{t^3 - 2g_2 t^2 + \Delta}.$$

Soit $\Phi(t)$ le premier membre (9) et $D\Phi$ le résultat de l'opération D (t. I, p. 294), appliquée à ce premier membre, où l'on considérerait t comme une constante, en sorte que, $D\Delta$ étant nul (t. I, p. 301), on a

$$D\Phi = -144 g_3 t^5.$$

On obtient Dt par l'égalité

$$\Phi'(t) Dt + D\Phi = 0;$$

d'où résulte

$$5 \frac{Dt}{t} = \frac{24 g_3 t^2}{t^3 - 2 g_2 t^2 + \Delta}$$

et, par conséquent,

(11) $$x = \frac{5}{4} \frac{Dt}{t}.$$

On verra plus loin la généralisation de cette formule.

L'égalité (10) fournit, sous une forme remarquablement simple, l'expression du discriminant de l'équation en t. Après l'avoir écrite comme il suit

$$x = \frac{5.6^2 g_3 t^4}{\Phi'(t)},$$

que l'on y remplace successivement x par chacune des cinq autres racines et que l'on multiplie, membre à membre, les cinq égalités analogues, on a

$$\Pi x = \frac{(5.6^2 g_3)^6 (\Pi t)^4}{\Pi \Phi'(t)}.$$

Les produits Πx et $\Pi(t)$ sont formés par les derniers coefficients des équations (4) et (9). Quant à $\Pi \Phi'(t)$, c'est le produit des carrés des différences des racines t, changé de signe, et multiplié par 5^6. On en conclut, pour ce produit ou discriminant, l'expression

(12) $$\Pi(t_i - t_j)^2 = \frac{6^{12}}{5^6} g_3^4 \Delta^8.$$

A propos de l'équation (4), voici quelques transformations, qui semblent fort intéressantes, sans être cependant utiles pour la suite de notre analyse.

Quand, le discriminant étant nul, les symboles (7) deviennent des valeurs effectives, les trois quantités e_α deviennent, l'une $2A$, les deux autres $-A$, et l'on a

$$e_\alpha = 2A, \qquad e_\beta = e_\gamma = -A,$$
$$3e_\alpha^2 - \tfrac{1}{4}g_2 = 9A^2, \qquad 3e_\beta^2 - \tfrac{1}{4}g_2 = 3e_\gamma^2 - \tfrac{1}{4}g_2 = 0.$$

Considérons le trinôme du second degré

$$(13) \qquad \varphi_\alpha(x) = (x - 2e_\alpha)^2 - 4(3e_\alpha^2 - \tfrac{1}{4}g_2).$$

Ses racines, quand le discriminant est nul, sont donc $10A$ et $-2A$. Les deux trinômes analogues φ_β et φ_γ ont, en même temps, chacun, la racine double $-2A$.

D'autre part, le produit de ces trois trinômes est un polynôme à coefficients entiers en g_2 et g_3. Ce polynôme, quand le discriminant est nul, a, aussi bien que le polynôme (4), la racine simple $10A$ et la racine quintuple $-2A$. Ces deux polynômes diffèrent donc seulement par un terme $\lambda\Delta$, où λ est une constante, que nous allons vérifier être égale à l'unité, en sorte que l'équation (4) peut s'écrire sous la forme

$$(14) \qquad \varphi_\alpha \varphi_\beta \varphi_\gamma = \Delta.$$

Pour vérifier cette valeur de la constante numérique λ, il suffit d'observer que l'on a

$$\Pi(g_2 - 8e_\alpha^2) = g_2^3 - 32g_3^2,$$

en sorte que, dans l'équation (14), le terme constant est

$$g_2^3 - 32g_3^2 - \Delta = g_2^3 - 32g_3^2 - (g_2^3 - 27g_3^2) = -5g_3^2,$$

comme dans l'équation initiale (4).

Cette forme (14) a été trouvée par M. Brioschi en suivant une voie différente que nous allons montrer aussi. Au Chapitre IX du Tome II (p. 361), nous avons eu déjà l'occasion de considérer le polynôme

$$\Psi(x) = 4x^3 - g_2x - g_3$$

comme un polynôme du quatrième degré et d'envisager, à ce point de vue, son hessien,

$$H(x) = -(x^4 + \tfrac{1}{2} g_2 x^2 + 2 g_3 x + \tfrac{1}{16} g_2^2).$$

Nous avons considéré aussi, sans le calculer, un autre polynôme T, savoir

$$(15) \qquad T(x) = \tfrac{1}{4}\left(\Psi \frac{dH}{dx} - H \frac{d\Psi}{dx}\right).$$

Le calcul effectif donne

$$-4T(x) = 4x^6 - 5 g_2 x^4 - 20 g_3 x^3 - \tfrac{5}{4} g_2^2 x^2 - g_2 g_3 x + \tfrac{1}{16} g_2^3 - 2 g_3^2.$$

On en conclut

$$-2^6 T(\tfrac{1}{2} x) = x^6 - 5 g_2 x^4 - 40 g_3 x^3 - 5 g_2^2 x^2 - 8 g_2 g_3 x + g_2^3 - 32 g_3^2.$$

Par comparaison avec l'équation (4), on en conclut que cette équation peut s'écrire ainsi

$$(16) \qquad 2^6 T(\tfrac{1}{2} x) + \Delta = 0.$$

D'autre part, on a vu aussi (t. II, p. 362) que la quantité

$$(17) \qquad \frac{1}{4} \frac{H(z)\Psi(x) - H(x)\Psi(z)}{x - z}$$

est le produit de trois facteurs doublement linéaires,

$$(x - e_\alpha)(z - e_\alpha) - (e_\alpha - e_\beta)(e_\alpha - e_\gamma).$$

Ces facteurs, quand on suppose $z = x$, deviennent

$$(x - e_\alpha)^2 - (e_\alpha - e_\beta)(e_\alpha - e_\gamma) = (x - e_\alpha)^2 - (3 e_\alpha^2 - \tfrac{1}{4} g_2) = \tfrac{1}{4} \varphi_\alpha(2x),$$

en sorte que l'on a, par comparaison de la fonction (17) avec la définition (15) de T,

$$-2^6 T(x) = \varphi_\alpha(2x) \varphi_\beta(2x) \varphi_\gamma(2x).$$

Par conséquent, l'équation (16) n'est autre que celle-ci

$$\varphi_\alpha(x) \varphi_\beta(x) \varphi_\gamma(x) = \Delta,$$

c'est-à-dire l'équation (14) déjà trouvée autrement.

L'analyse de M. Brioschi ne s'arrête point là. Suivons encore ce célèbre géomètre pour trouver, par un calcul direct, une transformation importante de l'équation (14). D'après la définition (13) et la relation

$$e_\alpha + e_\beta + e_\gamma = 0,$$

on a immédiatement

$$\varphi_\beta - \varphi_\alpha = 4(e_\alpha - e_\beta)(x - 2e_\gamma) = 4(e_\alpha - e_\beta)(x - 2e_\alpha) + 8(e_\alpha - e_\beta)(e_\alpha - e_\gamma)$$
$$= 4[(e_\alpha - e_\beta)(x - 2e_\alpha) + 2(3e_\alpha^2 - \tfrac{1}{4}g_2)].$$

Abrégeons l'écriture en posant

$$(e_\alpha - e_\beta)(e_\alpha - e_\gamma) = 3e_\alpha^2 - \tfrac{1}{4}g_2 = \varepsilon_\alpha, \qquad x - 2e_\alpha = 2\xi_\alpha.$$

Nous avons ainsi

$$\tfrac{1}{4}\varphi_\alpha = \xi_\alpha^2 - \varepsilon_\alpha,$$
$$\tfrac{1}{4}\varphi_\beta = \tfrac{1}{4}\varphi_\alpha + 2\varepsilon_\alpha + 2(e_\alpha - e_\beta)\xi_\alpha = \xi_\alpha^2 + \varepsilon_\alpha + 2(e_\alpha - e_\beta)\xi_\alpha,$$
$$\tfrac{1}{4}\varphi_\gamma = \tfrac{1}{4}\varphi_\alpha + 2\varepsilon_\alpha + 2(e_\alpha - e_\gamma)\xi_\alpha = \xi_\alpha^2 + \varepsilon_\alpha + 2(e_\alpha - e_\gamma)\xi_\alpha,$$
$$\tfrac{1}{16}\varphi_\beta\varphi_\gamma = (\xi_\alpha^2 + \varepsilon_\alpha)^2 + 6e_\alpha(\xi_\alpha^2 + \varepsilon_\alpha)\xi_\alpha + 4\varepsilon_\alpha\xi_\alpha^2$$
$$= \xi_\alpha^4 + 6e_\alpha\xi_\alpha^3 + 6\varepsilon_\alpha\xi_\alpha^2 + 6e_\alpha\varepsilon_\alpha\xi_\alpha + \varepsilon_\alpha^2,$$

et l'équation (14) devient, les indices α étant supprimés,

$$\xi^6 + 6e\xi^5 + 5\varepsilon\xi^4 - 5\varepsilon^2\xi^2 - 6e\varepsilon^2\xi - \varepsilon^3 = \frac{1}{2^6}\Delta.$$

On a, d'autre part,

$$\varepsilon^3 = (e_\alpha - e_\beta)^3(e_\alpha - e_\gamma)^3,$$
$$\frac{1}{2^4}\Delta = (e_\alpha - e_\beta)^2(e_\alpha - e_\gamma)^2(e_\beta - e_\gamma)^2,$$
$$\varepsilon^3 + \frac{1}{2^6}\Delta = \varepsilon^2[(e_\alpha - e_\beta)(e_\alpha - e_\gamma) + \tfrac{1}{4}(e_\beta - e_\gamma)^2]$$
$$= \varepsilon^2[3e_\alpha^2 - \tfrac{1}{4}g_2 + \tfrac{1}{4}(e_\beta - e_\gamma)^2].$$

Mais

$$-\tfrac{1}{4}g_2 = e_\alpha e_\beta + e_\alpha e_\gamma + e_\beta e_\gamma = -e_\alpha^2 + e_\beta e_\gamma,$$
$$-\tfrac{1}{4}g_2 + \tfrac{1}{4}(e_\beta - e_\gamma)^2 = -e_\alpha^2 + \tfrac{1}{4}(e_\beta + e_\gamma)^2 = -\tfrac{3}{4}e_\alpha^2,$$

d'où

$$\varepsilon^3 + \frac{1}{2^6}\Delta = \tfrac{9}{4}\varepsilon^2 e^2,$$

et l'on déduit

$$\xi^6 + 6e\xi^5 + 5\varepsilon\xi^4 - 5\varepsilon^2\xi^2 - 6e\varepsilon^2\xi - \tfrac{9}{4}e^2\varepsilon^2 = 0.$$

Sur le cas particulier $g_3 = 0$.

Quand g_3 est nul, l'équation (4) a deux racines nulles. Soient

$$g_2 x = g_3 X, \qquad y = g_2 Y,$$

on a, relativement à ces deux racines, d'après les équations (3) et (4),

$$5X^2 + 8X + 5 = 0, \qquad 6Y = \frac{1}{2} + \frac{1}{X},$$

(18) $$Y = -\tfrac{1}{20}(1 \pm 2i), \qquad a = \pm \frac{1}{2}\sqrt{\frac{1 \pm 2i}{5}\,g_2}.$$

Quant aux autres racines, en posant $x^2 = g_2\xi$, on a

(19) $$\left\{\begin{aligned} &\xi^2 - 5\xi - 5 = 0,\\ &\xi = \frac{5 \pm 3\sqrt{5}}{2} = \pm\tfrac{1}{4}\sqrt{5}\,(1 \pm \sqrt{5})^2, \end{aligned}\right.$$

avec les deux signes ambigus en coïncidence. On en déduit

$$x = \pm \tfrac{1}{2}\sqrt[4]{5}\,(\sqrt{5} \pm 1)\sqrt{g_2},$$

les deux signes $\pm$ étant, cette fois, indépendants l'un de l'autre.

Relations entre les six racines.

Soient x et x_0 deux racines quelconques de l'équation (4), considérée dans le cas général; soient a, b et a_0, b_0, les quantités qui correspondent à ces racines.

Par le théorème d'addition, on a de nouvelles quantités a_1 et b_1, correspondant à une nouvelle racine x_1, au moyen des formules

(20) $$\left\{\begin{aligned} a + a_0 + a_1 &= \frac{1}{4}\left(\frac{\sqrt{\varphi a} - \sqrt{\varphi a_0}}{a - a_0}\right)^2,\\ b + b_0 + b_1 &= \frac{1}{4}\left(\frac{\sqrt{\varphi b} - \sqrt{\varphi b_0}}{b - b_0}\right)^2, \end{aligned}\right.$$

et l'on en déduit

$$(21)\qquad x+x_0+x_1=\frac{1}{4}\left(\frac{\sqrt{\varphi a}-\sqrt{\varphi a_0}}{a-a_0}\right)^2+\frac{1}{4}\left(\frac{\sqrt{\varphi b}-\sqrt{\varphi b_0}}{b-b_0}\right)^2.$$

Cette équation donne x_1 en fonction de x et x_0, mais avec plusieurs déterminations. Par exemple, x étant donné, on peut intervertir a et b; on peut aussi changer les signes de $\sqrt{\varphi a}$ et de $\sqrt{\varphi b}$. A cet égard, on doit observer que les équations (1) donnent

$$(22)\qquad \sqrt{\varphi a}\sqrt{\varphi b}=(a-b)^3,$$

en sorte que, ayant choisi a, b et le signe de $\sqrt{\varphi a}$, on n'a plus à choisir le signe de $\sqrt{\varphi b}$. L'indétermination qui subsiste, après le choix de x, donne donc lieu à quatre valeurs pour x_1. Mais, d'autre part, l'échange simultané de a et de b et de a_0 et de b_0, comme aussi l'échange simultané des signes de $\sqrt{\varphi a}$ et de $\sqrt{\varphi a_0}$, n'altère point x_1. Il y a donc, en tout, pour x_1, quatre valeurs seulement, et la formule (21) donne, en fonction de x et x_0, une quelconque des quatre autres racines de l'équation (4).

Supposons choisis a, b, a_0, b_0 et les signes des radicaux, dans la formule (21), qui détermine ainsi x_1. Associons à x_1 une autre racine x_4, en changeant les signes de $\sqrt{\varphi a_0}$ et de $\sqrt{\varphi b_0}$. Nous aurons ainsi

$$(23)\qquad x+x_0+x_4=\frac{1}{4}\left(\frac{\sqrt{\varphi a}+\sqrt{\varphi a_0}}{a-a_0}\right)^2+\frac{1}{4}\left(\frac{\sqrt{\varphi b}+\sqrt{\varphi b_0}}{b-b_0}\right)^2,$$

d'où résulte

$$(24)\qquad 2(x+x_0)+x_1+x_4=\frac{1}{2}\,\frac{\varphi a+\varphi a_0}{(a-a_0)^2}+\frac{1}{2}\,\frac{\varphi b+\varphi b_0}{(b-b_0)^2}.$$

Échangeons a et b dans l'égalité (20) et, en même temps, d'après (22), remplaçons $\sqrt{\varphi a}$ par $\sqrt{\varphi b}$ et $\sqrt{\varphi b}$ par $-\sqrt{\varphi a}$. Nous définirons une racine x_2. En échangeant ensuite les signes de $\sqrt{\varphi a_0}$ et de $\sqrt{\varphi b_0}$, nous définirons la dernière racine x_3 et nous aurons, semblablement à l'égalité (24), celle-ci :

$$(25)\qquad 2(x+x_0)+x_2+x_3=\frac{1}{2}\,\frac{\varphi b+\varphi a_0}{(b-a_0)^2}+\frac{1}{2}\,\frac{\varphi a+\varphi b_0}{(a-b_0)^2}.$$

Les seconds membres (24, 25) sont rationnels en a, b, a_0, b_0 : leur somme, symétrique en a et b, aussi bien qu'en a_0 et b_0, est rationnellement exprimable en x et x_0. Il en est de même pour la somme de leurs carrés, et, par conséquent, la quantité ci-après

$$(26) \qquad z_0 = x x_0 + x_1 x_4 + x_2 x_3 = \Psi(x, x_0)$$

est une fonction rationnelle de x et de x_0.

Existence d'une résolvante du cinquième degré.

Cette fonction z_0, que l'on vient de reconnaître comme rationnelle en x et x_0, possède une propriété bien remarquable : elle ne change point si l'on y remplace x et x_0 par x_1 et x_4 ou par x_2 et x_3 :

$$(27) \qquad z_0 = \Psi(x, x_0) = \Psi(x_1, x_4) = \Psi(x_2, x_3).$$

Nous allons en fournir la preuve. Désignons par 2ω ou $2\omega'$ les deux périodes quelconques qui, dans a et b ou dans a_0 et b_0, sont respectivement divisées par 5. Soient, en d'autres termes,

$$a = p\tfrac{2}{5}\omega, \qquad b = p\tfrac{4}{5}\omega, \qquad \sqrt{\varphi a} = p'\tfrac{2}{5}\omega, \qquad \sqrt{\varphi b} = p'\tfrac{4}{5}\omega;$$
$$a_0 = p\tfrac{2}{5}\omega', \qquad b_0 = p\tfrac{4}{5}\omega', \qquad \sqrt{\varphi a_0} = p'\tfrac{2}{5}\omega', \qquad \sqrt{\varphi b_0} = p'\tfrac{4}{5}\omega'.$$

D'après les égalités (20) les arguments de a_1 et de b_1 sont $\frac{2}{5}(\omega + \omega')$ et $\frac{4}{5}(\omega + \omega')$. Pour obtenir x_4, on a changé les signes de $\sqrt{\varphi a_0}$ et de $\sqrt{\varphi b_0}$; les arguments de a_4 et de b_4 sont donc $\frac{2}{5}(\omega - \omega')$ et $\frac{4}{5}(\omega - \omega')$.

Opérons sur x_1 et sur x_4, comme on l'a fait sur x et x_0 pour trouver x_1 et x_4 ; on obtient, pour un premier couple (a, b), les arguments $\frac{4}{5}\omega$ et $\frac{8}{5}\omega \equiv -\frac{2}{5}\omega$: ce sont donc les deux quantités b et a que l'on retrouve, c'est-à-dire la racine x que l'on obtient. Pour un second couple, les arguments sont $\frac{4}{5}\omega'$ et $\frac{8}{5}\omega' \equiv -\frac{2}{5}\omega'$; on retrouve donc b_0 et a_0, c'est-à-dire la racine x_0.

En opérant ensuite sur x_1 et x_4 comme on l'a fait sur x et x_0 pour obtenir x_2 et x_3, on retrouve nécessairement x_2 et x_3, puisqu'il n'existe point d'autres nouvelles racines.

Pour obtenir x_2 et x_3, nous avons, dans l'opération qui avait fourni x_1 et x_4, échangé a et b en remplaçant $\sqrt{\varphi a}$ par $\sqrt{\varphi b}$, et $\sqrt{\varphi b}$ par $-\sqrt{\varphi a}$. Ceci revient à remplacer l'argument de a par celui de b et celui de b par l'argument de a, changé de signe. Les arguments de a_2 et de b_2 sont donc

$$\tfrac{2}{5}(2\omega+\omega') \quad \text{et} \quad \tfrac{2}{5}(-\omega+2\omega') \equiv \tfrac{4}{5}(2\omega+\omega');$$

ceux de a_3 et de b_3 en diffèrent par le signe placé devant ω'.

En faisant la première opération sur le couple (x_2, x_3), on obtient les arguments $\frac{8}{5}\omega$ et $\frac{16}{5}\omega$ ou, ce qui revient au même, $-\frac{2}{5}\omega$ et $-\frac{4}{5}\omega$, pour un des couples (a, b) : on retrouve donc la racine x. De même, le second couple (a, b) donne la racine x_0. Ainsi, par la première opération faite sur x_2 et x_3, on retrouve le couple x et x_0 ; par la seconde on obtient donc le couple x_1 et x_4.

Ainsi se trouve établie la propriété (27).

Ayant associé à une racine x une autre racine quelconque x_0, on crée, du même coup, deux autres couples analogues (x_1, x_4) et (x_2, x_3), et la fonction z_0, symétrique par rapport à ces trois couples, comme aussi par rapport aux deux éléments d'un même couple, est rationnelle relativement à ces éléments.

En associant, à la même racine x, une autre racine x_μ, on créera d'autres couples, dont aucun, évidemment, ne peut coïncider avec un des précédents. Il y correspond une fonction z_μ, analogue à z_0, ayant les mêmes propriétés.

Prenant successivement pour l'indice μ, les valeurs 0, 1, 2, 3, 4, on obtient cinq fonctions z_μ : chacune d'elles correspond à trois couples. Les quinze couples que peuvent former six quantités, associées deux à deux, sont ainsi reproduits.

La somme des cinq quantités z est manifestement une fonction symétrique des six racines, la somme de leurs produits deux à deux. Mais la même propriété a lieu aussi pour toute somme de puissances semblables de ces mêmes cinq quantités. Effectivement on a, par exemple,

$$z_0^n = \tfrac{1}{3}[\Psi(x,x_0)^n + \Psi(x_1,x_4)^n + \Psi(x_2,x_3)^n],$$

fonction symétrique des trois couples et des deux lettres de chaque couple.

La somme Σz_μ^n est donc symétrique par rapport aux quinze couples et finalement par rapport aux six racines.

En conséquence, *les quantités z_μ sont les racines d'une équation du cinquième degré, dont les coefficients* (symétriques par rapport aux racines x_m) *sont rationnels par rapport à g_2 et g_3.*

Cette proposition a son analogue dans la division par 7 et par 11, comme on verra dans le Chapitre II ; elle est due à Galois.

La composition des deux couples qui s'associent à xx_μ est facile à trouver. On a généralement

$$z_\mu = xx_\mu + x_{\mu+1}\,x_{\mu+4} + x_{\mu+2}\,x_{\mu+3}, \tag{28}$$

chaque indice étant remplacé par le reste de la division de cet indice par 5.

Cette loi se vérifie immédiatement par la considération des arguments.

En effet, les arguments choisis précédemment peuvent être résumés ainsi : l'argument de a_μ est, au signe près, égal à $\frac{2}{5}(\omega' + \mu\omega)$, comme on voit en négligeant les multiples des périodes. Changer x_0 en x_μ, c'est donc remplacer ω' par $\omega' + \mu\omega$; par conséquent, c'est ajouter μ à chaque indice des quantités x.

Calcul de la résolvante.

C'est en vertu des relations entre les racines x que les fonctions symétriques des quantités z_μ sont rationnelles. Toutefois, la somme et la somme des carrés sont symétriques, quelles que soient les racines x. Pour cette raison, ces deux sommes se calculent très facilement.

On a d'abord

$$\Sigma z = \Sigma x_i x_j = -5 g_2,$$

puis

$$z_0^2 = x^2 x_0^2 + x_1^2 x_4^2 + x_2^2 x_3^2 + 2 x x_0 x_1 x_2 x_3 x_4 \left(\frac{1}{xx_0} + \frac{1}{x_1 x_4} + \frac{1}{x_2 x_3}\right)$$

et, par conséquent,

$$\sum z^2 = \sum x_i^2 x_j^2 + 2 x x_0 x_1 x_2 x_3 x_4 \sum \frac{1}{x_i x_j} = 5 g_2^2.$$

De là résultent les premiers termes de l'équation en z :

(29) $$z^5 + 5g_2 z^4 + 10 g_2^2 z^3 + \ldots = 0.$$

C'est cette équation qu'il s'agit d'obtenir complètement, et nous observerons d'abord que tous ses coefficients sont, non seulement rationnels, mais entiers en g_2 et g_3. Les z sont, en effet, des fonctions entières des racines x, et l'équation en x, dont le premier coefficient est l'unité, a pour coefficients des fonctions entières. Il en résulte que les z ne deviennent infinis pour aucune valeur finie de g_2 et g_3 ; ce sont, comme on dit parfois, des fonctions algébriques *entières*, exprimant par cette locution que les coefficients sont entiers, le premier d'entre eux étant l'unité.

Quand le discriminant Δ s'évanouit, on a vu que cinq racines x sont égales à $-2A$; la sixième est égale à $10A$. Quel que soit l'indice μ, on a, en ce cas, suivant (28),

$$z_\mu = -12A^2 = -g_2.$$

Le premier membre de l'équation en z se réduit alors à $(z + g_2)^5$. A cause de l'homogénéité, on voit donc que l'équation a, en général, la forme ci-après :

$$(z + g_2)^5 + \Delta(\alpha z^2 + \beta g_2 z + \gamma g_2^2) = 0,$$

dans laquelle α, β, γ sont numériques, ce qui est d'accord avec la forme (29), trouvée déjà pour les premiers termes.

En prenant le cas particulier $g_3 = 0$, on devra trouver l'équation

$$(z + g_2)^5 + g_2^3(\alpha z^2 + \beta g_2 z + \gamma g_2^2) = 0.$$

Pour déterminer les trois coefficients, il suffira donc de faire le calcul effectif dans ce cas particulier.

On a vu que, dans ce cas, deux racines x sont nulles ; prenons-les pour x et x_0. Les quatre autres racines sont $\pm\sqrt{g_2}\,\xi$ et $\pm\sqrt{g_2}\,\xi'$, ξ et ξ' étant elles-mêmes les racines de l'équation du second degré (19). Les quatre quantités a, b, a_0, b_0 sont contenues dans une seule formule (18) où l'on doit prendre les diverses combinaisons de deux doubles signes. Prenons a et a_0 conjugués ; b et b_0 le sont aussi : x_1 et x_4 sont donc des quantités réelles, suivant les formules (21, 23). Elles répondent donc à une même quantité ξ ou ξ'; x_2 et x_3 répondent à l'autre. En conséquence, on a

$$z_0 = -(\xi+\xi')g_2 = -5g_2, \tag{30}$$

tandis que, pour les autres indices, z_m est égal à $\pm g_2\sqrt{\xi\xi'}$, c'est-à-dire $\pm i g_2\sqrt{5}$. Le signe $+$ convient à deux indices, le signe $-$ aux deux autres. Ainsi, pour $g_3 = 0$, l'équation en z se réduit à

$$(z+5g_2)(z-ig_2\sqrt{5})^2(z+ig_2\sqrt{5})^2 = 0 \tag{31}$$

ou bien

$$(z+5g_2)(z^2+5g_2^2)^2 = 0,$$
$$z^5+5g_2z^4+10g_2^2z^3+50g_2^3z^2+25g_2^4z+125g_2^5 = 0,$$
$$(z+g_2)^5+4g_2^3(10z^2+5g_2z+31g_2^2) = 0.$$

Voici donc, dans le cas général, l'équation cherchée :

$$(z+g_2)^5+4\Delta(10z^2+5g_2z+31g_2^2) = 0.$$

En posant

$$\frac{z}{g_2}+1 = Z$$

et, comme on l'a déjà fait souvent,

$$\frac{g_2^3}{\Delta} = J,$$

on réduit cette équation à la forme

$$JZ^5+4(10Z^2-15Z+36) = 0. \tag{32}$$

La décomposition (31) du premier membre, dans le cas $g_3 = 0$, montre que cette équation peut s'écrire aussi de la manière suivante :

$$1-J = \frac{Z+4}{Z}\left[\frac{(Z-1)^2+5}{Z^2}\right]^2. \tag{33}$$

Si l'on pose donc

$$\frac{Z+4}{Z} = -X^2, \tag{34}$$

on aura, après avoir extrait la racine carrée, cette autre transformée

$$(35)\qquad f(X) = X^5 - \tfrac{10}{3} X^3 + 5X - \tfrac{8}{3}\sqrt{J-1} = 0.$$

Le caractère essentiel de cette dernière équation consiste en ce que la dérivée de son premier membre est un carré :

$$f'(X) = 5(X^2 - 1)^2.$$

En outre, ses racines, déjà définies par la relation (34), sont susceptibles d'une autre interprétation extrêmement remarquable et dont nous allons parler.

Seconde expression des racines de la résolvante.

Prenons comme donnée une racine Z_0 de l'équation (33) : l'invariant absolu J s'en déduit sans ambiguïté. A cause de l'homogénéité, nous pouvons supposer qu'on prenne $g_2 = 1$, en sorte que Δ est l'inverse de J. Quant à l'invariant g_3, il a deux déterminations, résultant de l'égalité

$$(36)\qquad 27 g_3^2 = (J - 1)\Delta.$$

En conséquence, toute fonction rationnelle de Z_0 et des invariants devient, au point de vue actuel, une fonction algébrique, mais non rationnelle de Z_0, en général. Elle est rationnelle si le changement de signe de g_3 la laisse inaltérée. C'est ce qui a lieu pour toute combinaison des trois couples (x, x_0), (x_1, x_4) et (x_2, x_3), ayant les mêmes symétries que Z_0 et, de plus, contenant à tous ses termes un nombre pair de facteurs x. En effet, le changement du signe de g_3 a pour effet de remplacer les fonctions $\wp$ par de pareilles fonctions, affectées du signe *moins*, et chaque x est la somme de deux fonctions $\wp$.

Si, en outre, la combinaison choisie est homogène et qu'on la rende de degré zéro en la multipliant par une puissance du discriminant, on pourra trouver, pour la représenter, une expression rationnelle en Z_0, à coefficients numériques ; cette expression sera affranchie de la supposition $g_2 = 1$.

Voici la combinaison sur laquelle nous allons porter notre attention :

$$T_0 = \left[\frac{(t - t_0)(t_1 - t_4)(t_2 - t_3)}{\Delta}\right]^2.$$

Elle satisfait aux conditions dont nous venons de parler. Pour trouver son expression rationnelle en Z_0, supposons encore, dans le raisonnement, $g_2 = 1$. Considérons la valeur particulière $Z_0 = 0$, qui rend J infini, donc Δ nul. L'équation (9) montre, pour Δ infiniment petit, une racine finie et cinq racines respectivement égales aux diverses déterminations de $(\frac{1}{12}\Delta^2)^{\frac{1}{5}}$. Il en résulte, pour T_0, une partie principale proportionnelle à $\Delta^{-\frac{2}{5}}$. Mais on a

$$\Delta = \frac{1}{J} = -\frac{1}{144} Z_0^5 + \ldots.$$

Le dénominateur de T_0 contient donc le facteur Z_0^2. De plus, il se réduit à ce seul facteur. En effet, Δ ne devient pas nul pour d'autres valeurs de Z_0; quant au numérateur de T_0, l'équation (9) montre qu'il devient infini avec Δ seulement et qu'alors T_0 reste fini, car les six racines t sont de l'ordre de $\Delta^{\frac{1}{3}}$ et ont des valeurs principales différentes.

Envisageons maintenant la valeur $Z_0 = -4$, qui donne $J = 1$, $g_3 = 0$. Nous avons déjà examiné ce cas, qui correspond, pour z_0, à la valeur $-5g_2$. Le facteur $(t - t_0)$ n'est point nul; mais $(t_1 - t_4)$ et $(t_2 - t_3)$ sont égaux à zéro. En effet, x_1 et x_4 sont les deux racines carrées d'une même quantité $g_2\xi$ et, d'autre part, l'égalité (8) donne, g_3 étant nul,

$$3t_1 = 3t_4 = g_2(\xi - 1).$$

Semblablement,

$$3t_2 = 3t_3 = g_2(\xi' - 1).$$

Le numérateur de T_0 contient donc le facteur $(Z + 4)$, mais avec quel exposant?

Étant prévenus de l'existence de deux racines doubles dans l'équation (9) pour le cas $g_3 = 0$, nous mettons aisément cette équation sous la forme

$$(5t^2 - 2g_2 t + g_2^2)(t^2 - g_2 t - g_2^2)^2 - 27 g_3^2 (10 t^3 + 2 g_2^3 - 27 g_3^2) = 0.$$

La différence des racines, qui deviennent égales, a visiblement pour partie principale un terme du premier degré en g_3. Le numérateur de T_0 contient donc le facteur $g_3^{\frac{4}{3}}$ et, suivant les égalités (33, 36), (Z_0+4) y figure au carré.

Le numérateur de T_0 ne contient pas d'autre facteur que $(Z_0+4)^2$. En effet, quand Z_0 devient infini, T_0 reste fini ; c'est ce qu'on a déjà observé tout à l'heure à propos de l'hypothèse $\Delta=\infty$, qui répond à ce cas ; par conséquent, le numérateur de T_0 est du même degré que son dénominateur ; d'où la conclusion annoncée.

Il est donc établi que l'on a

$$T_0=\alpha\left(\frac{Z_0+4}{Z_0}\right)^2,$$

le coefficient α étant purement numérique. En déterminant ce coefficient, nous aurons une nouvelle preuve de la composition du numérateur.

Quatre égalités pareilles ont lieu à l'égard des autres racines Z_1, Z_2, Z_3, Z_4. Le produit des cinq quantités T_0, T_1, T_2, T_3, T_4 est fourni par la relation (12) ; en sorte qu'on a

$$6^{12}g_3^{\frac{4}{3}}=5^5\alpha^5\Delta^2\prod\left(\frac{Z+4}{Z}\right)^2,$$

suivant les équations (34, 35),

$$\prod\left(\frac{Z+4}{Z}\right)^2=\Pi X^4=\frac{2^{12}}{3^4}(1-J)^2=2^{12}3^2\frac{g_3^{\frac{4}{3}}}{\Delta^2}.$$

Il en résulte

$$\alpha^5=\frac{3^{10}}{5^5},\qquad \alpha=\frac{9}{5},$$

$$T_0=\frac{9}{5}\left(\frac{Z_0+4}{Z_0}\right)^2.$$

Revenons à l'inconnue X ; nous aurons

$$X_0=\sqrt[4]{5}\left[\frac{(t_0-t)(t_1-t_4)(t_2-t_3)}{3\Delta}\right]^2,$$

en sorte que les cinq racines de l'équation (35) sont comprises dans la formule

$$(37) \qquad X_\mu = \sqrt[4]{5}\left[\frac{(t_\mu - t)(t_{\mu+1} - t_{\mu+4})(t_{\mu+2} - t_{\mu+3})}{3\Delta}\right]^{\frac{1}{2}},$$

où les indices sont entendus de la même manière que dans la formule (28).

Nous en avons fini avec la recherche des équations les plus simples dont dépend le problème de la division des périodes par 5. Ces équations, du cinquième degré, ne sont point résolubles par radicaux; on en aura la preuve quand nous montrerons, un peu plus loin, que toute équation du cinquième degré, par l'extraction de racines carrées, peut être ramenée à ces équations particulières. Sur ce fait même se fonde la résolution de l'équation générale du cinquième degré par les fonctions elliptiques. Pour cette résolution, comme aussi pour le problème de la division par 5, il est utile de savoir exprimer les racines de nos équations au moyen de séries. C'est à ce point de vue surtout que le choix de t, au lieu de x, se recommande. En nous fondant sur les développements déjà connus, nous allons donc examiner le développement de t en série ou en produit. Mais, comme ces développements devront être considérés plus tard, pour des quantités analogues, dans la division par un nombre quelconque, nous allons, pour éviter des redites, les envisager immédiatement dans leur plus grande généralité.

Développement de $\sigma\left(\frac{2\tilde\omega}{n}\right)e^{-\frac{2\tilde\eta\tilde\omega}{n^2}}$ en un produit.

Au Chapitre VI du tome I (page 191), on a vu s'introduire les trois quantités $\sigma(\tilde\omega)e^{-\frac{1}{2}\tilde\eta\tilde\omega}$, dont les expressions par les racines e_α rendent évident le rôle dans la division des périodes par 4. Nous les généralisons maintenant, en considérant, pour un nombre entier quelconque n, la quantité

$$(38) \qquad \lambda\left(\frac{2\tilde\omega}{n}\right) = \Delta^{\frac{1}{12}}\sigma\left(\frac{2\tilde\omega}{n}\right)e^{-\frac{2\tilde\eta\tilde\omega}{n^2}},$$

où $2\bar{\omega}$ est une période. Le facteur $\Delta^{\frac{1}{12}}$ est introduit pour fournir une fonction homogène du degré zéro.

Quand on ajoute une période à l'argument d'une fonction σ, cette fonction σ se reproduit, multipliée seulement par une exponentielle ; c'est donc une pareille modification que subit la quantité λ quand on modifie $2\bar{\omega}$ en y ajoutant le produit d'une période par n. Mais il importe de remarquer le cas où cette période ajoutée est $2\bar{\omega}$. On a

$$\sigma\left(\frac{2\bar{\omega}}{n}+2\bar{\omega}\right)=\varepsilon\,\sigma\left(\frac{2\bar{\omega}}{n}\right)e^{2\eta\bar{\omega}\left(\frac{2}{n}+1\right)}\qquad(\varepsilon=\pm 1).$$

D'autre part, si, au lieu de $2\bar{\omega}$, on prenait, pour former λ, la période $2(n+1)\bar{\omega}$, il faudrait, au second membre (38), mettre $(n+1)\eta$ au lieu de η. La relation

$$e^{\frac{2\eta\bar{\omega}}{n^2}(n+1)^2}=e^{\frac{2\eta\bar{\omega}}{n^2}}\,e^{2\eta\bar{\omega}\left(\frac{2}{n}+1\right)},$$

combinée avec la précédente, donne

$$(39)\qquad \lambda\left[\frac{2(n+1)\bar{\omega}}{n}\right]=\varepsilon\lambda\left(\frac{2\bar{\omega}}{n}\right).$$

C'est le résultat que nous voulions établir. On doit se rappeler que ε est égal à -1 quand $\bar{\omega}$ est effectivement une demi-période : ε est égal, au contraire, à $+1$ quand $\bar{\omega}$ est une période.

Soient 2ω et $2\omega'$ les périodes que l'on choisit pour former la quantité q, qui apparaît dans les développements en séries ; on aura

$$\bar{\omega}=k\omega+k'\omega',$$

k et k' étant des nombres entiers. Employons la quatrième formule (22) de la page 400 (t. I), savoir :

$$\sigma u.e^{-\frac{\eta u^2}{2\omega}}=\frac{2\omega}{\pi}\,\frac{z-z^{-1}}{2i}\prod\frac{1-q^m z^2}{1-q^m}\prod\frac{1-q^m z^{-2}}{1-q^m},$$

$$z=e^{\frac{i\pi u}{2\omega}},\qquad m=2,4,6,\ldots,+\infty.$$

Nous y mettrons $\frac{2\varpi}{n}$ au lieu de u. On a d'abord

$$\frac{\eta u^2}{2\omega} = \frac{2\eta\varpi^2}{n^2\omega} = \frac{2\varpi}{n^2\omega}\left(\eta\omega + \frac{k'i\pi}{2}\right) = \frac{2\eta\varpi}{n^2} + \frac{kk'i\pi}{n^2} + \frac{k'^2 i\pi}{n^2}\frac{\omega'}{\omega},$$

$$e^{-\frac{\eta u^2}{2\omega}} = e^{-\frac{2\eta\varpi}{n^2}} e^{-\frac{kk'i\pi}{n^2}} q^{-\left(\frac{k'}{n}\right)^2},$$

$$z = e^{\frac{ki\pi}{n}} q^{\frac{k'}{n}}.$$

Si, pour abréger l'écriture, on pose

$$Q = q^{\frac{1}{n}} = e^{\frac{i\pi\omega'}{n\omega}}, \qquad \alpha = e^{\frac{2i\pi}{n}},$$

après avoir multiplié par $\Delta^{\frac{1}{12}}$, suivant la formule (t. I, p. 402)

$$\Delta^{\frac{1}{12}} = \frac{\pi}{\omega} q^{\frac{1}{6}} \Pi(1 - q^m)^2, \tag{40}$$

on obtient le développement demandé

$$\lambda\left(\frac{2\varpi}{n}\right) = iq^{\frac{1}{6}}\left(\alpha^{\frac{k}{2}} Q^{k'}\right)^{\frac{k'}{n}-1}(1 - \alpha^k Q^{2k'})\prod_m (1 - \alpha^k Q^{mn+2k'})(1 - \alpha^{-k} Q^{mn-2k'}) \tag{41}$$

Les quantités θ_μ.

Nous avons précédemment, dans la division par 5, été conduits à distinguer les diverses racines par un indice μ, choisi de telle sorte que la racine d'indice μ corresponde à l'argument $\frac{2}{5}(\omega' + \mu\omega)$; tandis qu'une autre racine, sans indice, correspond à l'argument $\frac{2}{5}\omega$. Cette notation se rapporte, d'ailleurs, à un choix arbitraire des deux périodes 2ω et $2\omega'$.

Il y a lieu, dans le cas le plus général, d'employer une semblable notation. Nous considérerons $(n+1)$ arguments w, w_0, w_1, ..., w_{n-1}, définis ainsi :

$$w = \frac{2\omega}{n}, \qquad w_\mu = \frac{2}{n}(\omega' + \mu\omega), \qquad \mu = 0, 1, \ldots, (n-1). \tag{42}$$

Avec chacun d'eux, nous envisagerons ses multiples en nous bornant à le multiplier par 1, 2, ..., $(n-1)$. Ces $(n-1)$ multiples sont, tous, de la forme $\frac{2\bar{\omega}}{n}$. Pour chacun d'eux, nous prendrons la quantité λ et nous ferons le produit de ces $(n-1)$ quantités λ. Pour une raison que nous allons d'abord reconnaître, nous envisagerons ce produit comme un carré ; nous le dénoterons par θ^2 ou par θ_μ^2, suivant qu'il dérivera de w ou de w_μ. Nous posons donc

$$(43)\qquad \begin{cases} \theta^2 = \lambda w \,.\, \lambda 2w \ldots \lambda(n-1)w, \\ \theta_\mu^2 = \lambda w_\mu \,.\, \lambda 2w_\mu \ldots \lambda(n-1)w_\mu. \end{cases}$$

D'après une propriété fondamentale de la fonction σ, on a

$$\sigma\,\frac{2(n-r)\bar{\omega}}{n} = \sigma\,\frac{2r\bar{\omega}}{n}\,.\,e^{2\bar{\eta}\bar{\omega}\left(1-\frac{2r}{n}\right)},$$

pourvu que $\bar{\omega}$ ne soit pas une période, ce qui a lieu effectivement quand $2\bar{\omega}$ est égal à nw ou à nw_μ, $2\omega'$ et 2ω formant, on le suppose, un couple de périodes primitives. D'autre part, d'après la définition de λ, si l'on y remplace $\bar{\omega}$ par $(n-r)\bar{\omega}$, il faut, au second membre (38), mettre aussi $(n-r)\bar{\eta}$ au lieu de $\bar{\eta}$. L'identité

$$e^{-\frac{2\bar{\eta}\bar{\omega}(n-r)^2}{n^2}} = e^{-\frac{2\bar{\eta}\bar{\omega}r^2}{n^2}}\,e^{2\bar{\eta}\bar{\omega}\left(\frac{2r}{n}-1\right)},$$

combinée avec la relation précédente, donne donc

$$\lambda(n-r)w = \lambda(rw).$$

Si donc n est un nombre impair, les seconds membres (43) sont des carrés et l'on peut en conclure

$$\theta = \lambda w \,.\, \lambda 2w \ldots \lambda \tfrac{1}{2}(n-1)w.$$

Quand n est pair, il y a un terme milieu $\lambda\bar{\omega}$, que déjà (t. I, p. 401) nous avons vu sous forme de carré, et θ^2 se présente encore sous forme de carré.

Dans le problème de la division par 5, les quantités θ^2 (avec $n=5$) se présentent d'elles-mêmes ; on a, en effet,

$$(44)\qquad a-b = p\,\frac{2\omega}{5} - p\,\frac{4\omega}{5} = \frac{\sigma\frac{2\omega}{5}\,\sigma\frac{6\omega}{5}}{\left(\sigma\frac{2\omega}{5}\,\sigma\frac{4\omega}{5}\right)^2} = \frac{\Delta^{\frac{1}{6}}}{\lambda w \,.\, \lambda 2w} = \Delta^{\frac{1}{6}}\,\theta^{-1}.$$

Par conséquent, au facteur $\Delta^{\frac{1}{3}}$ près, les racines t, t_μ coïncident avec les inverses de θ^2 et de θ_μ^2. On comprend maintenant la raison pour laquelle il y a lieu d'envisager, dès à présent, les développements de ces quantités θ.

Développements des quantités θ_μ en produits.

Le rôle dissymétrique que l'on fait jouer aux deux périodes $2\omega'$ et 2ω dans la quantité q entraîne une différence entre les développements de θ et des quantités analogues θ_μ. Pour θ, la formule (41) donne d'abord, k' étant nul,

$$\lambda(kw) = iq^{\frac{1}{6}}\,\alpha^{-\frac{k}{2}}(1-\alpha^k)\prod_m (1-\alpha^k Q^{mn})(1-\alpha^{-k}Q^{mn}).$$

En prenant successivement $k = 1, 2, \ldots, (n-1)$ et multipliant membre à membre, on obtient, pour les premiers facteurs, le produit

$$\left(iq^{\frac{1}{6}}\right)^{n-1} n\,\alpha^{\frac{-n(n-1)}{4}} = \left(iq^{\frac{1}{6}}\right)^{n-1} n.e^{\frac{-(n-1)i\pi}{2}} = nq^{\frac{n-1}{6}}.$$

Le terme général $1-\alpha^k Q^{mn} = 1-\alpha^k q^m$ fournit le produit

$$(1-\alpha q^m)(1-\alpha^2 q^m)\ldots(1-\alpha^{n-1}q^m) = \frac{1-q^{mn}}{1-q^m};$$

c'est le même résultat que fournit le terme $1-\alpha^{-k}Q^{mn}$, en sorte que l'on a

$$(45)\qquad \theta^2 = nq^{\frac{n-1}{6}}\prod_m\left(\frac{1-q^{mn}}{1-q^m}\right)^2, \qquad m = 2, 4, 6, \ldots, \infty.$$

Considérons maintenant θ_μ^2 et, pour ce but, prenons $\lambda\left(\frac{2\tilde{\omega}}{n}\right)$, en supposant

$$\frac{2\tilde{\omega}}{n} = hw_\mu, \qquad k = h\mu, \qquad k' = h.$$

On aura, en ce cas, en mettant $2p$ au lieu de m,

$$\alpha^{\pm k}Q^{mn\pm 2k'} = \alpha^{\pm h\mu}Q^{2pn\pm 2h} = (\alpha^\mu Q^2)^{pn\pm h};$$

car α est une racine $n^{\text{ième}}$ de l'unité. Les facteurs

$$1 - \alpha^{k} Q^{2k'}, \quad 1 - \alpha^{k} Q^{mn+2k'}$$

de la formule (41) donnent ainsi des facteurs ayant la forme

$$1 - (\alpha^{\mu} Q^{2})^{pn+h},$$

où $p = 0, 1, 2, \ldots$. Si l'on prend tous les pareils facteurs, avec $h = 1, 2, \ldots, (n-1)$, les exposants $pn + h$ reproduisent tous les entiers positifs, chacun une seule fois, à l'exception des multiples de n. De même, les facteurs

$$1 - \alpha^{-k} Q^{mn-2k'} = 1 - (\alpha^{\mu} Q^{2})^{pn-h},$$

dans ces mêmes conditions, reproduisent les mêmes exposants. Le produit de tous ces facteurs est ainsi

$$\frac{\Pi[1-(\alpha^{\mu} Q^{2})^{p}]^{2}}{\Pi[1-(\alpha^{\mu} Q^{2})^{np}]^{2}} = \prod_{m} \left(\frac{1 - e^{\frac{m\mu i\pi}{n}} q^{\frac{m}{n}}}{1 - q^{m}} \right)^{2}, \qquad m = 2, 4, 6, \ldots, \infty.$$

En dernier lieu, les facteurs

$$\left(\alpha^{\frac{k}{2}} Q^{k'}\right)^{\frac{k'}{n}-1} = \left(\alpha^{\frac{\mu}{2}} Q\right)^{h\left(\frac{h}{n}-1\right)},$$

par suite de l'égalité

$$\sum_{h=1}^{h=n-1} h(h-n) = -\frac{n(n^{2}-1)}{6},$$

donnent le produit

$$\left(\alpha^{\frac{\mu}{2}} Q\right)^{-\frac{n^{2}-1}{6}} = e^{-\frac{(n^{2}-1)\mu i\pi}{6n}} q^{-\frac{n^{2}-1}{6n}},$$

en sorte que l'on a finalement

$$(46) \qquad \theta_{\mu}^{2} = i^{n-1} e^{-\frac{(n^{2}-1)\mu i\pi}{6n}} q^{-\frac{n-1}{6n}} \prod_{m} \left(\frac{1 - e^{\frac{m\mu i\pi}{n}} q^{\frac{m}{n}}}{1 - q^{m}} \right)^{2}.$$

L'attention est, de suite, appelée sur le produit de toutes les quantités θ_{μ}^{2}.

Pour une même valeur de $\frac{1}{2}m$, non multiple de n, les facteurs

$$1 - e^{\frac{\mu m i\pi}{n}} q^{\frac{m}{n}},$$

où $\mu = 0, 1, \ldots, (n-1)$, donnent le produit $1 - q^m$, de sorte que les factorielles Π des diverses quantités θ_μ^2 fournissent, pour produit,

$$\prod_m (1 - q^m)^2,$$

où $\frac{1}{2}m$ doit être non multiple de n. C'est justement l'inverse de la factorielle qui figure dans θ^2, en sorte que l'on obtient

$$(47) \qquad \theta^2\theta_0^2\theta_1^2\ldots\theta_{n-1}^2 = n(-1)^{\frac{n(n-1)}{2}} e^{-(n-1)(n^2-1)\frac{i\pi}{12}}.$$

Au cas $n = 5$, on a ainsi

$$(\theta\theta_0\theta_1\theta_2\theta_3\theta_4)^2 = 5$$

et, par conséquent, suivant l'égalité (44),

$$t t_0 t_1 t_2 t_3 t_4 = \tfrac{1}{5}\Delta^2,$$

ce qui est conforme à l'équation (9).

Développements des quantités θ_μ en séries.

Les factorielles qui figurent dans l'expression de θ_μ^2 se développent en séries, d'après une formule extrêmement remarquable. On la doit à Euler et elle se démontre très aisément par la considération des séries $\mathfrak{S}$.

Prenons l'expression de $\mathfrak{S}_0$ en série et en produit (t. I, p. 409), en y mettant z pour l'exponentielle $e^{i\pi v}$, dénotant, de plus, les nombres pairs m par $2p$, les nombres impairs n par $2p-1$. Nous avons ainsi

$$\sum_{-\infty}^{+\infty}(-1)^p q^{p^2} z^{2p} = \prod_1^{\infty}(1 - q^{2p-1}z^2)(1 - q^{2p-1}z^{-2})(1 - q^{2p}).$$

Désignant par x une variable, prenons

$$q = x^{\frac{3}{2}}, \qquad z^2 = x^{\frac{1}{2}}.$$

Nous avons alors

$$q^{2p-1} z^2 = x^{3p-1}, \qquad q^{2p-1} z^{-2} = x^{3p-2}, \qquad q^{2p} = x^{3p}.$$

On voit que tous les nombres entiers positifs sont reproduits, chacun une seule fois, dans les exposants du second membre; par conséquent,

$$\sum_{-\infty}^{+\infty} (-1)^p x^{\frac{p(3p+1)}{2}} = \prod_{1}^{\infty} (1 - x^p) = (1-x)(1-x^2)(1-x^3)\ldots$$

Telle est la formule qui a été trouvée par Euler et dont il a tiré des conséquences arithmétiques sur lesquelles nous aurons à revenir. Elle fournit, notamment, pour le discriminant, un développement dont nous n'avons pas encore eu l'occasion de parler. D'après l'égalité (40), en effet, il en résulte

$$\sqrt{\frac{\omega}{\pi}}\, \Delta^{\frac{1}{24}} = q^{\frac{1}{12}} \sum_{-\infty}^{+\infty} (-1)^p q^{p(3p+1)} = \sum_{-\infty}^{+\infty} (-1)^p q^{\frac{(6p+1)^2}{12}}.$$

Nous désignerons par $F(q)$ cette série

$$(48) \qquad F(q) = \sum_{-\infty}^{+\infty} (-1)^p q^{p(3p+1)} = 1 - q^2 - q^4 + q^{10} + q^{14} - q^{24} \ldots.$$

Pour les quantités θ, les développements (45, 46) donnent

$$(49) \qquad \begin{cases} \theta = \sqrt{n}\, q^{\frac{n-1}{12}} \dfrac{F(q^n)}{F(q)}, \\[2ex] \theta_\mu = i^{\frac{n-1}{2}} e^{-\frac{(n^2-1)\mu i \pi}{12n}} q^{\frac{n-1}{12n}} \dfrac{F\left(e^{\frac{\mu i \pi}{n}} q^{\frac{1}{n}}\right)}{F(q)}. \end{cases}$$

Un autre développement a été trouvé au tome I [p. 259, éq. (47)], savoir

$$(50) \qquad \begin{cases} \sqrt{\left(\dfrac{\omega}{\pi}\right)^3}\, \Delta^{\frac{1}{8}} = \displaystyle\sum_{0}^{\infty} (-1)^p (2p+1) q^{\frac{(2p+1)^2}{4}} \\[2ex] \qquad = q^{\frac{1}{4}} \displaystyle\sum_{0}^{\infty} (-1)^p (2p+1) q^{p(p+1)}. \end{cases}$$

en sorte que la comparaison avec l'expression ci-dessus donne

$$(51)\quad F^3(q) = 1 - 3q^2 + 5q^6 - 7q^{12} + \ldots + (-1)^p(2p+1)q^{p(p+1)}\ldots$$

Il en résulte pour θ^3 et θ_μ^3 des expressions explicites par les quotients de deux séries.

Les quantités θ dans la division par 5.

Les quantités θ, θ_μ sont au nombre de $(n+1)$; on peut les réduire à des quantités distinctes, en nombre moindre. Nous nous occuperons, quant à présent, du seul cas $n = 5$. On a, en ce cas,

$$\theta_\mu = -e^{-\frac{2\mu i\pi}{5}} q^{-\frac{1}{15}} \frac{F\left(e^{\frac{\mu i\pi}{5}} q^{\frac{1}{5}}\right)}{F(q)}.$$

Dans la série F, en numérateur, envisageons les termes pour lesquels le nombre p, de la formule (48), est, ou bien multiple de 5, ou bien multiple de 5 plus 3. En ces deux cas, l'exposant $p(3p+1)$ est un multiple de 5. C'est, en outre, un nombre pair. La quantité $e^{\frac{\mu i\pi}{5}}$, élevée à une puissance marquée par cet exposant, donne l'unité. Le numérateur est donc partiellement composé de la série

$$F_1 = 1 + q^2 - q^6 - q^{14} - q^{16}\ldots,$$

provenant de ces termes et où μ n'apparaît pas.

Envisageons, en second lieu, les termes où p est multiple de 5 plus 1 ou plus 2. L'exposant $p(3p+1)$ est alors de la forme $10p' + 4$, et l'on a

$$\left(e^{\frac{\mu i\pi}{5}} q^{\frac{1}{5}}\right)^{10p'+4} = e^{\frac{4\mu i\pi}{5}} q^{\frac{4}{5}} q^{2p'}.$$

L'ensemble des termes $q^{2p'}$ compose la série suivante, changée de signe

$$F_2 = 1 - q^2 + q^4 - q^8 - q^{22}\ldots.$$

Enfin, les termes où p est multiple de 5 moins 1 sont affectés de l'exposant $p(3p+1)$, qui est de la forme $10p' + 2$, et l'on a

$$\left(e^{\frac{\mu i\pi}{5}} q^{\frac{1}{5}}\right)^{10p'+2} = e^{\frac{2\mu i\pi}{5}} q^{\frac{2}{5}} q^{2p'};$$

l'ensemble des termes $q^{2p'}$ compose la série

$$-1 + q^{10} + q^{20} - q^{50} \ldots = -F(q^5).$$

Effectivement, en supposant $p = -5\alpha - 1$, on a

$$(-1)^p q^{\frac{(6p+1)^2}{5.12}} = (-1)^{\alpha+1} q^{\frac{5(6\alpha+1)^2}{12}}.$$

On a, finalement,

$$F(q)\theta_\mu = q^{\frac{1}{3}} F(q^5) - e^{-\frac{2\mu i\pi}{5}} q^{-\frac{1}{15}} F_1 + e^{\frac{2\mu i\pi}{5}} q^{\frac{11}{15}} F_2,$$

tandis que la première formule (49) donne

$$F(q)\theta = \sqrt{5}\, q^{\frac{1}{3}} F(q^5).$$

Développement des racines de la résolvante du cinquième degré.

Il nous faut, des expressions trouvées pour θ et θ_μ, déduire l'expression de X_μ, racine de l'équation (35), fournie par la formule (37).

Pour abréger l'écriture, posons, un instant,

$$q^{\frac{1}{3}} F(q^5) = v, \qquad q^{-\frac{1}{15}} F_1 = v_1, \qquad q^{\frac{11}{15}} F_2 = v_2, \qquad e^{\frac{2i\pi}{5}} = \alpha,$$
$$F(q)\theta = s, \qquad F(q)\theta_\mu = s_\mu.$$

Nous avons

$$s_\mu = v + \alpha^\mu v_2 - \alpha^{-\mu} v_1;$$

nous en déduisons

$$s_\mu - s_{\mu+\nu} = \alpha^{-\mu-\nu}(1 - \alpha^\nu)(v_1 + \alpha^{2\mu+\nu} v_2)$$

et, par suite,

$$(52) \quad \begin{cases} s_{\mu+1} - s_{\mu+4} = \alpha^{-\mu-4}(1 - \alpha^3)(v_1 + \alpha^{2\mu} v_2) = \alpha(1 - \alpha^3)(\alpha^{-\mu} v_1 + \alpha^\mu v_2), \\ s_{\mu+2} - s_{\mu+3} = \alpha^{-\mu-3}(1 - \alpha)(v_1 + \alpha^{2\mu} v_2) = \alpha^2(1 - \alpha)(\alpha^{-\mu} v_1 + \alpha^\mu v_2). \end{cases}$$

De même, on a

$$s_\mu + s_{\mu+\nu} = 2v - \alpha^{-\mu-\nu}(1 + \alpha^\nu)(v_1 - \alpha^{2\mu+\nu} v_2),$$

$$(53) \quad \begin{cases} s_{\mu+1} + s_{\mu+4} = 2v - \alpha^{-\mu-4}(1 + \alpha^3)(v_1 - \alpha^{2\mu} v_2), \\ s_{\mu+2} + s_{\mu+3} = 2v - \alpha^{-\mu-3}(1 + \alpha)(v_1 - \alpha^{2\mu} v_2). \end{cases}$$

Ces dernières égalités peuvent être transformées si l'on observe que α est racine de l'équation réciproque

$$\alpha^4 + \alpha^3 + \alpha^2 + \alpha + 1 = 0,$$

dont la résolution donne

$$\tfrac{1}{2}(\sqrt{5} - 1) = \alpha + \frac{1}{\alpha} = \alpha(1 + \alpha^3) = \frac{2}{\sqrt{5} + 1},$$

$$-\tfrac{1}{2}(\sqrt{5} + 1) = \alpha^2 + \frac{1}{\alpha^2} = \alpha^2(1 + \alpha) = -\frac{2}{\sqrt{5} - 1}.$$

Les dernières formules s'écrivent donc ainsi

$$(54)\quad \begin{cases} s_{\mu+1} + s_{\mu+4} = \tfrac{1}{2}(\sqrt{5} - 1)\left[(\sqrt{5} + 1)v - \alpha^{-\mu}v_1 + \alpha^{\mu}v_2\right], \\ s_{\mu+2} + s_{\mu+3} = \tfrac{1}{2}(\sqrt{5} + 1)\left[(\sqrt{5} - 1)v + \alpha^{-\mu}v_1 - \alpha^{\mu}v_2\right]. \end{cases}$$

Nous avons enfin $s = \sqrt{5}\,v$ et, par suite,

$$(55)\quad \begin{cases} s + s_{\mu} = (\sqrt{5} + 1)v - \alpha^{-\mu}v_1 + \alpha^{\mu}v_2, \\ s - s_{\mu} = (\sqrt{5} - 1)v + \alpha^{-\mu}v_1 - \alpha^{\mu}v_2. \end{cases}$$

Nous allons multiplier, membre à membre, les égalités (52 à 55), en observant qu'on a

$$\alpha^3(1 - \alpha)(1 - \alpha^3) = 1 + 2\alpha^2 + 2\alpha^{-2} = -\sqrt{5},$$

remettant θ au lieu de s et extrayant la racine carrée, ce qui donne

$$\begin{aligned} &F^3(q)\left[(\theta^2 - \theta_{\mu}^2)(\theta_{\mu+1}^2 - \theta_{\mu+4}^2)(\theta_{\mu+2}^2 - \theta_{\mu+3}^2)\right]^{\frac{1}{2}} \\ &\quad = \sqrt[4]{5}\,(\alpha^{-\mu}v_1 + \alpha^{\mu}v_2)\left[\alpha^{-\mu}v_1 - (\sqrt{5} + 1)v - \alpha^{\mu}v_2\right] \\ &\qquad \times \left[\alpha^{-\mu}v_1 + (\sqrt{5} - 1)v - \alpha^{\mu}v_2\right]. \end{aligned}$$

Le produit des quantités θ est égal à $\sqrt{5}$, suivant l'égalité (47); divisant par ce produit, puis revenant à X_{μ}, que donne la relation (37), nous avons enfin

$$(56)\quad \begin{cases} \sqrt[4]{5}\,F^3(q)X_{\mu} = (\alpha^{-\mu}v_1 + \alpha^{\mu}v_2)\left[\alpha^{-\mu}v_1 - (\sqrt{5} + 1)v - \alpha^{\mu}v_2\right] \\ \qquad\qquad \times \left[\alpha^{-\mu}v_1 + (\sqrt{5} - 1)v - \alpha^{\mu}v_2\right]. \end{cases}$$

On a ici fixé, arbitrairement, le signe en extrayant la racine carrée. Cela est permis, à condition que l'on choisisse en conséquence le signe de la racine carrée $\sqrt{J-1}$, au dernier terme de l'équation (35).

Or, pour g_3, on a le développement suivant (t. I, p. 446)

$$\left(\frac{\omega}{\pi}\right)^6 g_3 = \frac{1}{6^3} - \frac{7}{3}\sum_{p=1}^{p=\infty} \frac{p^5 q^{2p}}{1-q^{2p}}.$$

On en déduit

$$\sqrt{J-1} = \frac{\sqrt{27}}{q\,F^{12}(q)}\left(\frac{1}{6^3} - \frac{7}{3}\sum \frac{p^5 q^{2p}}{1-q^{2p}}\right),$$

en sorte que la partie principale de $\frac{8}{3}\sqrt{J-1}$ est $\frac{\sqrt{3}}{27q}$. C'est aussi ce que donne la formule précédente (56); en y prenant la partie principale, on a

$$\sqrt{3}\,X_\mu = \alpha^{-3\mu} c_1^3 + \ldots = \alpha^{-3\mu} q^{-\frac{1}{5}} + \ldots.$$

Le produit des cinq racines donne donc

$$\sqrt{3^5}\,\Pi X = q^{-1} + \ldots, \qquad \Pi X = \frac{\sqrt{3}}{27q} = \frac{8}{3}\sqrt{J-1}.$$

On ne peut manquer d'observer le cas particulier $J = 1$, c'est-à-dire $g_3 = 0$, dans lequel une racine X est nulle. Parmi les quinze facteurs qui figurent dans les expressions, analogues à l'expression (56) de X_μ, il en est donc un qui devient nul, suivant le choix que l'on a fait de q et de sa racine cinquième.

Dans ce cas $g_3 = 0$, si l'on suppose g_2 réel et positif et qu'on prenne, pour ω' et ω, les demi-périodes dont l'une est purement imaginaire, l'autre réelle ($\omega' = i\omega$), il est visible que l'on a $t = t_0$ et $t_1 = t_4$. C'est une conséquence immédiate de la relation

$$p(iu) = -p u,$$

qui a lieu (t. I, p. 32) quand g_3 est nul. Comme ω' est égal à $i\omega$, les arguments

$$w = \frac{2\omega}{5}, \qquad w_\mu = \frac{2(\omega' + \mu\omega)}{5}$$

sont liés ainsi :

$$w_0 = iw, \qquad w_1 = -iw_4 ;$$

d'où résulte

$$x_0 = -x, \qquad x_1 = -x_4, \qquad t = t_0, \qquad t_1 = t_4.$$

C'est donc le facteur commun à $s_1 + s_4$ et à $s_0 + s$ qui est nul :

$$(\sqrt{5}+1)v - v_1 + v_2 = 0 = q^{-\frac{1}{15}}\left[(\sqrt{5}+1)q^{\frac{2}{5}}\,F(q^5) - F_1 + q^{\frac{4}{5}}\,F_2\right].$$

Nous rappelant comment $F(q^{\frac{1}{5}})$ a été décomposé en trois parties, observant, en outre, que q est ici égal à $e^{-\pi}$, nous obtenons ainsi

$$(57) \qquad \sqrt{5}\,e^{-\frac{2\pi}{5}}\,F(e^{-5\pi}) = F\left(e^{-\frac{\pi}{5}}\right),$$

où F désigne la série (48). Ce résultat ne doit pas surprendre. Il résulte de la double égalité

$$(58) \qquad \Delta^{\frac{1}{24}} = \sqrt{\frac{\pi}{\omega}}\,q^{\frac{1}{12}}\,F(q) = \sqrt{\frac{\pi i}{\omega'}}\,q_1^{\frac{1}{12}}\,F(q_1),$$

$$\log\frac{1}{q}\,\log\frac{1}{q_1} = \pi^2,$$

que l'on trouve par l'inversion des périodes. Il suffit, pour obtenir l'égalité (57), de supposer ici $\frac{\omega'}{i\omega} = 5$.

Plus généralement, si, dans la relation (58), on suppose $\frac{\omega'}{i\omega} = n$, on obtient

$$F\left(e^{-\frac{\pi}{n}}\right) = \sqrt{n}\,F(e^{-n\pi})\,e^{-\frac{(n^2-1)}{12n}},$$

c'est-à-dire, à l'égard des quantités θ pour n quelconque (49),

$$\theta_0 = i^{\frac{n-1}{2}}\,\theta,$$

dans le cas où l'on a $\omega' = i\omega$, ce qui correspond à $g_3 = 0$.

Revenons à X_μ, donné par la formule (56), que nous écrirons ainsi

$$\sqrt{3}F^3(q)X = \frac{-1}{q^{\frac{1}{5}}}\left(F_1 + q^{\frac{4}{5}}F_2\right)\left[\sqrt{5}F(q^5)q^{\frac{2}{5}} - F(q^{\frac{1}{5}})\right]\left[\sqrt{5}F(q^5)q^{\frac{2}{5}} + F(q^{\frac{1}{5}})\right]$$
$$= -\frac{1}{q^{\frac{1}{5}}}\left(F_1 + q^{\frac{4}{5}}F_2\right)\left[5q^{\frac{4}{5}}F^2(q^5) - F^2(q^{\frac{1}{5}})\right],$$

de sorte que les cinq racines s'obtiennent par les diverses déterminations de la racine cinquième de q.

Si l'on pose

$$Q = q^{\frac{1}{5}}, \qquad Q_1 = q_1^{\frac{1}{5}},$$

on a, suivant l'égalité (58),

$$F(q^{\frac{1}{5}}) = \sqrt{\frac{5i\omega}{\omega'}}\left(q_1^{\frac{1}{5}}q^{-\frac{1}{5}}\right)^{\frac{1}{2}}F(q_1^{\frac{1}{5}}),$$

en sorte que le dernier facteur dans l'expression ci-dessus peut s'écrire ainsi, sous forme symétrique,

$$-\frac{5i}{\omega q^{\frac{1}{30}}}\left[\frac{\omega'}{i}q^{\frac{3}{5}}F^2(q^5) - \omega q_1^{\frac{3}{5}}F^2(q_1^{\frac{1}{5}})\right].$$

Résolution de l'équation du cinquième degré.

Il s'agit de réduire une équation du cinquième degré quelconque à la forme (35) de la résolvante en X, que l'on vient d'obtenir. Nous suivrons une marche inverse et, partant de l'équation

(59) $$f(X) = X^5 + \tfrac{10}{3}X^3 - 5X - h = 0,$$

nous chercherons d'abord la transformée que l'on obtient en prenant une nouvelle inconnue u,

(60) $$u = \frac{X^2 - 1}{X - c},$$

c étant une arbitraire, qui va figurer dans $f(c)$, $f'(c)$, ... Nous écrirons, pour abréger, f, f', ..., sous-entendant la lettre c.

On a

$$
\begin{aligned}
u &= X + c + \frac{c^2+1}{X-c},\\
u^2 &= X^2 + 2cX + 3c^2 + 2 + \frac{4c(c^2+1)}{X-c} + \frac{(c^2+1)^2}{(X-c)^2},\\
\Sigma u &= 5c - (c^2+1)\frac{f'}{f},\\
\Sigma u^2 &= \frac{10}{3} + 15c^2 - 4c(c^2+1)\frac{f'}{f} + (c^2+1)^2\left(\frac{f'^2}{f^2} - \frac{f''}{f}\right),\\
(\Sigma u)^2 - \Sigma u^2 &= -\frac{10}{3} + 10c^2 - 6c(c^2+1)\frac{f'}{f} + (c^2+1)^2\frac{f''}{f}.
\end{aligned}
$$

Les coefficients des termes en u^4 et u^3 sont ainsi déterminés dans l'équation cherchée. Si on la suppose mise sous la forme

$$f.u^5 + 5Mu^4 + 5Lu^3 + \ldots = 0$$

et qu'on substitue les expressions très simples de f' et f'', savoir

$$f' = 5(c^2+1)^2, \qquad f'' = 20c(c^2+1),$$

on a ainsi

$$(61) \qquad M = (c^2+1)^3 - cf, \qquad L = (c^2 - \tfrac{1}{3})f - c(c^2+1)^3$$

ou bien

$$
\begin{aligned}
M &= -\tfrac{1}{3}c^4 - 2c^2 + hc + 1,\\
L &= \tfrac{8}{9}c^3 - hc^2 - \tfrac{8}{3}c + \tfrac{1}{3}h.
\end{aligned}
$$

Le dernier terme de l'équation en u s'obtient aisément par le produit des racines :

$$\Pi u = \frac{\Pi(i+X)(i-X)}{\Pi(c-X)} = -\frac{f(i)f(-i)}{f(c)} = -\frac{h^2 + \frac{64}{9}}{f}.$$

Quant aux deux autres termes, ils manquent dans l'équation. On a, en effet,

$$
\begin{aligned}
\sum \frac{1}{u} &= \sum \frac{X-c}{X^2+1} = \sum \frac{5(X-c)(X^2+1)}{f'(X)} = 0,\\
\sum \frac{1}{u^2} &= \sum \frac{(X-c)^2}{(X^2+1)^2} = \sum \frac{5(X-c)^2}{f'(X)} = 0.
\end{aligned}
$$

Ces deux sommes sont nulles, puisque les polynômes numérateurs sont des degrés 3 et 2, inférieurs, de plus d'une unité, au degré de $f(X)$.

L'équation en u est donc la suivante :

$$f.u^5 + 5Mu^4 + 5Lu^3 - h^2 + \frac{64}{9} = 0.$$

En posant $u = \frac{\rho}{cz}$, on a la transformée

$$z^5 + 5lz^2 + 5mz + n = 0 \tag{62}$$

avec les coefficients suivants, où l'on a remplacé h par $\frac{8}{3}\sqrt{J}$ i, comme dans l'équation (35).

$$\frac{64}{9}Jl = \left(\frac{\rho}{c}\right)^3 L, \qquad \frac{64}{9}Jm = \left(\frac{\rho}{c}\right)^4 M, \qquad \frac{64}{9}Jn = \left(\frac{\rho}{c}\right)^5 f. \tag{63}$$

C'est maintenant le problème inverse qu'il faut résoudre, c'est-à-dire tirer les trois inconnues ρ, c, J de ces équations (63), où l, m, n seront donnés. Pour ce but, nous allons faire connaître une identité que l'on obtient comme il suit.

D'après les égalités (61), on a

$$cM + L + \tfrac{1}{3}f = 0, \qquad cf + M = (c^2+1)^3 \tag{64}$$

ou, en négligeant les multiples de $(c^2+1)^3$,

$$M = -cf, \qquad L = (c^2 - \tfrac{1}{3})f.$$

Dans le polynôme, du huitième degré,

$$c^2L^2 + \alpha cLM + \beta Lf + \gamma M^2,$$

on peut donc choisir les coefficients α, β, γ de manière à le rendre divisible par $(c^2+1)^3$; il suffira qu'on ait identiquement

$$c^2(c^2 - \tfrac{1}{3})^2 - \alpha c^2(c^2 - \tfrac{1}{3}) + \beta(c^2 - \tfrac{1}{3}) + \gamma c^2 = (c^2+1)^3.$$

Voici donc ce polynôme :

$$c^2L^2 - \tfrac{11}{3}cLM - 3Lf + \tfrac{64}{9}M^2.$$

Les coefficients de c^8 et de c^7 y sont nuls :

$$(\tfrac{8}{9})^2 + \tfrac{11}{3}\cdot\tfrac{1}{3}\cdot\tfrac{8}{9} - \tfrac{8}{3} + \tfrac{64}{9}\cdot\tfrac{1}{9} = 0,$$
$$-\tfrac{16}{9}h - \tfrac{11}{9}h + 3h = 0.$$

Le polynôme est ainsi du sixième degré seulement ; c'est $(c^2+1)^3$ avec un facteur constant que nous trouverons en prenant $c=0$. Voici donc l'identité en question :

$$c^2L^2 - \tfrac{11}{3}cLM - 3Lf + \tfrac{64}{9}M^2 = (h^2+\tfrac{64}{9})(c^2+1)^3 = \tfrac{64}{9}J(M+cf).$$

En y substituant L, M, f, tirés des relations (63), on obtient

$$c^4(l^2\rho^2 - \tfrac{11}{3}lm\rho - 3ln + \tfrac{64}{9}m^2) = \rho^3(m\rho + nc^2). \tag{65}$$

La première égalité (64) donne

$$(m\rho + \tfrac{1}{3}n)c^2 = -l\rho^2. \tag{66}$$

Éliminant c, on a une équation du second degré en ρ,

$$l^2(l^2\rho^2 - \tfrac{11}{3}lm\rho - 3ln + \tfrac{64}{9}m^2) + (m\rho + \tfrac{1}{3}n)(ln\rho - m^2\rho - \tfrac{1}{3}mn) = 0. \tag{67}$$

La précédente (66) donne c^2 en fonction de ρ. Pour obtenir h, on peut, des égalités (63) et (64), conclure

$$\frac{M}{cf+M} = \frac{M}{(c^2+1)^3} = \frac{m\rho}{m\rho + nc^2}$$

et, d'après l'expression de M,

$$hc = \frac{1}{3}c^4 + 2c^2 - 1 + \frac{m(c^2+1)^3\rho}{m\rho + nc^2}. \tag{68}$$

On a, de la sorte, en fonction de l, m, n, la constante h de l'équation (59) ; l'inconnue z de l'équation (62) est exprimée en fonction de l'inconnue X par la formule

$$z = \frac{\rho(X-c)}{c(X^2+1)}. \tag{69}$$

L'irrationnelle ρ, racine de l'équation du second degré (67), est essentielle dans cette formule ; mais la nouvelle irrationnelle c n'y figure qu'en apparence. De l'équation (59) on tire

$$X = \frac{h}{X^4 + \frac{10}{3}X^2 + 5},$$

pour en conclure

$$z = \frac{\rho[hc - c^2(X^4 + \frac{10}{3}X^2 + 5)]}{c^2(X^2+1)(X^4 + \frac{10}{3}X^2 + 5)}. \tag{70}$$

Dans cette dernière formule, on ne voit apparaître que c^2 et hc, fonctions rationnelles de ρ, comme le montrent les égalités (66, 68). A la vérité, h lui-même est nécessaire pour composer l'équation transformée (59); cependant cette équation ne change point si l'on y change, à la fois, les signes de h et de X. Puisque la formule (70) ne contient que des puissances paires de X, il est donc clair que l'irrationnelle h est étrangère au problème. C'est ce qui apparaît plus nettement encore si l'on envisage la transformée (32), où l'inconnue est Z.

Par les égalités (33, 34), on a

$$X = \frac{3}{8}\frac{hZ^2}{(Z-1)^2+5}, \qquad X^2+1 = -\frac{4}{Z}.$$

Il en résulte

(71) $$z = -\frac{3}{32}\frac{\rho hc}{c^2}\frac{Z^3}{(Z-1)^2+5}+\frac{1}{4}\rho Z;$$

dans cette formule n'apparaissent que hc et c^2. Enfin la constante J, qui figure dans l'équation en Z, se détermine en fonction de ρ seulement comme il suit.

Des égalités (63, 64), tirons

$$\frac{64}{9}J = \frac{\rho^6(c^2+1)^3}{c^4(m\rho+nc^2)},$$

puis substituons l'expression (66) de c^2. Il vient ainsi

(72) $$\frac{64}{9}J = \frac{(l\rho^2+m\rho-\frac{1}{3}n)^3}{l^2[(ln+m^2)\rho+\frac{1}{3}mn]}.$$

Parmi les cas particuliers, nous signalerons d'abord celui où l'on a $c^2=-1$. Soit $c=i$: l'égalité (60) devient

$$u = X + i.$$

La substitution directe dans l'équation (59) donne, pour $z=\frac{\rho}{iu}$, la transformée

$$(\tfrac{8}{3}-ih)z^5+\tfrac{20}{3}\rho^3z^2+5\rho^4z+\rho^5=0.$$

Ce cas de l'équation (62) est caractérisé, on le voit, par la condition

$$(73) \qquad 3ln - 4m^2 = 0.$$

Cette condition satisfaite, l'une des racines ρ est déterminée par l'égalité

$$\rho = \frac{n}{m} = \frac{4}{3}\frac{m}{l};$$

il y correspond $c^2 = -1$ et

$$\frac{8}{3} - ch = \frac{n^4}{m^5}.$$

De cette dernière égalité, où l'on mettra i au lieu de c, on conclura

$$\frac{64}{9}J = \frac{n^4}{m^5}\left(\frac{16}{3} - \frac{n^4}{m^5}\right),$$

tandis que la formule (72) présente son second membre sous la forme indéterminée.

Il y a cependant un autre cas, fort différent, où c^2 est encore égal à -1. En supposant $c = i$, on a

$$f = \tfrac{8}{3}i - h,$$

et, d'après les formules (64),

$$M = -if, \qquad L = -\tfrac{4}{3}f.$$

Les formules (63) deviennent

$$\tfrac{64}{9}Jl = -\tfrac{4}{3}if\rho^3, \qquad \tfrac{64}{9}Jm = -if\rho^4, \qquad \tfrac{64}{9}Jn = -if\rho^5.$$

On en déduit

$$(\tfrac{64}{9}J)^2(3ln - 4m^2) = 0.$$

Donc, $3ln - 4m^2$ étant supposé différent de zéro, on voit que J est nécessairement nul. L'équation en Z ayant alors une racine infinie triple, il est clair que c'est ici un cas limite. La formule (71), quand on y suppose Z infini, donne, pour la partie principale de z,

$$z = \frac{1}{4}\rho\left(1 - \frac{3}{8}\frac{h}{c}\right)Z + \ldots.$$

Cette quantité peut avoir une limite finie si c tend vers i, en même temps que h tend vers $\frac{8}{3}i$.

C'est aussi ce qui apparaît sur la formule (69). L'équation en X a la racine triple $X = i$, pour $h = \frac{8}{3}i$. Supposant donc cette valeur de h et c infiniment voisin de i, l'égalité (69) donne z sous une forme indéterminée quand X devient égal à i. Mais, pour les deux autres racines X, on aura

$$(74) \qquad z = \frac{\rho}{i(X+i)}.$$

Cette considération fournit le moyen de caractériser ce cas par un calcul direct.

L'hypothèse $h = \frac{8}{3}i$ donne

$$\frac{f(X)}{(X-i)^3} = (X-i)^2 + 5i(X-i) - \frac{20}{3}.$$

De là vient, pour z, en vertu de la relation (74), cette équation

$$2z^2 - 3\rho z + 3\rho^2 = 0.$$

Ce dernier trinôme, du second degré, doit donc être un facteur du polynôme (62); on a donc identiquement

$$4(z^5 - 5lz^2 + 5mz + n) = (2z^2 - 3\rho z + 3\rho^2)\left(2z^3 + 3\rho z^2 + \frac{3}{2}\rho^2 z + \frac{4n}{3\rho^2}\right),$$

c'est-à-dire

$$20l = \frac{9}{2}\rho^3 + \frac{8n}{3\rho^2}, \qquad 20m = \frac{9}{2}\rho^4 - \frac{4n}{\rho}.$$

L'élimination de ρ fournira la condition caractéristique de ce cas où, comme on voit, ρ est rationnel; le premier membre de l'équation se décompose, par conséquent, en deux facteurs rationnels, l'un du second, l'autre du troisième degré.

Un second cas à signaler est celui où c est infini, où, d'après l'égalité (71), on a

$$z = \frac{1}{4}\rho Z.$$

Prenant, pour point de départ, l'équation en Z, on voit que ce cas est caractérisé par la condition

$$(75) \qquad ln - 8m^2 = 0.$$

et que l'une des solutions donne les résultats suivants :

$$-\rho = \frac{n}{3m} = \frac{8m}{3l}, \qquad c = \infty, \qquad \mathrm{J} = -\frac{1}{2^6 . 3^3}\frac{n^4}{m^5}.$$

On peut encore fixer l'attention sur le cas où, l'une des valeurs de ρ étant zéro, c est nul aussi. Si l'on prend, en outre, $\rho : c = 1$, on obtient ainsi l'équation

$$z^3 + \frac{1}{h^2 - \frac{64}{9}}\left(\frac{5}{3}hz^2 + 5z - h\right) = 0,$$

qui joue un rôle dans les importantes recherches de M. Gordan. Nous n'aurons pas à nous en occuper.

Les cas particuliers précédents induisent à modifier les formules par l'emploi de notations convenablement choisies. Nous poserons

$$(76)\quad \begin{cases} ln = \lambda, \qquad m^2 = \mu, \qquad \dfrac{n^4}{m^5} = \mathrm{N}; \\ m\rho + \frac{1}{3}n = \xi, \qquad (ln - m^2)\rho - \frac{1}{3}mn = m\eta, \end{cases}$$

et nous rendrons les formules homogènes à l'égard de ξ et η. On trouve ainsi

$$l^2\rho^2 - \frac{11}{3}lm\rho - 3ln + \frac{64}{9}m^2 = \frac{\mathrm{U}}{l^2 n^4},$$

$$\mathrm{U} = (4\mu - 3\lambda)^3\xi^2 + 2\mu(64\mu^2 - 80\mu\lambda + \tfrac{45}{2}\lambda^2)\xi\eta + \mu(8\mu - \lambda)^2\eta^2.$$

Cette quantité U est homogène aussi à l'égard de μ et λ. L'équation (67) prend alors la forme

$$(77)\qquad \mathrm{U} + \mu^3\mathrm{N}\xi\eta = 0.$$

L'expression (66) de c^2, rendue homogène, devient

$$c^2 = \frac{\mu(\xi + \eta)^2}{3\xi[(\mu - \lambda)\xi + \mu\eta]}.$$

La formule (72), qui donne J, se transforme en celle-ci

$$\frac{64}{9}\mathrm{J} = \frac{\quad}{l^5 n^6 m \eta},$$

où l'on a posé

$$\mathrm{V} = (4\mu - 3\lambda)\xi^2 + 5\mu\xi\eta + \mu\eta^2.$$

En la rendant homogène, on obtient

$$2^6 . 3^3 J = -\frac{\mu^2 N V^3}{\eta[(\mu-\lambda)\xi+\mu\eta]^3}$$

ou encore, faisant disparaître N par le moyen de l'égalité (77),

$$2^6 . 3^3 . J = \frac{U V^3}{\mu\xi\eta^2[(\mu-\lambda)\xi+\mu\eta]^3}.$$

Dans cette dernière formule, J apparaît comme dépendant de deux variables, les deux rapports $\mu:\lambda$ et $\xi:\eta$. Les deux quantités J et J_1, qui correspondent aux deux transformations d'une même équation (62), sont alors liées ainsi : soient

$$J = F\left(\frac{\mu}{\lambda}, \frac{\xi}{\eta}\right), \qquad J_1 = F\left(\frac{\mu}{\lambda}, \frac{\xi_1}{\eta_1}\right);$$

on aura, suivant (77),

(78) $$(4\mu-3\lambda)^3\xi\xi_1 = \mu(8\mu-\lambda)^2\eta\eta_1,$$

tandis que la quantité N, caractérisant, avec le rapport $\mu:\lambda$, l'équation (62), est déterminée par la relation

(79) $$(4\mu-3\lambda)^3(\xi\eta_1-\eta\xi_1) + 2\mu(64\mu^2-80\mu\lambda-\tfrac{15}{2}\lambda^2)\eta\eta_1 + \mu^3 N\eta\eta_1 = 0.$$

Nous devons examiner le cas où l'équation (62) en z a une racine double.

L'équation en X n'a point, en ce cas, de racine multiple : on a vu, en effet, que les racines multiples de cette équation (et ce sont des racines triples) se présentent dans le cas $J = 0$. En conséquence, deux racines X et X' correspondent, à la fois, à la racine double z, suivant la formule (69)

$$X^2 + 1 - \frac{2}{ez}(X-e) = 0.$$

On a donc

(80) $$X + X' = \frac{2}{ez}, \qquad XX' = 1 - \frac{2}{z}.$$

On doit avoir aussi

$$0 = \frac{f(X)-f(X')}{X-X'} = (X+X')^4 - 3XX'(X+X')^2 + X^2X'^2 + \frac{10}{3}[(X+X')^2 - XX'] + 5.$$

Substituant les expressions (80) de $X + X'$ et de XX', puis, d'après (66), remplaçant

$$\left(\frac{\rho}{c}\right)^2 \quad \text{par} \quad -\frac{m\rho + \frac{1}{3}n}{l},$$

on obtient la condition

$$(81)\quad \begin{cases} o = \Phi(\rho) = \left(\dfrac{m\rho + \frac{1}{3}n}{lz^2}\right)^2 + 3\left(1 + \dfrac{\rho}{z}\right)\left(\dfrac{m\rho + \frac{1}{3}n}{lz^2}\right) \\ \qquad + \left(1 + \dfrac{\rho}{z}\right)^2 - \dfrac{10}{3}\left(\dfrac{m\rho + \frac{1}{3}n}{lz^2} + 1 + \dfrac{\rho}{z}\right) + 5. \end{cases}$$

Une des racines ρ de cette équation s'offre immédiatement par l'observation suivante. La quantité z, racine double de l'équation (62), satisfait à l'équation suivante, dont le premier membre est la dérivée de

$$\frac{1}{z^5}(z^5 + 5lz^2 + 5mz + n),$$

prise par rapport à $\frac{1}{z}$ et multipliée par $\frac{1}{5}z^4$:

$$(82)\qquad 3lz^2 + 4mz + n = o.$$

En prenant donc $\rho = \frac{4}{3}z$, on a

$$\frac{m\rho + \frac{1}{3}n}{lz^2} = -1, \qquad 1 + \frac{\rho}{z} = \frac{7}{3}, \qquad \Phi\left(\frac{4}{3}z\right) = o.$$

Avec cette valeur de ρ, on a

$$\left(\frac{\rho}{cz}\right)^2 = -\frac{m\rho + \frac{1}{3}n}{lz^2} = 1,$$

par conséquent, $c = \pm\frac{4}{3}$. Le signe de c étant indifférent, prenons le signe *plus;* les égalités (80) deviennent

$$X + X' = 1, \qquad XX' = \frac{7}{3}.$$

Ces conditions sont effectivement remplies par deux racines de l'équation en X dans le cas où l'on a $h = \frac{7}{9}$, comme le montre l'identité

$$(X^2 - X + \tfrac{7}{3})(X^3 + X^2 + 2X - \tfrac{1}{3}) = X^5 + \tfrac{10}{3}X^3 + 5X - \tfrac{7}{9} = f(X).$$

On trouve alors, en mettant $c = \frac{4}{3}$ à la place de X,

$$f\left(\frac{4}{3}\right) = \frac{5^4 \cdot 7}{3^5}, \qquad c^2 + 1 = \frac{5^2}{3^2},$$

et, d'après les égalités (64),

$$L = M = -\frac{5^4}{3^5}.$$

D'autre part,

$$\frac{64}{9} J = h^2 + \frac{64}{9} = \left(\frac{7}{9}\right)^2 + \frac{64}{9} = \left(\frac{5}{3}\right)^4.$$

En mettant $\frac{4}{3} z$ à la place de ρ dans les égalités (63), on a maintenant

$$l = -\frac{1}{3} z^3, \qquad m = -\frac{1}{3} z^4, \qquad n = \frac{7}{3} z^5.$$

Dénotons par z_0, au lieu de z, cette racine qui doit être double : nous avons, pour le polynôme (62), l'expression

$$(83) \qquad z^5 - \frac{5}{3} z_0^3 z^2 - \frac{5}{3} z_0^4 z + \frac{7}{3} z_0^5 = (z - z_0)^2 \left(z^3 + 2 z_0 z^2 + 3 z_0^2 z + \frac{7}{3} z_0^3\right),$$

par où l'on voit que z_0 est bien, effectivement, une racine double.

Nous n'avons pas ainsi obtenu le cas général où le polynôme (62) aurait une racine double. Pour ce cas général, il doit se trouver, dans le polynôme en z, une arbitraire de plus, et ce polynôme aura la forme

$$z^5 + 5 l z^2 + 5 m z + n = (z - z_0)^2 (z^3 + 2 z_0 z^2 + 3 z_0^2 z + \beta),$$

d'après laquelle les coefficients sont déterminés comme il suit :

$$(84) \qquad 5 l = \beta - 4 z_0^3, \qquad 5 m = z_0 (3 z_0^3 - 2\beta), \qquad n = z_0^2 \beta.$$

Pour ce cas général, où β diffère de $\frac{7}{3} z_0^3$, il est clair que la racine $\rho = \frac{4}{3} z_0$ de l'équation (81) ne peut convenir. La seconde racine convient donc. Il faut donc, de toute nécessité, que les racines ρ de l'équation (67) coïncident, toutes deux, avec cette unique racine de l'équation actuelle. En d'autres termes, *l'équation (67), en ρ, a une racine double en même temps que l'équation proposée (62), en z.*

Nous vérifierons cette conséquence par un calcul direct. Cherchons d'abord, par l'équation (67), cette racine ρ. On a

$$\Phi'(\rho) = \frac{m}{lz^2}\left(2\,\frac{m\rho + \frac{1}{3}n}{lz^2} + 3 + 3\,\frac{\rho}{z} - \frac{10}{3}\right) + \frac{1}{z}\left(3\,\frac{m\rho + \frac{1}{3}n}{lz^2} + 2 + 2\,\frac{\rho}{z} - \frac{10}{3}\right),$$

$$\Phi'\left(\frac{4}{3}z\right) = \frac{5}{3}\left(\frac{m}{lz^2} - \frac{1}{z}\right) = \frac{5(m - lz)}{3lz^2}.$$

Le coefficient de ρ^2, dans $\Phi(\rho)$, est

$$\frac{m^2}{l^2z^4} + \frac{3m}{lz^3} + \frac{1}{z^2} = \frac{m^2 + 3mlz + l^2z^2}{l^2z^4}.$$

Comme $\Phi(\frac{4}{3}z)$ est nul, on a donc

$$\Phi\left(s + \frac{4}{3}z\right) = \frac{m^2 + 3mlz + l^2z^2}{l^2z^4}s^2 + \frac{5(m - lz)}{3lz^2}s.$$

Prenant la racine s qui n'est pas nulle, on conclut, pour ρ, la valeur suivante :

$$(85)\qquad \rho = \frac{4}{3}z - \frac{5l(m - lz)z^2}{3(m^2 + 3mlz + l^2z^2)} = \frac{(4m^2 + 7mlz + 9l^2z^2)z}{3(m^2 + 3mlz + l^2z^2)}.$$

On remarquera, en passant, le cas de l'équation particulière (83), pour lequel $m - lz_0$ est nul, en sorte que la nouvelle racine ρ coïncide avec la précédente, comme cela devait être. Revenant au cas général, nous tirons de la dernière équation, en vertu de la relation (82),

$$m\rho + \frac{1}{3}n = -lz^2 - \frac{5lm(m - lz)z^2}{3(m^2 + 3mlz + l^2z^2)} = -\frac{lz^2(8m^2 + 4mlz + 3l^2z^2)}{3(m^2 + 3mlz + l^2z^2)}.$$

En recourant encore à la relation (82), on voit le facteur du numérateur se réduire à $8m^2 - ln$. Revenant aux notations antérieures, on a ainsi

$$(86)\qquad \xi = -\frac{lz^2}{3(m^2 + 3mlz + l^2z^2)}(8\mu - \lambda).$$

Suivant les notations (76), nous avons

$$\begin{aligned} 3m^2\eta &= 3(ln - m^2)\xi - ln^2 \\ &= \frac{(m^2 - ln)(8m^2 - ln)lz^2 - (m^2 + 3mlz + l^2z^2)ln^2}{m^2 + 3mlz + l^2z^2} \\ &= \frac{m^2(8m^2 - 9ln)lz^2 - (m + 3lz)lmn^2}{m^2 + 3mlz + l^2z^2}. \end{aligned}$$

Divisant par m aux deux membres, puis remplaçant n par son expression, tirée de l'égalité (82), nous en concluons

$$(87)\quad \begin{cases} 3(m^2+3mlz+l^2z^2)\dfrac{m\eta}{lz^2} \\ \quad = m(8m^2+36mlz+27l^2z^2)-(m+3lz)(4m+3lz)^2 \\ \quad = -(2m+3lz)^3. \end{cases}$$

Remarquons que, suivant l'égalité (82), on a

$$(2m+3lz)^2 = 4m^2+12mlz+9l^2z^2 = 4m^2-3ln = 4\mu-3\lambda.$$

Nous pouvons donc conclure

$$(88)\qquad m\eta = -\frac{lz^2}{3(m^2+3mlz+l^2z^2)}(4\mu-3\lambda)^{\frac{3}{2}}.$$

Ces deux relations (86, 88) donnent

$$(89)\qquad (4\mu-3\lambda)^3\xi^2 = \mu(8\mu-\lambda)^2\eta^2.$$

Ce résultat, comparé à l'égalité (78), fait voir, conformément aux prévisions, que la quantité ρ, seconde racine de l'équation (81), est racine double de l'équation primitive (67), si toutefois elle en est effectivement racine. Pour achever cette vérification, il faudrait encore substituer ξ et η dans l'équation (77) et retrouver, par là, pour $N = n^4 : m^5$, l'expression conforme aux égalités (84). Nous ne ferons point ce calcul, vraiment superflu, et nous allons établir la proposition réciproque de la précédente.

Observons d'abord que la relation (89) entre ξ et η peut être écrite sous la forme

$$(90)\qquad \frac{\xi}{(8\mu-\lambda)\sqrt{\mu}} = \frac{\eta}{(\sqrt{4\mu-3\lambda})^3},$$

où les deux racines carrées sont entièrement déterminées, la première, comme représentant m, la seconde comme représentant $2m+3lz_0$. En employant les expressions (84) des coefficients, on a ainsi

$$(91)\qquad 5\sqrt{\mu} = z_0(3z_0^3-2\beta),\qquad 5\sqrt{4\mu-3\lambda} = -z_0(6z_0^3+\beta).$$

Il est maintenant établi que, λ et μ étant déterminés en fonction de deux arbitraires z_0 et β suivant ces égalités (91), ξ et η suivant la relation (90), alors l'équation (77) donne, pour N, la valeur suivante :

$$N = \frac{5^5 z_0^3 \beta^4}{(3 z_0^3 - 2\beta)^5}.$$

Cette simple observation suffit à prouver la proposition réciproque, comme nous avions en vue de le faire : *quand l'équation* (67) *en* ρ *a une racine double, l'équation* (62) *en* z *a, aussi, une racine double*. Il faut seulement excepter le cas particulier $l = 0$, où l'équation (67) a la racine double $\rho = -\frac{1}{3}\frac{n}{m}$; ξ et η sont alors nuls et l'analyse ci-dessus ne s'applique point. L'équation (65) peut alors servir à déterminer c^2, qui a deux valeurs distinctes. Ainsi les deux valeurs de ρ sont égales entre elles, mais les deux équations réduites, en X, restent distinctes.

Les considérations qui précèdent ont dû faire comprendre, dans tous ses détails, la transformation de l'équation du cinquième degré (62) en l'équation particulière que fournit la théorie de la division des périodes par 5.

Le théorème, démontré en dernier lieu, peut être aisément vérifié par un calcul direct, et l'on trouvera, sans difficulté, que *le discriminant de l'équation en* ρ *est égal au discriminant de l'équation en* z, *multiplié par* l^2.

Voici donc la conséquence : *étant donnée une équation du cinquième degré* (62) *privée du second et du troisième terme, on peut exprimer ses racines en fonction rationnelle des coefficients, de la racine carrée du discriminant de cette équation et des racines de l'équation particulière à laquelle conduit la division des périodes elliptiques par* 5.

Pour faire disparaître le second et le troisième terme dans une équation quelconque, il suffit de résoudre une équation du second degré. La réduction de toute équation du cinquième degré à l'équation de la division des périodes exige donc seulement l'extraction d'une racine carrée, outre celle du discriminant.

CHAPITRE II.

DIVISION DES PÉRIODES PAR 7.

Équations générales pour la division des périodes par un nombre quelconque.

Soit n un entier par lequel on veut diviser une période 2ω: soient α, β, γ, δ, ... divers entiers et considérons

$$(1)\quad \begin{cases} a = p\left(\dfrac{2\alpha\omega}{n}\right), & b = p\left(\dfrac{2\beta\omega}{n}\right), \\ c = p\left(\dfrac{2\gamma\omega}{n}\right), & d = p\left(\dfrac{2\delta\omega}{n}\right), \\ \ldots\ldots\ldots & \ldots\ldots\ldots \end{cases}$$

Entre a, b, c, d, ... on peut trouver aisément des équations propres à déterminer ces quantités. Ayant choisi deux d'entre elles, a, b, caractérisées par les nombres α et β, prenons la somme $\alpha+\beta$; soit $\gamma=\alpha+\beta$ cette somme. Les trois quantités a, b, c, d'après le théorème d'addition (t. I, p. 30), sont alors racines d'une équation ayant la forme

$$(2)\qquad 4X^3 - g_2X - g_3 = (\lambda X + \mu)^2,$$

où X est l'inconnue. On a donc

$$a+b+c=\tfrac{1}{4}\lambda^2,\qquad ab+bc+ca=-\tfrac{1}{4}g_2-\tfrac{1}{2}\lambda\mu,\qquad abc=\tfrac{1}{4}(g_3+\mu^2)$$

et, par conséquent,

$$(3)\qquad (a+b+c)(4abc-g_3)=(ab+bc+ca+\tfrac{1}{4}g_2)^2.$$

C'est, comme on voit, le théorème d'addition sous une forme spéciale où n'apparaissent que les fonctions p. Pour cette raison même, l'équation (3) traduit l'une quelconque des relations $\pm\alpha\pm\beta\pm\gamma=0$.

Abrégeons le langage en désignant par (abc) cette équation ou son premier membre :

$$(abc) = (ab + bc + ca + \tfrac{1}{4} g_2)^2 - (a + b + c)(4abc - g_3).$$

Avec a et b, il y a une autre quantité, analogue à c, qui donne lieu à pareille équation ; ce sera d, si l'on suppose $\delta = \alpha - \beta$. Nous avons ainsi les deux équations (abc) et (abd) et, par leur combinaison, l'équation nouvelle

$$\frac{(abc) - (abd)}{c - d} = 0 = (ab\,;\,cd);$$

plus simple en ce qu'elle est du troisième degré seulement. La voici développée :

$$(ab\,;\,cd) = (a - b)^2(c + d) - 2ab(a + b) + \tfrac{1}{2} g_2(a + b) + g_3.$$

Parmi ces équations, il s'en trouve où deux quantités coïncident. Supposons, par exemple, $\beta = 2\alpha$; alors $\delta = -\alpha$, $d = a$.

Toutes les équations entre les quantités $a, b, c, \ldots$ forment un système surabondant, en apparence ; elles sont, bien entendu, compatibles et peuvent servir à déterminer les inconnues. Nous allons les envisager dans le cas $n = 7$ et en déduire, ainsi qu'on l'a fait, au Chapitre I, pour $n = 5$, des équations contenant seulement des fonctions symétriques de a, b, c.

Équations symétriques pour la division par 7.

Soient

$$a = \wp\,\frac{2\omega}{7}, \qquad b = \wp\,\frac{4\omega}{7}, \qquad c = \wp\,\frac{6\omega}{7},$$

au nombre de trois seulement, et donnant lieu aux équations

$$(abc), \qquad (aab), \qquad (bbc), \qquad (cca).$$

On en déduit les trois équations

$$(ab\,;\,ca), \qquad (bc\,;\,ab), \qquad (ca\,;\,bc),$$

que nous désignerons abréviativement par A, B, C, en posant

$$A = a^3 - 4a^2b + b^2c + a^2c - b^2a - 2abc + \tfrac{1}{2} g_2(a + b) + g_3 = 0,$$

et déduisant B et C par la permutation circulaire, remplaçant ainsi a, b, c d'abord par b, c, a pour former B, puis par c, a, b, pour former C.

Cette permutation circulaire met en évidence la nécessité d'introduire, outre les fonctions symétriques

$$x = a + b + c, \qquad y = ab + bc + ca, \qquad z = abc,$$

les deux combinaisons

$$u = a^2 b + b^2 c + c^2 a, \qquad u' = b^2 a + c^2 b + a^2 c,$$

dont la somme est symétrique,

$$u + u' = xy - 3z,$$

et dont la différence est la fonction alternée

$$u - u' = -(a - b)(b - c)(c - a).$$

Dans le calcul vont s'introduire aussi

$$v = a^3 b + b^3 c + c^3 a, \qquad v' = b^3 a + c^3 b + a^3 c,$$

que l'on fera aussitôt disparaître; car on a

$$(4) \qquad v = ux - xz - \Sigma a^2 b^2, \qquad v' = u'x - xz - \Sigma a^2 b^2$$

La forme symétrique $\Sigma a^2 b^2$ et la somme des cubes Σa^3, dont nous allons avoir besoin, ont, d'ailleurs, les expressions suivantes :

$$(5) \qquad \begin{cases} \Sigma a^2 b^2 = a^2 b^2 + b^2 c^2 + c^2 a^2 = y^2 - 2xz, \\ \Sigma a^3 = a^3 + b^3 + c^3 = x^3 - 3xy + 3z. \end{cases}$$

Arrivons au calcul effectif. Nous obtenons une première équation par simple addition, A + B + C, c'est-à-dire

$$\Sigma a^3 - 3u - 6z + g_2 x + 3g_3 = 0,$$

ce qui donne

$$(6) \qquad 3u = x^3 - 3xy - 3z + g_2 x + 3g_3$$

et, par suite,

$$(7) \qquad 3u' = -x^3 + 6xy - 6z - g_2 x - 3g_3.$$

De là résulte la combinaison

$$2u - u' = x^3 - 4xy + g_2 x + 3g_3,$$

donnant, d'après (4),

$$(8) \qquad 2v - v' = x^4 - 4x^2y + g_2x^2 + 3g_3x - xz - \Sigma a^2b^2,$$

combinaison dont nous allons avoir besoin.

Une seconde équation est fournie par $cA + aB + bC$; on a

$$cA = a^3c - abc(4a + b + 2c) + a^2c^2 + b^2c^2 + \tfrac{1}{2}g_2(ac + bc) + g_3c.$$

Il en résulte l'équation

$$v' - 7xz + 2\Sigma a^2b^2 + g_2y + g_3x = 0.$$

Remplaçant v' par son expression (4), puis u' et Σa^2b^2 par leurs expressions (7, 5), on a ainsi

$$(9) \qquad x^4 - 6x^2y + 36xz - 3y^2 + g_2(x^2 - 3y) = 0.$$

Prenons enfin $bA + cB + aC$, ce qui donne le calcul suivant

$$bA = a^3b + b^3c - b^3a - 4a^2b^2 + abc(a - 2b) + \tfrac{1}{2}g_2(ab + b^2) + g_3b,$$
$$2v - v' - 4\Sigma a^2b^2 - xz + \tfrac{1}{2}g_2(x^2 - y) + g_3x = 0,$$

puis, d'après l'égalité (8),

$$(10) \qquad x^4 - 4x^2y + 8xz - 5y^2 + \tfrac{1}{2}g_2(3x^2 - y) + 4g_3x = 0.$$

Considérons enfin l'équation (abc) dans sa forme primitive (3),

$$(11) \qquad x(4z - g_3) - (y + \tfrac{1}{4}g_2)^2 = 0.$$

Ces trois équations (9, 10, 11) constituent le système symétrique que nous voulions obtenir.

Prenant x pour inconnue principale, nous éliminerons y et z, parvenant ainsi à une résolvante en x. Par cette inconnue s'exprimeront ensuite les autres inconnues y, z, ainsi que la fonction alternée $(u - u')$.

Équation du huitième degré pour la division des périodes par 7.

En éliminant $x z$ entre les équations (9) et (11) ou bien entre les équations (10) et (11), on parvient aux deux suivantes, que nous ordonnons par rapport à y :

$$6y^2 - (\tfrac{3}{2} g_2 - 6x^2)y + x^4 - g_2 x^2 - 9 g_3 x + \tfrac{9}{16} g_2^2 = 0.$$
$$3y^2 - (\tfrac{1}{2} g_2 - 4x^2)y - x^4 - \tfrac{3}{2} g_2 x^2 - 6 g_3 x - \tfrac{1}{8} g_2^2 = 0.$$

On en tire d'abord y, exprimé en fonction de x,

$$(12)\qquad (14x^2 - \tfrac{5}{2} g_2)y = 3x^4 + 4 g_2 x^2 + 21 g_3 x + \tfrac{13}{16} g_2^2,$$

puis cette équation, ne contenant pas g_3,

$$(13)\qquad 21 y^2 + \tfrac{3}{2} g_2 y - x^4 - \tfrac{5}{2} g_2 x^2 + \tfrac{3}{4} g_2^2 = 0.$$

Écrivant cette dernière sous la forme

$$21(y + \tfrac{1}{28} g_2)^2 = x^4 + \tfrac{5}{2} g_2 x^2 - \frac{3^4}{2^4.7} g_2^2,$$

puis substituant l'expression (12) de y, on a l'équation finale

$$(14)\qquad \left\{\begin{aligned} &7\left(x^4 + \tfrac{5}{2} g_2 x^2 - \frac{3^4}{2^4.7} g_2^2\right)(2x^2 - \tfrac{5}{14} g_2)^2 \\ &\quad - 27\left(x^4 + \tfrac{3}{2} g_2 x^2 + 7 g_3 x + \frac{27}{2^4.7} g_2^2\right)^2 = 0. \end{aligned}\right.$$

Le développement se fait par un calcul assez court, grâce à cette circonstance que g_3 figure seulement dans le dernier carré : voici le résultat :

$$(15)\qquad \left\{\begin{aligned} &x^8 - 21 g_2 x^6 - 2.3^3.7 g_3 x^5 - \frac{3^3.5.7}{8} g_2^2 x^4 - 3^4.7 g_2 g_3 x^3 \\ &\quad - \left(\frac{7.23}{16} g_2^3 + 3^3.7^2 g_3^2\right)x^2 - \frac{3^6}{8} g_2^2 g_3 x - \frac{3^4.7}{2^8} g_2^4 = 0. \end{aligned}\right.$$

On peut représenter cette équation sous une forme symbolique très simple, avec les mêmes symboles qui ont servi, pour l'équation analogue, dans la division par 5. En écrivant symboliquement

$$A^2 = \tfrac{1}{12} g_2, \quad A^3 = \tfrac{1}{8} g_3, \quad A^4 = (\tfrac{1}{12} g_2)^2, \quad A^5 = \tfrac{1}{12} g_2 . \tfrac{1}{8} g_3,$$
$$A^6 = (\tfrac{1}{12} g_2)^3, \quad A^7 = (\tfrac{1}{12} g_2)^2 (\tfrac{1}{8} g_3), \quad A^8 = (\tfrac{1}{12} g_2)^4,$$

on peut écrire l'équation sous la forme

$$(x - 21\,A)(x + 3\,A)^7 + 7^2 \Delta x^2 = 0,$$

par où sont mises en évidence les racines $21\,A$ et $-3A$, cette dernière septuple, quand le discriminant s'évanouit.

Pour chaque racine x, on a y, z et la fonction alternée $u - u' = t$, au moyen des équations déjà trouvées,

$$(16)\quad \left\{ \begin{aligned} (14x^2 - \tfrac{5}{2} g_2)y &= 3x^4 + 4g_2x^2 + 21\,g_3x + \tfrac{13}{16} g_2^2, \\ 4xz &= (y + \tfrac{1}{4} g_2)^2 + g_3x, \\ 3t &= -3(a-b)(b-c)(c-a) \\ &= 2x^3 - 9xy + 3z + 2g_2x + 6g_3. \end{aligned} \right.$$

Un cas particulier.

On doit observer le cas particulier où l'une des racines x satisfait à la condition

$$14x^2 - \tfrac{5}{2} g_2 = 0.$$

D'après le calcul même qui nous a conduit à l'équation (14) nous avons

$$(17)\quad \left\{ \begin{aligned} &3x^4 + 4g_2x^2 + 21\,g_3x + \tfrac{13}{16} g_2^2 + \frac{g_2}{28}(14x^2 - \tfrac{5}{2} g_2) \\ &\qquad = 3\left(x^4 + \tfrac{3}{2} g_2x^2 + 7g_3x + \frac{27}{2^4 . 7} g_2^2\right) = 0. \end{aligned} \right.$$

La racine x dont il s'agit est double. Soient

$$14x^2 - \tfrac{5}{2} g_2 = P, \qquad x^4 + \tfrac{3}{2} g_2x^2 + 7g_3x + \frac{27}{2^4 . 7} g_2^2 = Q,$$

la condition $P = 0$ donne

$$(18)\qquad x = \pm \tfrac{1}{2} \sqrt{\tfrac{5}{7} g_2};$$

la condition $Q = 0$ donne ensuite

$$(19)\qquad g_3 \pm \frac{53}{5.7^2} g_2 \sqrt{\frac{5}{7} g_2} = 0.$$

On voit par là que, cette condition (19) étant satisfaite, la racine x, entièrement déterminée par l'égalité (18), existe; elle est alors double. Par l'équation (14), en prenant ce cas comme une limite, on a

$$(20)\qquad x^4 + \tfrac{5}{2} g_2 x^2 - \frac{3^4}{2^4.7} g_2^{\frac{3}{2}} = - \frac{2^2.3}{7^2} g_2^{\frac{3}{2}}$$

et, par conséquent,

$$- \frac{2^2.3}{7} g_2^{\frac{3}{2}} (\tfrac{1}{7} P)^2 - 3^3 Q^2 = 0,$$

$$\frac{Q}{P} = \pm \frac{2}{3.7^2} g_2 \sqrt{-7}.$$

Suivant l'identité (17) et l'expression (12) de y, on obtient donc

$$y = g_2 \left(- \frac{1}{28} \pm \frac{2}{7^2} \sqrt{-7} \right).$$

Il y a, de la sorte, deux valeurs bien déterminées, pour y, correspondant à la racine double x; donc aussi deux valeurs pour z et pour t, d'après les formules (16).

Si l'on suppose la quantité (19), non point nulle, mais infiniment petite, alors deux valeurs de $x - \frac{1}{2}\sqrt{\frac{5}{7} g_2}$ sont infiniment petites : nous allons calculer leurs parties principales.

Soit g'_3 la valeur limite (19) de g_3, soit x' la valeur limite (18) de x. En se bornant aux termes principaux, on a

$$Q = (x - x') \left(\frac{dQ}{dx} \right) + 7x'(g_3 - g'_3),$$

sous la condition de mettre dans $\left(\frac{dQ}{dx}\right)$ les valeurs limites x' et g'_3. Comme on a

$$g'_3 = - \frac{2.53}{5.7^2} g_2 x',$$

on obtient

$$\left(\frac{dQ}{dx}\right) = \frac{2^3.3}{5.7} g_2 x'.$$

Moyennant la relation limite (20), nous avons ainsi

$$-\frac{2^2.3}{7} g_2^2 [4x'(x-x')]^2 - 3^3 \left[\frac{2^3.3}{5.7} g_2 x'(x-x') + 7x'(g_3 - g'_3)\right]^2 = 0$$

ou, en divisant par $3x'^2$ et extrayant la racine carrée,

$$2^3 g_2(x-x') = \pm 3i\sqrt{7}\left[\frac{2^3.3}{5.7} g_2(x-x') + 7(g_3 - g'_3)\right].$$

Nous avons, de la sorte, les parties principales des deux quantités $x - x'$; elles sont du même ordre infinitésimal que $g_3 - g'_3$, et *imaginaires*, g_3 étant supposé réel. Ainsi, quand g_3, variant dans le domaine réel, passe par la valeur g'_3, deux racines x deviennent égales entre elles, mais ne passent point, comme il arrive d'habitude en pareil cas, du réel à l'imaginaire. Elles demeurent imaginaires : pour chacune d'elles, les signes des parties imaginaires changent au passage.

Il est bon d'observer que, pour $g_3 = g'_3$, le discriminant est positif, g_2 et g_3 étant supposés réels; on a effectivement

$$\Delta = g_2^3 - 27 g_3'^2 = g_2^3 \frac{5.7^5 - 3^3.\overline{53}^2}{5.7^5} = \frac{2^{13}}{5.7^5} g_2^3,$$

et g_2 doit être positif pour que g_3 soit réel (19).

Cas où g_2 est nul.

Au cas $g_2 = 0$, l'équation (15) a la racine double $x = 0$. Si l'on pose

$$(21) \qquad u = \frac{2^4 g_3 x}{g_2^2},$$

en supposant à u une limite finie, la forme (14) de l'équation donne immédiatement

$$-2^2.3.5^2 - (7^2 u + 3^3)^2 = 0,$$
$$u = \tfrac{1}{49}(-27 \pm 10 i\sqrt{3}).$$

Tout comme dans le cas précédent, au passage de g_2 par zéro, deux racines x deviennent égales; mais, de part et d'autre de la valeur $g_2 = 0$, elles demeurent imaginaires : les signes de leurs parties imaginaires ne changent pas au passage.

Ces deux racines infiniment petites, ainsi que leur différence, sont du même ordre infinitésimal que g_2^2.

Par les formules (16), on trouve aisément que y est infiniment petit,

$$y = -\tfrac{1}{40}(21u + 13)g_2,$$

et que z a deux valeurs finies

$$(22) \qquad z = \tfrac{1}{14}(-1 \pm 3i\sqrt{3})g_3.$$

en sorte que les quantités a, b, c correspondantes sont les trois racines cubiques de z.

Les autres racines se trouvent immédiatement; car l'équation (14) se réduit à

$$2^2.7x^6 - 3^3(7g_3 + x^3)^2 = 0$$

et donne, pour x, les diverses racines cubiques des deux quantités suivantes

$$3.7g_3(9 + 2\sqrt{21}) = \quad 7g_3\left(\frac{\sqrt{21}+3}{2}\right)^3,$$

$$-3.7g_3(2\sqrt{21} - 9) = -7g_3\left(\frac{\sqrt{21}-3}{2}\right)^3,$$

dont la seconde est de signe opposé à celui de g_3.

Ces circonstances si simples s'expliquent facilement par la propriété

$$(23) \qquad p(\alpha u) = \alpha p u \qquad (\alpha^3 = 1),$$

que possèdent les fonctions elliptiques (t. I, p. 82) dans ce cas particulier.

Pour fixer les idées, supposons g_3 réel et positif, en sorte qu'on ait

$$(24) \qquad \frac{\omega'_2}{\omega} = i\sqrt{3}$$

ou, en d'autres termes,

$$\omega'_2 = \omega_2(1 + 2\alpha), \qquad \alpha = \frac{-1 + i\sqrt{3}}{2}. \tag{25}$$

Les arguments $\frac{2}{7}\omega_2$, $\frac{4}{7}\omega_2$, $\frac{6}{7}\omega_2$ donnent lieu à des fonctions p réelles et positives; les arguments $\frac{2}{7}\omega'_2$, $\frac{4}{7}\omega'_2$, $\frac{6}{7}\omega'_2$ à des fonctions p réelles, positives ou négatives, mais inférieures aux précédentes. Les deux seules racines x, qui fournissent, pour a, b, c, des quantités réelles, correspondent à ces arguments; ce sont

$$\left\{ \begin{aligned} x &= \frac{\sqrt{21}+3}{2}\sqrt[3]{7g_3}, \\ x_0 &= -\frac{\sqrt{21}-3}{2}\sqrt[3]{7g_3}, \end{aligned} \right. \tag{26}$$

dont la première répond à $\frac{2}{7}\omega_2$, ..., et la seconde à $\frac{2}{7}\omega'_2$.

Pour distinguer les autres racines, nous poserons

$$w_\mu = \tfrac{2}{7}(\omega'_2 + \mu\omega_2) \qquad (\mu = 1, 2, 3, 4, 5, 6).$$

Ce sera l'argument de a_μ, suffisant pour caractériser x_μ. Cette notation est semblable à celle qui a été employée au Chapitre précédent, et on la retrouvera, plus loin, pour le cas général. D'après cette notation, en tenant compte de (25), on a

$$w_2 = \tfrac{2}{7}\omega_2(3 + 2\alpha),$$
$$2\alpha w_2 = \tfrac{4}{7}\omega_2(3\alpha + 2\alpha^2) = \tfrac{4}{7}\omega_2(\alpha - 2) = \tfrac{2}{7}\omega_2(3 + 2\alpha) - 2\omega_2 \equiv w_2$$

et, d'après (23),

$$a_2 = \alpha b_2.$$

On a, semblablement,

$$b_2 = \alpha c_2, \qquad c_2 = \alpha a_2;$$

d'où résulte

$$a_2 + b_2 + c_2 = x_2 = 0.$$

Pareillement,

$$\alpha w_5 = \tfrac{2}{7}\omega_2(4\alpha - 2) = \tfrac{4}{7}\omega_2(2\alpha + 6) - 4\omega_2 \equiv 2w_5,$$
$$b_5 = \alpha a_5, \qquad c_5 = \alpha b_5, \qquad a_5 = \alpha c_5, \qquad x_5 = 0;$$

$$\begin{aligned} \alpha w_1 &= \tfrac{4}{7}\omega_2, & x &= \alpha x_1, \\ \alpha w_3 &= \tfrac{2}{7}\omega_2(2\alpha - 2) \equiv w_4, & x_4 &= \alpha x_3, \\ 2\alpha w_4 &= \tfrac{4}{7}\omega_2(3\alpha - 2) \equiv 3w_0, & x_0 &= \alpha x_4, \\ 2\alpha w_6 &= \tfrac{4}{7}\omega_2(5\alpha - 2) \equiv 5w_1, & x_1 &= \alpha x_6. \end{aligned}$$

En résumé, x et x_0 sont donnés par les égalités (26); puis on a

$$(27)\quad x_2 = x_5 = 0, \quad x_1 = \alpha^2 x, \quad x_3 = \alpha x_0, \quad x_4 = \alpha^2 x_0, \quad x_6 = \alpha x.$$

Nous aurons besoin de connaître, dans le cas où g_2, au lieu d'être nul, est infiniment petit, les termes du premier ordre en g_2 dans ces diverses racines. Dénotons par des lettres accentuées x', x'_0, x'_1, ... les racines quand g_2 n'est pas nul, afin de conserver à x, x_0, x_1, ... la signification qui répond aux égalités (26, 27). En premier lieu, nous bornant à la partie du premier ordre en g_2, nous avons, d'après (21),

$$x'_2 = x'_5 = 0.$$

Soit posé, pour une autre racine quelconque, $x'_\mu = x_\mu + \xi_\mu$. Dans l'équation (15), écrite sous la forme suivante où les termes en g_2^2, g_2^3 sont omis,

$$x^2(x^6 - 2.3^3.7 g_3 x^3 - 3^3.7^2 g_3^2) - 21 g_2 x^3(x^3 + 27 g_3) - \ldots = 0,$$

remplaçons x par $x_\mu + \xi_\mu$ en nous bornant aux termes du premier ordre. Nous avons ainsi

$$2 x_\mu (x_\mu^3 - 3^3.7 g_3)\xi_\mu = 7(x_\mu^3 - 27 g_3) g_2.$$

Soit, pour μ, une des valeurs 0, 3, 4, en sorte que l'on ait $x_\mu = \alpha^m x_0$, m étant l'un des nombres 0, 1 ou 2. Multipliant par x aux deux membres, et d'après les égalités (26), nous concluons $\xi_\mu = p\,\alpha^{2m} x$, avec cette expression de la quantité p :

$$(28)\quad p = \frac{1}{6(\sqrt[3]{7 g_3})^2}\left(\frac{36}{\sqrt{21}} - 7\right) g_2.$$

Moyennant quoi l'on a, pour g_2 infiniment petit, les expressions ci-après des racines x' :

$$x'_0 = x_0 + p x, \quad x'_3 = \alpha x_0 + p \alpha^2 x, \quad x'_4 = \alpha^2 x_0 + p \alpha x.$$

Soit posé, de même,

$$(29)\quad p' = -\frac{1}{6(\sqrt[3]{7 g_3})^2}\left(\frac{36}{\sqrt{21}} + 7\right) g_2.$$

Les autres racines sont exprimées ainsi

$$x' = x + p' x_0, \qquad x'_1 = \alpha^2 x + p' \alpha x_0, \qquad x'_6 = \alpha x + p' \alpha^2 x_0,$$

à quoi il faut joindre $x'_2 = x'_5 = 0$.

Nous avons supposé g_3 positif; si g_3 était négatif, il faudrait échanger les expressions (26) de x et de x_0 et tenir compte que l'on a, pour ce cas,

$$\frac{i\omega_2}{\omega'_2} = \sqrt{3}.$$

On peut aussi passer du cas précédent à celui-ci par l'échange des périodes.

Soient ω_2 et ω'_2, liés par la relation (24), et les x déterminés comme on vient de le voir. Posons

$$\overline{\omega}_2 = -i\omega'_2, \qquad \overline{\omega}'_2 = i\omega_2, \qquad \bar{g}_3 = -g_3,$$

en désignant par $\bar{p}$ la fonction elliptique où $g_2 = 0$ et où le second invariant est $\bar{g}_3$, en sorte que $\bar{p}(iu) = -pu$ (t. I, p. 32). Les arguments $\overline{w}$ et $\overline{w}_\nu$ des racines $\bar{x}$, $\bar{x}_0$, $\bar{x}_\nu$, relatives à ce cas, étant caractérisés comme précédemment,

$$\overline{w}_0 = \tfrac{2}{7}\overline{\omega}_2, \qquad \overline{w}_\nu = \tfrac{2}{7}(\overline{\omega}'_2 + \nu\overline{\omega}_2),$$

on a, tout d'abord,

$$\overline{w} = -iw_0, \qquad \overline{w}_0 = iw; \qquad \bar{x} = -x_0, \qquad \bar{x}_0 = -x.$$

Pour les autres arguments, on a

$$i\overline{w}_\nu = \tfrac{2}{7}(\nu\omega'_2 - \omega_2) \equiv \frac{2\nu}{7}(\omega'_2 + \mu\omega_2) \equiv \nu w_\mu,$$

pourvu que les deux entiers μ, ν soient liés par la condition

$$\mu\nu \equiv -1 \pmod 7,$$

ce qui donne les cas suivants :

$$\mu, \nu = 1, 6; \qquad \mu, \nu = 2, 3; \qquad \mu, \nu = 4, 5.$$

En d'autres termes, dans le cas où g_3 est négatif, après avoir échangé x et x_0 dans les égalités (26), il faut aussi, dans les relations (27), faire le même échange et y échanger aussi les indices 1 et 6, 2 et 3, 4 et 5, ce qui donne

$$x_3 = x_4 = 0, \qquad x_6 = \alpha^2 x_0, \qquad x_2 = \alpha x, \qquad x_5 = \alpha^2 x, \qquad x_1 = \alpha x_0.$$

Nous étudierons ultérieurement les racines x comme des fonctions de g_3, en laissant g_2 constant. Ce que l'on vient de dire pour le cas $g_2 = 0$ s'appliquera alors, sans modification, au cas $g_3 = \infty$, comme l'homogénéité le rend évident : on aura deux racines infiniment petites, x_2 et x_5 ou x_3 et x_4, suivant que g_3 sera positif ou négatif; les autres racines seront infiniment grandes, du même ordre que $\sqrt[3]{g_3}$.

Examinons, dans ce cas particulier, $g_2 = 0$, les diverses valeurs de t.

En correspondance avec les deux racines x qui sont nulles, la dernière formule (16) donne $t = z + 2g_3$, c'est-à-dire, d'après (22),

$$t = \tfrac{3}{14}(9 \pm i\sqrt{3})\,g_3. \tag{30}$$

Prenons maintenant une autre racine suivant l'égalité

$$x^3 = 21\,g_3(9 \pm 2\sqrt{21}). \tag{31}$$

Nous en concluons, suivant la première formule (16),

$$xy = 3(14 \pm 3\sqrt{21})\,g_3,$$

tandis que l'équation (13) donne aussi

$$21\,y^2 = x^4.$$

Par la seconde formule (16), nous avons alors

$$2z = (5 \pm \sqrt{21})\,g_3.$$

En substituant dans la dernière égalité (16), on obtient

$$t = \tfrac{3}{2}(3 \pm \sqrt{21})\,g_3. \tag{32}$$

Les trois racines x que la formule (31) donne pour chacun des deux signes $\pm$ fournissent, on le voit, une seule valeur de t. Ainsi il y a deux valeurs simples de t, que fournit l'égalité (30), et deux valeurs triples, assignées par la formule (32). L'équation en t se réduit donc à celle-ci :

$$(33) \qquad (7t^2 - 27g_3t + 27g_3^2)(t^2 - 9g_3t - 27g_3^2)^3 = 0.$$

En développant et mettant $t = sg_3$, on trouve

$$(34) \qquad 7s^8 - 2^3.3^3s^7 + 2.3^3.5.7s^6 - 3^8.7s^4 + 2.3^9.7s^2 - 3^{12} = 0,$$

résultat remarquable à cause des trois termes qui manquent, et dont nous nous servirons plus loin.

Résolution du problème de la division par 7.

Pour chaque racine x de l'équation (15) on a, d'après les formules (16), y, z, t sans ambiguïté. A l'égard de y, nous avons examiné le cas particulier qui semblait d'abord mettre les formules en défaut; quant à z, il semble aussi se trouver une difficulté pour le cas où une racine x est nulle : ceci se produit quand g_2 est nul. Ce dernier cas, nous venons de l'examiner. Revenons au cas général.

Ayant x, y, z, on aura les trois inconnues correspondantes a, b, c par la résolution de l'équation, du troisième degré,

$$a^3 - xa^2 + ya - z = 0.$$

Mais la connaissance de t apporte une simplification. Suivant la méthode de Lagrange, soient

$$s = a + \varepsilon b + \varepsilon^2 c, \qquad \varepsilon^3 = 1, \qquad \varepsilon = \frac{-1 + i\sqrt{3}}{2}.$$

On en conclut, suivant les notations employées précédemment,

$$s^3 = \Sigma a^3 + 6abc + 3\varepsilon u + 3\varepsilon^2 u' = \Sigma a^3 + 6z - \tfrac{3}{2}(u + u') + \tfrac{3}{2}i\sqrt{3}(u - u'),$$

$$s^3 = \tfrac{1}{2}(2x^3 - 9xy + 27z) + \tfrac{3}{2}i\sqrt{3}\,t.$$

De là on tire s par l'extraction d'une racine cubique, seule irrationnelle nouvelle. Prenant ensuite

$$s' = a + \varepsilon^2 b + \varepsilon c.$$

on a

$$ss' = a^2 + b^2 + c^2 - ab - bc - ca = x^2 - 3y;$$

s' est donc connu au moyen de s; puis a, b, c sont donnés par les égalités

$$\begin{aligned} 3a &= x + s + s', \\ 3b &= x + \varepsilon^2 s + \varepsilon s', \\ 3c &= x + \varepsilon\, s + \varepsilon^2 s'. \end{aligned}$$

Il convient d'observer que le changement de i en $-i$, qui échange s et s' ainsi que ε et ε^2, n'apporte aucune altération dans a, b, c. Si l'on échange, dans le choix de s, les diverses racines cubiques de s^3, il y a, au contraire, des changements dans a, b, c. Remplaçant s par εs ou $\varepsilon^2 s$, on doit en même temps remplacer s' par $\varepsilon^2 s'$ ou $\varepsilon s'$: de la sorte, a, b et c sont respectivement remplacés par c, a et b ou par b, c et a; mais l'ordre circulaire dans lequel se succèdent les lettres a, b, c n'est pas altéré, ce qui est conforme à l'analyse employée.

Les trois quantités a, b, c sont égales aux valeurs de la fonction $\wp$ pour les multiples d'un seul et même argument $\frac{2\omega}{7}$; 2ω désigne, d'ailleurs, une période quelconque. Les valeurs de la fonction $\wp'$ s'en concluent, mais il n'est point nécessaire de recourir à l'expression

$$\wp'^2 = 4\wp^3 - g_2\wp - g_3.$$

Revenant, en effet, à l'équation (2), nous avons

$$\begin{gathered} \sqrt{4a^3 - g_2 a - g_3} = \lambda a + \mu = \sqrt{\varphi a}, \\ \lambda = 2\sqrt{a + b + c} = 2\sqrt{x}, \\ \tfrac{1}{2}\lambda\mu = -(ab + bc + ca + \tfrac{1}{4}g_2) = -(y + \tfrac{1}{4}g_2), \end{gathered}$$

et nous en concluons

$$(35)\quad \left\{ \begin{aligned} \sqrt{\varphi a} &= \frac{1}{\sqrt{x}}(2ax - y - \tfrac{1}{4}g_2), \\ \sqrt{\varphi b} &= \frac{1}{\sqrt{x}}(2bx - y - \tfrac{1}{4}g_2), \\ \sqrt{\varphi c} &= \frac{1}{\sqrt{x}}(2cx - y - \tfrac{1}{4}g_2). \end{aligned} \right.$$

Si nous prenons ainsi une seule et même détermination de $\sqrt{x}$ dans les trois formules, alors a et $\sqrt{\varphi a}$, b et $\sqrt{\varphi b}$, c et $\sqrt{\varphi c}$ sont les valeurs des fonctions $\wp$ et $\wp'$ pour trois arguments dont la somme est une période, par exemple $\frac{2\omega}{7}$, $\frac{4\omega}{7}$ et $-\frac{6\omega}{7}$ ou encore $\frac{2\omega}{7}$, $\frac{4\omega}{7}$, $\frac{8\omega}{7}$.

Relations entre les huit racines.

Il y a place ici pour une analyse toute semblable à celle du Chapitre I (p. 10). Soient x et x_0 deux racines; on peut trouver une formule algébrique donnant à la fois toutes les autres racines en fonction de x et de x_0. En effet, a, b, c répondant à x et a_0, b_0, c_0 répondant à x_0, posons

$$(36)\quad \begin{cases} a + a_0 + a_1 = \frac{1}{4}\left(\frac{\sqrt{\varphi a} - \sqrt{\varphi a_0}}{a - a_0}\right)^2, \\ b + b_0 + b_1 = \frac{1}{4}\left(\frac{\sqrt{\varphi b} - \sqrt{\varphi b_0}}{b - b_0}\right)^2, \\ c + c_0 + c_1 = \frac{1}{4}\left(\frac{\sqrt{\varphi c} - \sqrt{\varphi c_0}}{c - c_0}\right)^2. \end{cases}$$

Soient $\frac{2\omega}{7}$, $\frac{4\omega}{7}$, $\frac{8\omega}{7}$ et $\frac{2\omega'}{7}$, $\frac{4\omega'}{7}$, $\frac{8\omega'}{7}$ les arguments qui correspondent à a et $\sqrt{\varphi a}$, etc.; d'après le théorème d'addition, a_1, b_1, c_1 sont les valeurs de la fonction $\wp$ pour les arguments $\pm\frac{2\omega+2\omega'}{7}$, $\pm 2\frac{2\omega+2\omega'}{7}$, $\pm 4\frac{2\omega+2\omega'}{7}$. En ajoutant, membre à membre, ces dernières égalités et employant les résultats (35), on obtient

$$(37)\quad \begin{cases} x + x_0 + x_1 = \frac{1}{4}\sum\frac{\varphi a + \varphi a_0}{(a-a_0)^2} \\ \qquad - \frac{1}{2\sqrt{x}\sqrt{x_0}}\sum\frac{(2ax - y - \frac{1}{4}g_2)(2a_0x_0 - y_0 - \frac{1}{4}g_2)}{(a-a_0)^2}. \end{cases}$$

Ainsi, x_1 est exprimé effectivement en fonction de x et de x_0 par l'intermédiaire de a, b, c, a_0, b_0, c_0.

En changeant le signe de $\sqrt{x}$, on change la racine x_1. En permutant circulairement a, b, c, on obtient aussi trois déterminations de cette racine, distinctes entre elles. Ainsi, par ces deux changements, celui du signe devant $\sqrt{x}$, celui de la lettre initiale a, b ou c, on obtient six racines x_1, distinctes entre elles. Quant aux changements analogues opérés sur $\sqrt{x_0}$, a_0, b_0, c_0, ils équivalent aux précédents; on le voit de suite. La formule (37) donne donc explicitement six racines en fonction de deux d'entre elles.

Nous allons classer en ordre ces six racines et préciser les arguments qui leur correspondent. Pour l'argument de a_1, prenons la somme des arguments de a et de a_0; en d'autres termes, fixons le signe de $\sqrt{\varphi a_1}$ par une convention qui, d'après le théorème d'addition, nous donne

$$(38)\quad \begin{cases} (a-a_0)\sqrt{\varphi a_1} = (a_0-a_1)\sqrt{\varphi a} + (a_1-a)\sqrt{\varphi a_0}, \\ (b-b_0)\sqrt{\varphi b_1} = (b_0-b_1)\sqrt{\varphi b} + (b_1-b)\sqrt{\varphi b_0}, \\ (c-c_0)\sqrt{\varphi c_1} = (c_0-c_1)\sqrt{\varphi c} + (c_1-c)\sqrt{\varphi c_0}. \end{cases}$$

Par ces formules (36), (37), (38), les arguments qui répondent à a, $\sqrt{\varphi a}$, à a_0, $\sqrt{\varphi a_0}$ étant désignés par $\frac{2\omega}{7}$ et $\frac{2\omega'}{7}$, celui qui répond à a_1 et $\sqrt{\varphi a_1}$ est $\frac{2\omega'+2\omega}{7}$; pour b et $\sqrt{\varphi b}$, les arguments sont doubles; pour c et $\sqrt{\varphi c}$, ils sont quadruples. Il suffira de désigner le prémier argument, qui, pour x_1, est ainsi $\frac{2\omega'-2\omega}{7}$.

En changeant le signe de $\sqrt{x}$, on obtiendra, par les mêmes formules, une racine répondant à l'argument $\frac{2\omega'-2\omega}{7}$ ou, ce qui revient au même, $\frac{2\omega'+12\omega}{7}$. Elle sera dénommée x_6. On a ainsi

$$(39)\quad \begin{cases} a+a_0+a_6 = \frac{1}{4}\left(\frac{\sqrt{\varphi a_0}+\sqrt{\varphi a}}{a_0-a}\right)^2, \\ (a-a_0)\sqrt{\varphi a_6} = -(a_0-a_6)\sqrt{\varphi a} + (a_6-a)\sqrt{\varphi a_0}. \end{cases}$$

avec les équations similaires.

En permutant circulairement a, b, c, on obtient une racine x_2, répondant à l'argument $\frac{2\omega'+4\omega}{7}$,

$$(40)\quad \begin{cases} b+a_0+a_2 = \frac{1}{4}\left(\frac{\sqrt{\varphi a_0}-\sqrt{\varphi b}}{a_0-b}\right)^2, \\ (b-a_0)\sqrt{\varphi a_2} = (a_0-a_2)\sqrt{\varphi b} + (a_2-b)\sqrt{\varphi a_0}. \end{cases}$$

Une nouvelle permutation, avec changement du signe de $\sqrt{x}$, donne la racine x_3, répondant à $\frac{2\omega'-8\omega}{7} \equiv \frac{2\omega'+6\omega}{7}$,

$$(41)\quad \left\{\begin{array}{l} c+a_0+a_3 = \frac{1}{4}\left(\frac{\sqrt{\varphi a_1}+\sqrt{\varphi c}}{a_0-c}\right)^2, \\ (c-a_0)\sqrt{\varphi a_3} = -(a_0-a_3)\sqrt{\varphi c}+(a_3-c)\sqrt{\varphi a_0}. \end{array}\right.$$

Le changement de signe de $\sqrt{x}$, dans ces dernières formules et dans les précédentes, donne successivement les racines x_4 et x_5, répondant aux arguments $\frac{2\omega'-8\omega}{7}$ et $\frac{2\omega'+10\omega}{7}$,

$$(42)\quad \left\{\begin{array}{l} c+a_0+a_4 = \frac{1}{4}\left(\frac{\sqrt{\varphi a_1}-\sqrt{\varphi c}}{a_0-c}\right)^2, \\ (c-a_0)\sqrt{\varphi a_4} = (a_0-a_4)\sqrt{\varphi c}+(a_4-c)\sqrt{\varphi a_0}; \end{array}\right.$$

$$(43)\quad \left\{\begin{array}{l} b+a_0+a_5 = \frac{1}{4}\left(\frac{\sqrt{\varphi a_0}+\sqrt{\varphi b}}{a_0-b}\right)^2, \\ (b-a_0)\sqrt{\varphi a_5} = -(a_0-a_5)\sqrt{\varphi b}+(a_5-b)\sqrt{\varphi a_0}. \end{array}\right.$$

Voici maintenant une conséquence. En ajoutant, membre à membre, les égalités (38), puis en remplaçant

$$\sqrt{\varphi a_1},\quad \sqrt{\varphi b_1},\quad \sqrt{\varphi c_1},\quad \ldots$$

par leurs expressions déduites des formules (35), on exprime $\sqrt{x_1}$ en fonction des seules quantités d'indice zéro; car a_1, b_1, c_1 sont, au moyen des égalités (36), exprimables par ces quantités. Il en est de même pour $\sqrt{x_2}$, $\sqrt{x_3}$, ... Finalement, le produit $\sqrt{x_1 x_2 x_3 x_4 x_5 x_6}$ s'exprime par les quantités d'indice zéro; ces dernières se réduisent à a, b, c, a_0, b_0, c_0, $\sqrt{x}$, $\sqrt{x_0}$. Sans altérer l'ordre de a, b, c, a_0, b_0, c_0, si l'on change seulement les signes de $\sqrt{x}$ ou de $\sqrt{x_0}$, on ne fait, par là, que permuter $\sqrt{x_1}$ et $\sqrt{x_6}$, $\sqrt{x_2}$ et $\sqrt{x_5}$, $\sqrt{x_3}$ et $\sqrt{x_4}$, avec ou sans changement de tous leurs signes : le produit n'en est pas altéré. Il est donc certain que $\sqrt{x}$ et $\sqrt{x_0}$ disparaissent dans l'expression du produit. Si, de plus, on permute circulairement a, b, c ou a_0, b_0, c_0, ce changement produit des échanges entre les indices de x_1, x_2, ... La fonction considérée, invariable par les permutations, s'exprime donc rationnellement par x, x_0 et les coefficients de l'équation (15). D'après cette même équation, la racine carrée du produit de toutes les racines x est $\pm \frac{3^2}{2^4} g_2^2 i\sqrt{7}$. On peut donc conclure que *la racine carrée du produit de deux racines s'exprime rationnellement en fonction de ces deux racines, de g_2 et de g_3, sauf le seul facteur irrationnel $i\sqrt{7}$.*

Cas où le discriminant est évanouissant.

Soient $g_2 = 12\gamma^2$, $g_3 = 8\gamma^3$, en sorte que le discriminant soit nul. Une racine x de l'équation (15) est égale à 21γ, et nous allons tout d'abord porter notre attention sur cette racine. Supposons $x = 21\gamma$, on trouve

$$14x^2 - \tfrac{3}{2}g_2 = 2^{11}.3\gamma^2,$$
$$3x^4 + 4g_2x^2 + 21g_3x + \tfrac{13}{16}g_2^2 = 2^{11}.3^3.11\gamma^4;$$

on en conclut, par les formules (16),

$$x = 21\gamma, \qquad y = 3^2.11\gamma^2, \qquad z = \tfrac{881}{7}\gamma^3.$$

L'équation, dont les racines sont a, b, c, et qui est ainsi

$$(44) \qquad \left(\frac{a}{\gamma}\right)^3 - 21\left(\frac{a}{\gamma}\right)^2 + 99\left(\frac{a}{\gamma}\right) - \frac{881}{7} = 0,$$

peut encore être mise sous une forme simple d'après les relations (35); on a, en effet,

$$(45) \qquad \varphi a = 4a^3 - 12\gamma^2 a - 8\gamma^3 = 4(a+\gamma)^2(a-2\gamma)$$

et, d'après (35), en mettant, pour x et y, leurs valeurs ci-dessus,

$$\sqrt{\varphi a} = 2(a+\gamma)\sqrt{a-2\gamma} = 2\sqrt{21\gamma}\left(a - \tfrac{17}{7}\gamma\right).$$

L'équation (44) peut donc s'écrire ainsi

$$\left(\frac{a}{\gamma}+1\right)^2\left(\frac{a}{\gamma}-2\right) - 21\left(\frac{a}{\gamma}-\frac{17}{7}\right)^2 = 0.$$

Si l'on pose

$$\frac{a}{\gamma} = \frac{10+X}{2-X},$$

on obtient la transformée

$$\Phi(X) = (2X+3)^2(X-2)+7(X+2) = 4(X^3+X^2-2X-1) = 0,$$

où l'on reconnaît l'équation dont les racines sont comprises dans la formule

$$X = 2\cos\frac{2m\pi}{7}.$$

De là, conformément à la loi de dégénérescence (t. I, p. 27),

$$\frac{a}{\gamma},\quad \frac{b}{\gamma},\quad \frac{c}{\gamma} = -1 + \frac{3}{\sin^2\frac{m\pi}{7}}.$$

Nous en déduisons aussi ces conséquences, que nous allons employer tout à l'heure,

$$(45')\qquad \begin{cases} \dfrac{1}{2}\dfrac{\varphi a}{(a+\gamma)^3} - 1 = 2\dfrac{a-2\gamma}{a+\gamma} - 1 = \dfrac{1}{2}X = \cos\dfrac{2m\pi}{7}, \\ \dfrac{\sqrt{\varphi a}}{(a+\gamma)^2} = \dfrac{2\sqrt{a-2\gamma}}{a+\gamma} = \dfrac{1}{\sqrt{3\gamma}}\sin\dfrac{2m\pi}{7}. \end{cases}$$

Il n'est pas indifférent d'attribuer au nombre m des valeurs entières dans un ordre quelconque en correspondance avec a, b, c. Suivant la loi de dégénérescence, les trois angles $\frac{m\pi}{7}$ sont proportionnels aux trois arguments elliptiques de a, b, c, on devra donc faire correspondre à a, b, c dans cet ordre même, les nombres 1, 2, 4, par exemple.

Si, au lieu de le supposer nul, on considère le discriminant comme infiniment petit, on posera

$$(46)\qquad g_2 = 12\gamma^2,\qquad g_3 = 8\gamma^3 - \varepsilon,$$

ε étant infiniment petit, en sorte qu'on aura

$$(47)\qquad \Delta = g_2^3 - 27g_3^2 = 27\varepsilon(16\gamma^3 - \varepsilon).$$

Le premier membre de l'équation (15), pour $\varepsilon = 0$, se réduit, on l'a vu, à

$$(x-21\gamma)(x+3\gamma)^7.$$

On le complétera par les termes provenant de g_3, et que la forme (15) met en évidence :

(48) $$\left\{\begin{aligned}&(x-21\gamma)(x+3\gamma)^7+2.3^3.7\,\varepsilon x\\&\quad\times\left[x^4+2.3^2\gamma^2x^2-7\left(8\gamma^3-\tfrac{1}{2}\varepsilon\right)x+\tfrac{1}{7}3^5\gamma^4\right]=0.\end{aligned}\right.$$

On pourrait, au moyen de cette équation, trouver les termes successifs du développement de la racine suivant les puissances ascendantes de ε,

(49) $$x=21\gamma-\frac{7.29}{2^6.3^2}\frac{\varepsilon}{\gamma^2}+\ldots,$$

et en déduire ceux de a, b, c, de $\wp a$, etc. Tous ces développements contiennent seulement les puissances de ε à exposants entiers, comme il est évident.

Nous allons maintenant considérer les autres racines de l'équation (48). En posant

$$x=-3\gamma+\alpha,$$

on obtient immédiatement

(50) $$\alpha^7=-2^6.3^4\gamma^4\varepsilon+\ldots.$$

On voit que les développements de ces racines procèdent suivant les puissances de ε à exposants fractionnaires.

Par les équations (16) on trouve, pour y et z, les valeurs limites $3\gamma^2$ et $-\gamma^3$, en sorte que la limite de l'équation

(51) $$a^3-xa^2+ya-z=0$$

est $(a+\gamma)^3=0$: les trois quantités a, b, c ont, toutes trois, $-\gamma$ pour limite. Afin de les distinguer entre elles, il va être nécessaire de calculer y jusqu'aux termes du troisième ordre, inclusivement, en α. Dans ce calcul, ε, qui est du septième ordre, sera considéré comme nul.

Pour calculer y, le plus court est d'employer l'équation (13), en l'écrivant ainsi :

$$21\left(y-\tfrac{1}{3}x^2\right)^2+\left(14x^2+\tfrac{3}{2}g_2\right)\left(y-\tfrac{1}{3}x^2\right)+\tfrac{1}{12}\left(4x^2-3g_2\right)^2=0.$$

On en déduit, eu égard au degré d'approximation demandé,

$$y - \frac{1}{3}x^2 = -\frac{1}{12}\frac{(4x^2 - 3g_2)^2}{14x^2 + \frac{3}{2}g_2},$$

$$y = 3\gamma^2 - 2\gamma\alpha - R, \qquad R = \frac{1}{12}\frac{\alpha^3}{\gamma} + \ldots,$$

$$y + \tfrac{1}{4}g_2 = 6\gamma^2 - 2\gamma\alpha - R = -2\gamma x - R,$$

$$\frac{(y + \frac{1}{4}g_2)^2}{4x} = \gamma^2 x + \gamma R + \frac{R^2}{4x}.$$

La seconde formule (16) donne alors

$$z = \gamma^2 x + \gamma R + \frac{R^2}{4x} + \frac{1}{4}g_3 = -\gamma^3 + \gamma^2\alpha + \gamma R + \frac{R^2}{4x},$$

et l'équation (51) prend la forme

$$(a + \gamma)^3 - \alpha(a + \gamma)^2 - R(a + \gamma) - \frac{R^2}{4x} = 0.$$

Les parties principales des trois racines $a + \gamma$ sont α, $-\frac{R}{\alpha}$, $-\frac{R}{4x}$, c'est-à-dire α, $-\frac{1}{12}\frac{\alpha^2}{\gamma}$, $+\frac{1}{144}\frac{\alpha^3}{\gamma^2}$. Il reste à savoir dans quel ordre ces quantités correspondent à a, b, c, ce que l'on pourrait décider par le signe de t, en calculant t par la troisième formule (16). Mais il faudrait alors calculer un terme de plus dans y et nous ne reproduirons pas ici ce calcul, auquel on peut suppléer comme il suit.

Supposons γ et ε réels, en sorte que les invariants soient réels. Pour 2ω et $2\omega'$, prenons la période réelle et la période purement imaginaire, en sorte que les deux racines x et x_0 soient réelles, les autres imaginaires. Fixons les idées en supposant g_3 positif, c'est-à-dire $\gamma > 0$. Comme on a $x > x_0$, c'est x qui se réduit à 21γ, tandis que x_0 se réduit à -3γ quand ε est nul. Pour ε infiniment petit, on a $x_0 = -3\gamma + \alpha_0$, si l'on suppose

$$\alpha_0 = -\sqrt[7]{2^6 . 3^4 . \gamma^4 \varepsilon}, \tag{52}$$

cette racine étant prise dans son acception arithmétique. Chaque autre racine s'obtiendra par la formule $x = -3\gamma + \alpha$, où l'on aura

$$\alpha = \alpha_0 e^{\frac{2mi\pi}{7}}.$$

Considérons particulièrement x_0. Les quantités a, b, c correspondantes sont les valeurs de la fonction p pour les arguments $\frac{2}{7}\omega'$, $\frac{4}{7}\omega'$, $\frac{6}{7}\omega'$, respectivement et dans cet ordre même, en sorte que l'on a $a < b < c$. Il nous faut donc ranger aussi dans l'ordre croissant les trois quantités

$$\text{(I)} \qquad \alpha_0, \quad -\frac{1}{12}\frac{\alpha_0^2}{\gamma}, \quad \frac{1}{144}\frac{\alpha_0^3}{\gamma^2},$$

qui sont infiniment petites, du premier, du deuxième ou du troisième ordre. Si ε est positif, elles sont négatives toutes trois; elles sont alors rangées dans l'ordre qu'on vient d'employer. Si ε est négatif, les deux extrêmes sont positives et l'ordre croissant est

$$\text{(II)} \qquad -\frac{1}{12}\frac{\alpha_0^2}{\gamma}, \quad \frac{1}{144}\frac{\alpha_0^3}{\gamma^2}, \quad \alpha_0.$$

Nous avons supposé g_3 positif. Si l'on voulait supposer g_3 négatif, c'est-à-dire $\gamma < 0$, ce serait alors x qui serait égal à $-3\gamma + \alpha_0$; les arguments de a, b, c seraient $\frac{2}{7}\omega$, $\frac{4}{7}\omega$, $\frac{6}{7}\omega$, et l'on aurait $a > b > c$. En ce cas, a, b, c correspondent dans cet ordre, aux quantités (II) si ε est positif, aux quantités (I) si ε est négatif. Dans tous les cas, on a

$$t_0 = -(a-b)(b-c)(c-a) = -\frac{1}{12}\frac{\alpha_0^4}{\gamma} + \ldots$$

On en peut conclure que les sept valeurs de t correspondant aux sept racines $x = -3\gamma + \alpha$ sont

$$(53) \qquad t = -\frac{1}{12}\frac{\alpha^4}{\gamma} + \ldots$$

Examinons maintenant les valeurs de $\sqrt{\varphi a}$, $\sqrt{\varphi b}$, $\sqrt{\varphi c}$, d'après les formules (35) :

$$\sqrt{\varphi a} = 2\sqrt{x}\left(a - \frac{y + \frac{1}{4}g_2}{2x}\right).$$

Soit $a = -\gamma + a'$. Les résultats précédents nous donnent

$$\sqrt{\varphi a} = 2\sqrt{-3\gamma}\left(a' + \frac{R}{2x}\right) + \ldots$$

Les trois quantités a', b', c' analogues sont α, $-\frac{1}{12}\frac{\alpha^2}{\gamma}$, $\frac{1}{144}\frac{\alpha^3}{\gamma^2}$; $\frac{R}{2x}$ est égal à $-\frac{1}{72}\frac{\alpha^3}{\gamma^2}$. On trouve donc

$$\sqrt{\varphi a},\ \sqrt{\varphi b},\ \sqrt{\varphi c} = 2\sqrt{-3\gamma}\,\alpha,\ -\tfrac{1}{6}\sqrt{-3\gamma}\,\frac{\alpha^2}{\gamma},\ -\tfrac{1}{72}\sqrt{-3\gamma}\,\frac{\alpha^3}{\gamma^2}.$$

Prenons seulement, de ces trois quantités, celle qui est de l'ordre infinitésimal le moindre. On a vu tout à l'heure que, g_3 étant positif, il y a deux cas à distinguer pour x_0, la partie principale α_0 se rapportant à $a_0+\gamma$ ou bien à $c_0+\gamma$; nous avons donc

$$a_0 \text{ ou } c_0 = -\gamma + \alpha_0, \qquad \sqrt{\varphi a_0} \text{ ou } \sqrt{\varphi c_0} = 2\sqrt{-3\gamma}\,\alpha_0.$$

Considérons maintenant les égalités (36), en bornant les seconds membres aux termes du premier ordre en α_0. Pour ce calcul, a et $\sqrt{\varphi a}$ doivent être réduits à leurs valeurs limites, puisque les augments de ces quantités sont du même ordre que ε. En admettant que la partie principale α_0 se rapporte à $a_0+\gamma$, la première égalité donne

$$\begin{aligned} a - a_0 + a_1 &= \frac{1}{4}\left(\frac{\sqrt{\varphi a} - 2\sqrt{-3\gamma}\,\alpha_0}{a+\gamma-\alpha_0}\right)^2 \\ &= \frac{1}{4}\frac{\varphi a}{(a+\gamma)^2} + \frac{1}{2}\left[\frac{\varphi a}{(a+\gamma)^3} - \frac{2\sqrt{-3\gamma}\sqrt{\varphi a}}{(a+\gamma)^2}\right]\alpha_0. \end{aligned}$$

D'après les relations (45) et (45'), le second membre est égal à

$$a - 2\gamma + \left(1 + \cos\frac{2m\pi}{7} \pm i\sin\frac{2m\pi}{7}\right)\alpha_0;$$

le premier membre est égal à $a - \gamma + \alpha_0 + a_1$, en sorte qu'on obtient

$$a_1 = -\gamma + \alpha_0 e^{\pm\frac{2mi\pi}{7}}. \tag{54}$$

Les autres égalités (36) donneraient, de même, b_1 et c_1, qui diffèrent de b_0 et de c_0 seulement par le facteur $e^{\pm\frac{2mi\pi}{7}}$, multipliant le second terme. Sans nous y arrêter davantage, nous voyons qu'il en résulte, par addition,

$$x_1 = -3\gamma + \alpha_0 e^{\pm\frac{2mi\pi}{7}} + \ldots \tag{54'}$$

Les égalités (39) à (43) donnent, pour les autres racines x_2, ... des valeurs semblables, qui diffèrent de cette dernière par le facteur exponentiel. Dans x_6, par exemple, le signe de l'exposant est changé; dans x_2, le nombre m, au lieu de se rapporter à a, se rapporte à b. Nous retrouvons donc bien ainsi les racines x, telles que nous les connaissons déjà; mais nous pouvons aller au delà, en distinguant, pour chacune d'elles, l'exponentielle qui s'y rapporte.

Supposons $\gamma > 0$, $\varepsilon > 0$ et prenons $\frac{2}{7}\omega$, $\frac{4}{7}\omega$, $\frac{8}{7}\omega$ pour les arguments de a, b, c; $\frac{2}{7}\omega'$, $\frac{4}{7}\omega'$, $\frac{8}{7}\omega'$ pour ceux de a_0, b_0, c_0, ω étant réel et ω' purement imaginaire. Alors $\sqrt{\varphi a}$ et $\frac{1}{i}\sqrt{\varphi a_0}$ doivent être négatifs. Attribuons à a, b, c les nombres $m = 1, 2, 4$; alors, dans la seconde formule (45'), $\sqrt{3\gamma}$ doit être pris avec sa détermination arithmétique. Comme α_0 est négatif, l'égalité

$$\sqrt{\varphi a_0} = 2\sqrt{-3\gamma}\,\alpha_0$$

montre que $\frac{1}{i}\sqrt{-3\gamma}$ doit être positif; ainsi

$$(55)\qquad \sqrt{-3\gamma} = +i\sqrt{3\gamma}.$$

Le calcul qui a conduit à l'égalité (54') donne donc

$$x_1 = -3\gamma + \alpha_0 e^{\frac{2i\pi}{7}}.$$

Les relations (39) à (43) donnent ensuite, pour chaque racine x_n, le résultat suivant, relatif au cas où Δ est infiniment petit positif, et g_3 positif :

$$(56)\qquad \begin{cases} x_n = -3\gamma + \alpha_0 e^{\frac{2ni\pi}{7}} & (n = 0, 1, 2, 3, 4, 5, 6), \\ x = 21\gamma. \end{cases}$$

Supposons, en second lieu, $\gamma > 0$, $\varepsilon < 0$, avec les mêmes suppositions sur les arguments et les nombres m. La quantité $\sqrt{3\gamma}$ doit être encore prise avec sa détermination arithmétique. On a maintenant, suivant l'ordre (II),

$$\sqrt{\varphi c_0} = 2\sqrt{-3\gamma}\,\alpha_0,$$

qui doit être le produit de i par un nombre positif. Comme α_0 est positif, $\frac{1}{i}\sqrt{-3\gamma}$ doit encore être positif et la relation (55) a lieu. Ce n'est plus, toutefois, l'égalité (54) qui a lieu, mais bien l'analogue où les lettres c remplacent les lettres a. On a donc

$$x_1 = -3\gamma + \alpha_0 e^{\frac{8i\pi}{7}}.$$

Les résultats fournis par les autres égalités analogues se résument dans la formule

$$(57) \qquad x_n = -3\gamma + \alpha_0 e^{\frac{8ni\pi}{7}},$$

propre au cas où l'on a $g_3 > 0$, le discriminant étant infiniment petit négatif.

On pourrait faire de pareils raisonnements pour les deux cas où γ est négatif; mais, ainsi que nous l'avons déjà montré, on passe du cas $\gamma > 0$ au cas $\gamma < 0$, en échangeant x et x_0 et permutant aussi les indices 1 et 6, 2 et 3, 4 et 5. Il n'est donc pas besoin d'y revenir.

Discriminant de la résolvante.

Nous avons rencontré trois cas où l'équation résolvante (15) a des racines multiples : le cas $\Delta = 0$, le cas $g_2 = 0$, enfin celui-ci $M = 0$,

$$M = \overline{53}^2 g_2^3 - 5.7^5 g_3^2 = \tfrac{1}{27}(5.7^5 \Delta - 2^{13} g_2^3).$$

Chacun des trois facteurs g_2, Δ, M figure donc dans le discriminant de l'équation. L'exposant de chacun d'eux est facile à trouver.

Quand g_2 est infiniment petit, nous avons reconnu l'existence de deux racines infiniment petites, dont la différence est du même ordre que $g_2^{\frac{3}{2}}$. Le carré de leur différence et, par suite, le discriminant contiennent donc le facteur g_2^4.

Quand M est infiniment petit, il y a deux racines dont la différence est du même ordre que M. De là, le facteur M^2.

Enfin, pour Δ infiniment petit, nous venons de voir sept racines dont les différences mutuelles sont du même ordre que α. Les

21 différences de ces racines donnent, par leur produit, le facteur α^{21}; le carré de ce produit contient le facteur α^{42}. Mais α est de l'ordre $\frac{1}{7}$ relativement à l'infiniment petit ε et Δ est du même ordre que ε. Le discriminant contient donc le facteur Δ^6.

Ces trois facteurs sont, ensemble, un produit de degré 56; c'est précisément le double du nombre des différences des huit racines, deux à deux. Il en résulte que le discriminant n'a point d'autres facteurs; on n'a plus qu'à trouver un coefficient numérique k, en prenant $kg_2^{\frac{1}{2}}M^2\Delta^6$ pour ce discriminant. Revenant au cas où Δ est évanouissant, on trouve aisément k, comme il suit : la racine 21γ donne sept différences égales à 24γ; les autres racines, deux à deux, donnent, pour différences, la quantité α, multipliée par les diverses différences des racines de l'équation binôme $\varepsilon^7 = 1$. Le discriminant est donc, en ce cas, égal à $(24\gamma)^{14}\alpha^{42}$, multiplié par le discriminant de l'équation binôme. Ce dernier est -7^7. Mettant, pour α, son expression (50), on a donc

$$-7^7(2^3.3\gamma)^{14}(2^6.3^4\gamma^4\varepsilon)^6$$

pour valeur du discriminant. D'autre part, son expression supposée devient

$$k(2^2.3\gamma^2)^4(2^{19}\gamma^6)^2(2^4.3^3\gamma^3\varepsilon)^6.$$

La comparaison fournit k, en sorte que le *discriminant de l'équation résolvante* (15) *est égal à* $-7^7.2^8.3^{16}g_2^{\frac{1}{2}}M^2\Delta^6$; c'est un carré, sauf le facteur -7. La racine carrée du discriminant est donc rationnelle et entière, sauf le facteur $i\sqrt{7}$.

Pour reconnaître que ce discriminant n'a point d'autre facteur, nous nous sommes fondé sur son degré. On peut aussi le prouver autrement, d'après la formule (16). Les cas où s'évanouissent x ou $14x^2 - \frac{1}{4}g_2$ sont, suivant ces formules, les seuls où y et z ne soient pas déterminées sans ambiguïté. Si donc il se trouvait un autre cas de racine double x, les valeurs de y et z seraient doubles aussi et deux systèmes (a, b, c), (a', b', c') seraient en coïncidence, circonstance impossible si les fonctions elliptiques ne dégénèrent point. Outre ces deux cas, il n'y a donc de racine double que si Δ est évanouissant.

Seconde équation du huitième degré pour la division des périodes par 7.

De même qu'au Chapitre précédent, nous allons calculer une autre résolvante, celle dont l'inconnue est t. Le calcul direct par les formules (16) serait trop pénible; les résultats précédents permettent d'y suppléer. L'inconnue t, fonction algébrique rationnelle de x est, comme x, racine d'une équation du huitième degré. Les formules (16) montrent que t ne devient jamais infinie tant que g_2 et g_3 restent finis; les seuls cas où, de prime abord, t semble devoir être infinie, sont, en effet, ceux où s'évanouit soit x, soit $14x^2 - \frac{5}{2}g_2$; mais, on l'a vu, t n'y devient pas infinie. Il est donc clair que, dans l'équation en t, le premier coefficient étant réduit à une constante, tous les coefficients sont des fonctions entières de g_2 et g_3. De plus, en vertu de l'homogénéité, comme t est du degré 3, le coefficient de t^m est du degré $3(8-m)$, g_2 et g_3 étant comptés comme ayant le degré 2 et 3.

Nous venons de reconnaître que, pour $\Delta = 0$, sept racines t s'évanouissent. Ainsi Δ est en facteur dans tous les coefficients à partir du troisième. Dans le coefficient de t^m, supposons que Δ entre en facteur avec l'exposant n; on a, en ce cas,

$$6n \leqq 3(8-m). \tag{58}$$

Supposons Δ infiniment petit. Nous avons alors sept valeurs de t infiniment petites, dont la formule (53) donne les parties principales : elles sont de l'ordre $\frac{4}{7}$, Δ étant censé du premier ordre.

Le terme en t^7 existe certainement, puisqu'une racine t subsiste, différente de zéro quand Δ s'évanouit. En substituant à t sa partie principale, on obtient, pour ce terme, la valeur limite de cette racine changée de signe. L'existence des sept racines, dont les parties principales sont racines d'une équation binôme, exige que, par la même substitution, la partie principale de chaque terme devienne infiniment petite d'ordre supérieur à 4, sauf pour le dernier, où l'ordre doit être justement égal à 4. Cette dernière condition prouve que le terme indépendant de t contient le facteur Δ^4, auquel il se réduit, sauf un coefficient numérique.

Pour tout autre terme, contenant les facteurs $\Delta^n t^m$, l'ordre infinitésimal est $n+\frac{4}{7}m$, qui doit être supérieur à 4. On doit donc avoir, d'après (58),

$$4-\tfrac{4}{7}m < n \leqq 4-\tfrac{1}{2}m.$$

Pour que cette double inégalité soit possible, il faut qu'il existe un nombre entier entre $\frac{1}{2}m$ et $\frac{4}{7}m$, ce qui a lieu effectivement pour $m=2$, 4 ou 6, mais non pour $m=1$, 3 ou 5. Les termes en t, t^3 et t^5 manquent donc et les autres contiennent Δ avec l'exposant maximum $4-\frac{1}{2}m$. L'équation contient donc les seuls termes

$$t^8,\quad g_3 t^7,\quad \Delta t^6,\quad \Delta^2 t^4,\quad \Delta^3 t^2,\quad \Delta^4,$$

affectés de coefficients numériques.

Nous avons précédemment calculé cette équation (34) dans le cas $g_2=0$, qui nous suffit, dès lors, pour déterminer tous les coefficients numériques. Voici donc la résolvante, à inconnue t,

$$(59)\qquad 7t^8-2^3.3^3 g_3 t^7+2.5.7\Delta t^6-3^2.7\Delta^2 t^4-2.7\Delta^3 t^2+\Delta^4=0.$$

Discriminant de la seconde résolvante.

Examinons d'abord la partie principale de ce discriminant, infiniment petit, quand Δ est évanouissant.

Les 21 différences des 7 racines t infiniment petites (53), prises deux à deux, donnent, pour carré de leur produit, $\left(\frac{1}{12}\frac{\alpha_0^4}{\gamma}\right)^{42}$, multiplié par le discriminant de l'équation binôme $\varepsilon^7=1$; lequel est égal à -7^7. En remplaçant α_0 par son expression (52), on a ainsi le facteur

$$-\frac{7^7(2^6.3^4\gamma^4\varepsilon)^{24}}{(2^2.3\gamma)^{42}}.$$

La huitième racine, d'après (59), est égale à $\frac{2^3.3^3}{7}g_3=\frac{2^6.3^3}{7}\gamma^3$. Les sept différences de cette racine avec les sept autres, élevées au carré, donnent le produit

$$\left(\frac{2^6.3^3\gamma^3}{7}\right)^{14}.$$

Multipliant, entre eux, ces deux facteurs, nous avons, pour la partie principale du discriminant, $-\frac{1}{7^7}(2^6.3^4\gamma^4\varepsilon)^{24}$. D'après les égalités (46, 47), ceci concorde avec la partie principale de $-\frac{(2^2.3)^{12}}{7^7}g_2^{12}\Delta^{24}$. On conclut de là que, dans le cas général, le discriminant est précisément égal à cette dernière quantité, sauf remplacement de g_2^{12} par un facteur se réduisant à g_2^{12} quand Δ s'évanouit.

Mais, comme on va le voir en revenant au cas $g_2 = 0$, le discriminant contient le facteur g_2^{12}, en sorte que l'on peut conclure, pour le discriminant de l'équation en t, la valeur précise

$$-\frac{1}{7^7}(12g_2)^{12}\Delta^{24}. \tag{60}$$

Remplaçant, dans l'équation (59), Δ par $g_2^3 - 27g_3^2$, on pourra ordonner le premier membre suivant les puissances ascendantes et entières de g_2^3. Le premier terme, indépendant de g_2, coïncidera avec le premier membre (33), obtenu dans le cas $g_2 = 0$. Les trois racines, qui se réduisent à une seule et même racine triple pour $g_2 = 0$, ont donc des différences mutuelles du premier ordre, au moins, relativement à g_2. Le produit des carrés de ces différences contient donc le facteur g_2^6. Mais il y a deux groupes de trois racines se réduisant à deux racines triples. De là le facteur g_2^{12} dans le discriminant. C'est ce qu'on avait annoncé.

Relation entre les inconnues des deux résolvantes.

Par les égalités (16) on peut exprimer t en fonction de x; mais l'expression inverse de x en fonction de t offre plus d'intérêt. Soit $\Phi(t)$ le premier membre (59) de l'équation en t. On peut mettre l'expression de x sous la forme

$$x = \frac{\Psi(t)}{\Phi'(t)};$$

où Ψ est un polynôme entier en t, de degré égal au plus à 6. En effet, le degré de Ψ peut être abaissé au-dessous de 8 par le moyen de l'équation $\Phi = 0$. Mais, la somme des racines x étant nulle, le théorème d'Euler sur la décomposition des fractions rationnelles montre que le degré de Ψ est alors moindre que 7.

La particularité qui s'offre d'abord, c'est que les coefficients de

Ψ sont des fonctions entières de g_2 et g_3. Voici comment on peut le prouver. Soient $t_1, t_2, \ldots$ les diverses racines t; considérons les polynômes, du septième degré en t,

$$\Phi_1(t) = \frac{\Phi(t)}{t - t_1}, \qquad \Phi_2(t) = \frac{\Phi(t)}{t - t_2}, \qquad \ldots.$$

On a cette expression de $\Psi(t)$,

$$\Psi(t) = x_1 \Phi_1(t) + x_2 \Phi_2(t) + \ldots,$$

$x_1, x_2, \ldots$ étant les racines x qui correspondent respectivement à $t_1, t_2, \ldots$. Effectivement, $\Psi(t)$, suivant cette formule, est un polynôme du sixième degré qui, pour $t = t_\alpha$, se réduit à $x_\alpha \Phi_\alpha(t_\alpha)$. Mais $\Phi_\alpha(t_\alpha) = \Phi'(t_\alpha)$; donc $\Psi(t)$ est bien le polynôme demandé. Si maintenant l'on ordonne $\Psi(t)$ par rapport à t, on voit que ses coefficients sont linéairement composés avec ceux de Φ, d'une part, et avec des sommes symétriques $x_1 t_1^n + x_2 t_2^n + \ldots$. Une telle somme, absolument comme les coefficients de Φ, est une fonction entière de g_2 et g_3. En effet, comme on l'a dit pour t, et comme on peut le répéter encore, les quantités $x_\alpha t_\alpha^n$ ne sont en aucun cas infinies, quand g_2 et g_3 restent finies. L'équation du huitième degré, qui a ces quantités pour racines, a donc pour coefficients des fonctions entières, quand le premier coefficient est réduit lui-même à être numérique. La somme de ces quantités est ainsi une fonction entière.

Par exemple, la somme $\Sigma x_\alpha t_\alpha$, entière et du quatrième degré, reproduit g_2^2, sauf un coefficient numérique; la somme $\Sigma x_\alpha t_\alpha^2$, de même, est proportionnelle à $g_2^2 g_3$. Les coefficients numériques se trouvent aisément au moyen de la racine t, qui n'est pas nulle avec Δ; on a, pour $\Delta = 0$,

$$t = \frac{2^3 . 3^3}{7} g_3 = \frac{2^6 . 3^3}{7} \gamma^3, \qquad x = 21\gamma,$$

$$xt = 2^6 . 3^4 . \gamma^4 = 2^2 . 3^2 g_2^2,$$

$$xt^2 = \frac{2^{12} . 3^7}{7} \gamma^7 = \frac{2^5 . 3^5}{7} g_2^2 g_3,$$

(61) $$\left\{\begin{aligned} &\sum x_\alpha t_\alpha = (6 g_2)^2, \qquad \sum x_\alpha t_\alpha^2 = \frac{6^5}{7} g_2^2 g_3, \\ &7 \sum x_\alpha t_\alpha^2 - 6^3 g_3 \sum x_\alpha t_\alpha = 0. \end{aligned}\right.$$

Par les mêmes considérations, on voit de suite que la quantité

$$7\sum x_\alpha t_\alpha^n - 6^3 g_3 \sum x_\alpha t_\alpha^{n-1} \tag{62}$$

est divisible par Δ.

Revenons à $\Psi(t)$ que l'on peut former comme il suit. Nous avons

$$\begin{aligned}\Phi_1(t) = {} & 7(t^7 + t_1 t^6 + t_1^2 t^5 + \ldots + t_1^7) \\ & - 6^3 g_3 \, (t^6 + t_1 t^5 + \ldots + t_1^6) \\ & - 2.5.7\,\Delta(t^5 + t_1 t^4 + \ldots + t_1^5) \\ & \ldots\ldots\ldots\ldots\ldots\ldots\end{aligned}$$

Se souvenant que Σx_α est nul et observant les relations (61, 62), on trouve, de suite,

$$\Psi(t) = 7(6g_2)^2 t^6 + k g_2^2 \Delta t^4 + \ldots;$$

le terme en t^5 manque, et tous les autres, sauf le premier, contiennent le facteur Δ, si toutefois ils existent ; c'est ce qu'il faut examiner.

Soit n l'exposant de Δ dans le coefficient de t^m. En supposant Δ évanouissant et prenant pour t une des racines infiniment petites, on voit que ce terme devient infiniment petit de l'ordre $n + \frac{4}{7} m$.

Deux semblables termes donnent ainsi des infiniment petits d'ordres différents, $n + \frac{4}{7} m$, $n' + \frac{4}{7} m'$; car m et m' sont moindres que 7 et $\frac{4}{7}(m - m')$ ne peut être entier, quand m et m' diffèrent. Cela étant, la partie principale de $\Psi(t)$ a, pour ordre, le plus petit des nombres $n + \frac{4}{7} m$. D'autre part, le dénominateur $\Phi'(t)$, égal au produit des différences de la racine considérée avec les autres racines, contient six facteurs de l'ordre $\frac{4}{7}$; il est donc de l'ordre $\frac{24}{7}$. Comme x a une valeur finie -3γ, le numérateur doit être aussi de l'ordre $\frac{24}{7}$ et l'on a, pour chaque terme de $\Psi(t)$ contenant le facteur $\Delta^n t^m$, la condition

$$n + \frac{4}{7} m \geqq \frac{24}{7}.$$

Mais, à cause de l'homogénéité, $6n + 3m$, qui est le degré de $\Delta^n t^m$, doit être, au plus, égal à 22, degré de $\Psi(t)$, quand g_2, g_3, t sont considérés comme étant des degrés 2, 3, 3. D'ailleurs, $6n + 3m$ est divisible par 3, donc au plus égal à 21 ; ainsi

$$n + \frac{1}{2} m \leqq \frac{7}{2}.$$

A ces deux inégalités satisfait d'abord le premier terme t^6; les autres combinaisons qui y satisfont encore sont les suivantes Δt^5, $\Delta^2 t^3$, $\Delta^3 t$. Mais leur degré commun est 21 et elles ne peuvent être complétées par un facteur entier en g_2 et g_3. Seul donc, le premier terme subsiste, et l'on a

(63) $$x = \frac{7(6g_2)^2 t^6}{\Phi'(t)}.$$

On a, suivant (59),

$$\Phi(t) = 7t^8 - 6^3 g_3 t^7 - 70\,\Delta t^6 - 63\,\Delta^2 t^4 - 14\,\Delta^3 t^2 - \Delta^4.$$

Faisant l'opération D (t. I, p, 300), en considérant, dans $D\Phi$, t comme une constante, on a, pour chaque racine t,

$$\Phi'(t)\,Dt + D\Phi = 0, \qquad D\Phi = -4(6g_2)^2 t^7.$$

Il en résulte que la formule (63) peut s'écrire ainsi

(64) $$x = \frac{7}{4}\,\frac{Dt}{t};$$

elle est analogue à la formule (11), trouvée déjà dans la division par 5 et nous en verrons plus loin la généralisation. On peut, comme on l'a fait dans le Chapitre précédent, retrouver, par cette formule, l'expression (60) du discriminant de l'équation en t.

Nous allons appliquer cette formule au cas où g_2 est infiniment petit.

Quand g_2 est nul, nous avons trouvé (en supposant $g_3 > 0$)

(65) $$x_2 = x_5 = 0, \qquad x_1 = \alpha^2 x, \qquad x_3 = \alpha x_0, \qquad x_4 = \alpha^2 x_0, \qquad x_6 = \alpha x,$$

α étant une racine cubique de l'unité; x et x_0 sont donnés par les formules (26). Nous en avons déduit (30, 32)

$$t_2 = \tfrac{3}{14}(9 + i\sqrt{3})g_3, \qquad t_5 = \tfrac{3}{14}(9 - i\sqrt{3})g_3,$$
$$t = t_1 = t_6 = \tfrac{3}{2}(3 + \sqrt{21})g_3, \qquad t_0 = t_3 = t_4 = \tfrac{3}{2}(3 - \sqrt{21})g_3.$$

Nous avons observé déjà (p. 76) que les différences mutuelles de t, t_1, t_6 ou t_0, t_3, t_4 sont du premier ordre en g_2, quand g_2, au lieu d'être nul, est infiniment petit. La formule (64) va donner facilement ces différences. Soit, en supposant l'indice μ égal à 0, 3 ou 4,

$$t_\mu = \tfrac{3}{2}(3 - \sqrt{21})g_3 + \lambda g_2 \sqrt[3]{g_3} + \ldots.$$

Se rappelant qu'on a $D = 12 g_3 \dfrac{\partial}{\partial g_2} + \dfrac{2}{3} g_2^2 \dfrac{\partial}{\partial g_3}$, on en déduit, quand g_2 est infiniment petit,

$$D t_\mu = 12 \lambda g_3 \sqrt[3]{g_3},$$

puis, suivant la relation (64)

$$12 \lambda g_3 \sqrt[3]{g_3} = \tfrac{4}{7} t_\mu x_\mu.$$

L'inconnue λ est déterminée par là. Il suffira d'écrire le résultat sous la forme

$$t' = t\left(1 + \frac{1}{21} \frac{g_2 x}{g_3}\right) \tag{65'}$$

pour que cette dernière formule s'applique aux six quantités t', t'_1, t'_0, t'_0, t'_3, t'_4, que nous affectons d'accents pour les distinguer des quantités correspondantes où g_2 est supposé nul. Il est entendu d'ailleurs que les t et x doivent être affectés d'un seul et même indice.

Cette formule ne s'applique point à t'_2 et t'_5, dont on peut aussi trouver, par la même méthode, les seconds termes. D'après l'équation (59) en t, il est visible que $t'_2 - t_2$ et $t'_5 - t_5$ sont du troisième ordre en g_2, et l'on trouve

$$t' = t\left[1 - \frac{g_2^3}{18 g_3^2}\left(\frac{1}{3} - \frac{2}{7}\frac{g_3 x}{g_2^2}\right)\right].$$

Cas où g_3 est nul.

Il est tout particulièrement intéressant d'examiner les relations précédentes entre les racines dans le cas où l'invariant g_3 est nul.

Pour faire disparaître les dénominateurs dans l'équation résolvante (15), nous prendrons alors $g_2 = 4$. Si l'on pose

$$x^2 = \xi,$$

la résolvante s'abaisse au quatrième degré et s'écrit ainsi :

$$\xi^4 - 2^2.3.7\xi^3 - 2.3^3.5.7\xi^2 - 2^2.7.23\xi - 3^4.7 = 0. \tag{66}$$

Le théorème d'homogénéité (t. I, p. 32), pour le cas $g_3 = 0$, donne

$$p(iu) = -pu, \qquad p'(iu) = ip'u.$$

Si l'on y joint la propriété consistant en ce que deux périodes ont un rapport égal à i (t. I, p. 64), on sait d'avance que, a et $\sqrt{\varphi a}$ étant les valeurs de p et de p' pour une partie aliquote de période, il en est autant pour $-a$ et $i\sqrt{\varphi a}$. C'est aussi ce qu'on retrouve par les formules (16) : g_3 étant nul, le changement de x en $-x$ entraîne celui de z en $-z$, sans altération pour y.

Dans les formules du paragraphe précédent, qui servent à déduire six racines de deux d'entre elles, nous allons supposer les deux racines initiales x et x_0 égales et de signes opposés, répondant ainsi à une seule racine ξ de l'équation (66). Nous supposerons, en outre, $\sqrt{x_0} = -i\sqrt{x}$, ce qui donne

$$a + a_0 = 0, \qquad b + b_0 = 0, \qquad c + c_0 = 0,$$
$$\sqrt{\varphi a_0} = i\sqrt{\varphi a}, \qquad \sqrt{\varphi b_0} = i\sqrt{\varphi b}, \qquad \sqrt{\varphi c_0} = i\sqrt{\varphi c}.$$

Par les égalités (36, 38), on a

$$\left\{\begin{aligned} a_1 &= \frac{1}{4}\left[\frac{(1-i)\sqrt{\varphi a}}{2a}\right]^2 = -\frac{i\varphi a}{8a^2},\\ 2a\sqrt{\varphi a_1} &= -[a + a_1 + i(a - a_1)]\sqrt{\varphi a},\end{aligned}\right. \tag{67}$$

avec les analogues, obtenues par permutation des lettres.

Les égalités suivantes (39) proviennent d'un changement de signe sur $\sqrt{x}$; mais, $\sqrt{x_0}$ devant rester inaltéré, il faut ici changer i en $-i$, pour respecter l'hypothèse $\sqrt{x_0} = -i\sqrt{x}$.

On a donc

$$a_6 = -\frac{i\varphi a}{8a^2} = a_1,$$

$$2a\sqrt{\varphi a_6} = [a + a_6 - i(a - a_6)]\sqrt{\varphi a} = -i[a + a_1 + i(a - a_1)]\sqrt{\varphi a},$$

$$a_1 - a_6 = 0, \qquad \sqrt{\varphi a_6} = i\sqrt{\varphi a_1}.$$

Les formules (40) donnent

$$(68)\quad \begin{cases} b - a + a_2 = \dfrac{1}{4}\left(\dfrac{\sqrt{\varphi b} - i\sqrt{\varphi a}}{a+b}\right)^2, \\ -(a+b)\sqrt{\varphi a_2} = (a+a_2)\sqrt{\varphi b} + (b-a_2)i\sqrt{\varphi a}. \end{cases}$$

Les suivantes, après une permutation circulaire de toutes les lettres, donnent aussi

$$a - b + b_3 = \frac{1}{4}\left(\frac{\sqrt{\varphi a} + i\sqrt{\varphi b}}{a+b}\right)^2 = -(b - a + a_2), \qquad b_3 = -a_2,$$

$$-(a+b)\sqrt{\varphi b_3} = (a_2 - b)\sqrt{\varphi a} + (a+a_2)i\sqrt{\varphi b},$$

$$(69)\qquad a_2 + b_3 = 0, \qquad \sqrt{\varphi b_3} = i\sqrt{\varphi a_2},$$

à quoi il faut ajouter les relations analogues que fournit la permutation circulaire remplaçant a, b, c par b, c, a ou c, a, b.

Les formules (42) et (43) dérivent des précédentes, (40) et (41) par le changement du signe de $\sqrt{x}$, lequel doit ici être accompagné du changement de i en $-i$, comme on l'a dit précédemment; on a donc, semblablement,

$$(70)\qquad a_5 + b_4 = 0, \qquad \sqrt{\varphi a_5} = i\sqrt{\varphi b_4},$$

avec les relations qui en découlent par la permutation circulaire.

Nous connaissons maintenant la correspondance des huit racines x avec les quatre racines ξ, savoir :

$$(71)\quad \begin{cases} x = -x_0 = \sqrt{\xi}, \\ x_6 = -x_1 = \sqrt{\xi_1}, \\ x_5 = -x_4 = \sqrt{\xi_2}, \\ x_2 = -x_3 = \sqrt{\xi_3}. \end{cases}$$

D'après l'égalité (67) et ses analogues, on a

$$(72)\qquad x_1 = -\frac{i}{8}\left(\frac{\varphi a}{a^2} + \frac{\varphi b}{b^2} + \frac{\varphi c}{c^2}\right).$$

C'est une fonction symétrique en a, b, c, une fonction rationnelle de x, par conséquent. C'est, de plus, une fonction impaire, puisqu'on a ici

$$\varphi a = 4a(a^2 - 1).$$

On obtiendrait l'expression explicite de x_1 par un calcul direct, en prenant d'abord

$$x_1 = -\frac{i}{2}\left(a - b + c - \frac{1}{a} - \frac{1}{b} - \frac{1}{c}\right) = -\frac{ix}{2}\left(1 - \frac{y}{xz}\right)$$

et substituant les expressions de y et de xz, que donnent les égalités (16). Mais nous suivrons une autre voie, en retenant cette conséquence que, en élevant au carré, on a

$$\xi_1 = f_1(\xi),$$

f_1 désignant une fonction rationnelle. Cette égalité traduit une *substitution* qui conduit de la racine ξ à la racine ξ_1.

Les mêmes circonstances se présentent dans les formules (68). En développant le carré de $\sqrt{\varphi b} - i\sqrt{\varphi a}$ et utilisant les équations (35), on obtient une fonction rationnelle. Par l'addition de trois égalités semblables, nous aurons x_2 en fonction rationnelle de x, y, z, a, b, c, et cette fonction sera symétrique en a, b, c. Elle est donc, finalement, rationnelle en x; de plus, elle est impaire et l'on en conclura

$$\xi_2 = f_2(\xi),$$

f_2 désignant une nouvelle fonction rationnelle. C'est une seconde substitution, conduisant de la racine ξ à la racine ξ_2. Cette substitution est *imaginaire*. Il est clair enfin que la substitution *conjuguée* conduit de ξ à ξ_3,

$$\xi_3 = f_3(\xi).$$

Pour se rendre compte de l'effet de ces substitutions, appliquées aux autres racines, il suffit de considérer les arguments elliptiques qui correspondent à ces racines.

Soient $\frac{2\omega}{7}$ et $\frac{2\omega'}{7}$ les arguments qui correspondent à x et x_0. Ces deux arguments, ici équivalents, correspondent à ξ. En même temps, les deux arguments $\frac{2\omega' + 2\omega}{7}$ et $\frac{2\omega' + 12\omega}{7}$ correspondent à ξ_1.

On peut prendre $\frac{2\omega' + 4\omega}{7}$ pour l'argument de x_2 et, par conséquent, de ξ_2. La seconde forme, équivalente ici, n'est point $\frac{2\omega'+6\omega}{7}$, argument de a_3, mais bien, suivant l'égalité (69), $\frac{4\omega'+12\omega}{7}$, argument de b_3.

Semblablement, on peut prendre $\frac{2\omega'+8\omega}{7}$ pour argument de ξ_3. C'est l'argument de a_4. Suivant l'analogue de l'égalité (70), on a

$$c_3+a_4=0,$$

et la seconde forme de l'argument de ξ_3 est $\frac{8\omega'+40\omega}{7}$.

On retrouve ces mêmes résultats en supposant $\omega'=i\omega$. On a, de la sorte, les égalités

$$\begin{aligned}
\frac{2\omega'}{7}-i\frac{2\omega}{7}&=0,\\
\frac{2\omega'+12\omega}{7}-i\frac{2\omega'+2\omega}{7}&=2\omega,\\
\frac{4\omega'+12\omega}{7}-i\frac{2\omega'+4\omega}{7}&=2\omega,\\
\frac{8\omega'+40\omega}{7}-i\frac{2\omega'+8\omega}{7}&=6\omega,
\end{aligned}$$

qui mettent en relief l'équivalence des deux arguments attribués, *ad libitum*, à chacune des racines ξ, ξ_1, ξ_2, ξ_3.

Avec les arguments $\frac{2\omega}{7}$ et $\frac{2\omega'}{7}$ attribués à a et a_0, les substitutions ci-dessus donnent les résultats suivants :

$$\begin{array}{lll}
f_1(\xi)=\xi_1, & \text{d'argument} & \frac{2\omega'}{7}+\frac{2\omega}{7},\\
f_2(\xi)=\xi_2, & \text{»} & \frac{2\omega'}{7}+\frac{4\omega}{7},\\
f_3(\xi)=\xi_3, & \text{»} & \frac{2\omega'}{7}+\frac{8\omega}{7}.
\end{array}$$

Avec les arguments $\frac{2\omega'+2\omega}{7}$ et $\frac{2\omega'+12\omega}{7}$, attribués à a_1 et a_0, elles donneront, de même,

$$f_1(\xi_1)\quad\text{d'argument}\quad \frac{2\omega'+12\omega}{7}+\frac{2\omega'+2\omega}{7}=2\frac{2\omega'}{7};$$

c'est l'argument de b_0. Ainsi,

$$f_1(\xi_1) = \xi.$$

De même, on a

$f_2(\xi_1)$ d'argument $\dfrac{2\omega' - 12\omega}{7} + 2\,\dfrac{2\omega' - 2\omega}{7} = 3\,\dfrac{2\omega' + 10\omega}{7}$, $\quad f_2(\xi_1) = \xi_3$,

$f_3(\xi_1)$ » $\dfrac{2\omega' - 12\omega}{7} + 4\,\dfrac{2\omega' + 2\omega}{7} = 5\,\dfrac{2\omega' + 4\omega}{7}$, $\quad f_3(\xi_1) = \xi_2$.

Semblablement encore, avec les arguments $\dfrac{2\omega' - 4\omega}{7}$ et $\dfrac{4\omega' + 12\omega}{7}$ remplaçant $\dfrac{2\omega}{7}$ et $\dfrac{2\omega'}{7}$, on a

$f_1(\xi_2)$ d'argument $\dfrac{4\omega' - 12\omega}{7} - \dfrac{2\omega' + 4\omega}{7} = -\dfrac{8\omega' - 40\omega}{7}$, $\quad f_1(\xi_2) = \xi_3$,

$f_2(\xi_2)$ » $\dfrac{4\omega' - 12\omega}{7} + 2\,\dfrac{2\omega' + 4\omega}{7} = 4\,\dfrac{2\omega' + 12\omega}{7}$, $\quad f_2(\xi_2) = \xi_1$,

$f_3(\xi_2)$ » $\dfrac{4\omega' + 12\omega}{7} - 4\,\dfrac{2\omega' - 4\omega}{7} = -\dfrac{2\omega'}{7}$, $\quad {}_3(\xi_2) = \xi$.

Enfin, les arguments $\dfrac{2\omega' + 8\omega}{7}$ et $\dfrac{8\omega' + 40\omega}{7}$ remplaçant $\dfrac{2\omega}{7}$ et $\dfrac{2\omega'}{7}$, on trouve

$f_1(\xi_3)$ d'argument $\dfrac{8\omega' + 40\omega}{7} + \dfrac{2\omega' + 8\omega}{7} = -2\,\dfrac{2\omega' + 4\omega}{7}$, $\quad f_1(\xi_3) = \xi_2$,

$f_2(\xi_3)$ » $\dfrac{8\omega' + 40\omega}{7} + 2\,\dfrac{2\omega' + 8\omega}{7} = -\dfrac{2\omega'}{7}$, $\quad f_2(\xi_3) = \xi$,

$f_3(\xi_3)$ » $\dfrac{8\omega' + 40\omega}{7} + 4\,\dfrac{2\omega' + 8\omega}{7} = \dfrac{2\omega' + 2\omega}{7}$, $\quad f_2(\xi_3) = \xi_1$.

Pour achever l'étude de ces substitutions, on doit encore examiner le résultat de leur succession; il est exprimé par les relations symboliques

$$f_1 f_1 = 1, \qquad f_2 f_2 = f_1, \qquad f_3 f_3 = f_1,$$
$$f_1 f_2 = f_2 f_1 = f_3, \qquad f_1 f_3 = f_3 f_1 = f_2, \qquad f_2 f_3 = f_3 f_2 = 1,$$

c'est-à-dire

$$f_1[f_1(\xi_m)] = \xi_m, \qquad f_2[f_2(\xi_m)] = f_1(\xi_n), \qquad \ldots.$$

On voit, par là, que le groupe complet ne contient pas d'autre substitution.

Il suffit de jeter un coup d'œil sur les résultats précédents pour reconnaître que la quantité suivante

$$Y = \xi f_1(\xi) + f_2(\xi) f_3(\xi)$$

ne change point si l'on y remplace ξ par ξ_1, ξ_2 ou ξ_3. C'est une fonction rationnelle de ξ, racine de l'équation (66); elle n'a qu'une valeur : c'est donc un nombre commensurable. Nous allons le trouver.

Pour une équation quelconque, du quatrième degré,

$$\xi^4 + \alpha\xi^3 + \beta\xi^2 + \gamma\xi + \delta = 0,$$

soient

$$\xi\xi_1 + \xi_2\xi_3 = Y, \qquad \xi + \xi_1 - \xi_2 - \xi_3 = Z.$$

On en conclut

$$Z^2 = \Sigma\xi^2 - 2\Sigma\xi_m\xi_n + 4Y = \alpha^2 - 4\beta + 4Y.$$

D'autre part, on a

$$(\xi\xi_1 - \xi_2\xi_3) Z - (\xi + \xi_1 + \xi_2 + \xi_3) Y = -2\Sigma\xi_m\xi_n\xi_p$$

ou, en d'autres termes,

$$(\xi\xi_1 - \xi_2\xi_3) Z = 2\gamma - \alpha Y.$$

En élevant au carré, on en déduit

$$Z^2(Y^2 - 4\delta) = (2\gamma - \alpha Y)^2,$$

puis, en éliminant Z^2,

$$(73) \qquad (\tfrac{1}{2}\alpha Y - \gamma)^2 = (Y^2 - 4\delta)(Y + \tfrac{1}{4}\alpha^2 - \beta).$$

Cette équation en Y n'est autre que la résultante de l'équation en ξ, d'après la méthode de Ferrari. Ayant Y, on en déduit

$$Z = \pm\sqrt{\alpha^2 - 4\beta + 4Y},$$

et l'on décompose l'équation du quatrième degré en deux équations du second degré, comprises, toutes deux, sous la forme ambiguë

$$(74)\qquad \xi^2 + \tfrac{1}{2}(\alpha \pm Z)\xi + \tfrac{1}{2}Y \pm \frac{1}{Z}(\tfrac{1}{2}\alpha Y - \gamma) = 0.$$

L'une des équations a les racines ξ et ξ_1 : c'est celle qui correspond au signe *moins*, pris devant Z ; l'autre a les racines ξ_2 et ξ_3.

Dans le cas actuel où il s'agit de l'équation (66) en ξ, la transformée (73) est la suivante :

$$(75)\qquad (Y^2 + 2^2.3^4.7)(Y + 2.3^2.7.29) = 2^2.7^2(3Y - 2.23)^2.$$

Nous savons qu'elle a une racine commensurable ; cette racine est donc entière et nous la trouverons aisément.

En posant $Y = -2.7Y'$, on aperçoit immédiatement que Y' doit être entier et positif. Le résultat de la substitution

$$(7Y'^2 + 3^4)(3^2.29 - Y') = 2(3.7Y' - 23)^2$$

montre que Y' est impair, en sorte que $7Y'^2 + 3^4$ est divisible par 8. Le second membre est donc divisible par 32 et Y' est de la forme $4n + 1$. En posant $Y' = 4n + 1$, on obtient

$$(14n^2 + 7n + 11)(65 - n) = (21n + 11)^2,$$

ce qui exige

$$65 - n \equiv 11 \pmod 7, \qquad n \equiv -2 \pmod 7.$$

En même temps, n doit être diviseur du dernier coefficient $11(65 - 11) = 2.3^3.11$. A ces conditions satisfont seulement les nombres 12, 33, 54, dont le second est effectivement, et seul, racine de l'équation. Voici donc la racine cherchée

$$Y = -2.7^2.19,$$

et l'on vérifie sans peine que l'équation (75) se décompose ainsi :

$$(76)\qquad (Y + 2.7^2.19)(Y^2 - 2^2.7Y + 2^2.7.151) = 0,$$

On a ensuite

$$\tfrac{1}{4}Z^2 = Y + 2.3^2.7.29 = 2^3.7(65 - n) = 2^8.7$$

et les deux équations du second degré (74) deviennent

$$\xi^2 - 2(21 \mp 8\sqrt{7})\xi - 7^2.19 \mp 2^5.11\sqrt{7} = 0. \tag{77}$$

Nous les résoudrons plus loin. Il suffit, pour le moment, de savoir que l'une de ces équations, celle qui correspond au signe inférieur, a ses racines, ξ et ξ_1, réelles et de signes opposés, tandis que l'autre a ses racines imaginaires, ξ_2 et ξ_3.

Distinction des diverses racines entre elles, dans le cas $g_3 = 0$.

Prenons, pour 2ω et $2\omega'$, la période réelle et la période purement imaginaire. Nous avons, en ce cas,

$$a > b > c > 1 : \tag{78}$$

x est réel et positif : c'est la racine carrée positive de la quantité positive ξ. Les trois quantités φa, φb, φc sont positives et, d'après l'égalité (72), $\frac{x_1}{i}$ est réel et négatif. Soit ξ_1 la seconde racine réelle : elle est négative ; on aura

$$x_6 = -x_1 = \sqrt{\xi_1} = i\sqrt{-\xi_1},$$

$\sqrt{-\xi_1}$ étant prise positivement.

Pour les autres racines, les formules sont plus compliquées, et nous allons d'abord transformer l'expression de a_2. Additionnons, entre eux, les deux arguments $\frac{4}{7}(\omega'+\omega)$ et $\frac{8}{7}(\omega'-\omega)$: pour le premier, les fonctions p et p' ont les valeurs b_1 et $\sqrt{\varphi b_1}$; pour le second, $-c_1$ et $i\sqrt{\varphi c_1}$. La somme est égale à

$$\frac{(12\omega' - 4\omega)}{7} = -\tfrac{2}{7}(\omega' + 2\omega) ;$$

c'est, au signe près, l'argument de a_2. On a donc

$$b_1 - c_1 + a_2 = \frac{1}{4}\left(\frac{\sqrt{\varphi b_1} - i\sqrt{\varphi c_1}}{b_1 + c_1}\right)^2. \tag{79}$$

Les relations (67) donnent

$$(80)\qquad a_1 = -\frac{i}{2}\left(a - \frac{1}{a}\right), \qquad \sqrt{\varphi a_1} = \frac{i+1}{4}\left(a + \frac{1}{a}\right)\sqrt{a - \frac{1}{a}},$$

en sorte que $\sqrt{\varphi a_1}$ et les analogues $\sqrt{\varphi b_1}$, $\sqrt{\varphi c_1}$ sont les produits de quantités réelles par la même quantité imaginaire $i+1$, dont le carré est $2i$. Dans le second membre (79), développé ainsi

$$b_1 - c_1 + a_2 = \frac{1}{4}\,\frac{\varphi b_1 - \varphi c_1}{(b_1 + c_1)^2} - \frac{i}{2}\,\frac{\sqrt{\varphi b_1}\sqrt{\varphi c_1}}{(b_1 + c_1)^2},$$

c'est donc le premier terme qui est purement imaginaire, tandis que le second est réel. Au contraire, dans le second membre (68) développé

$$b - a + a_2 = \frac{1}{4}\,\frac{\varphi b - \varphi a}{(a + b)^2} - \frac{i}{2}\,\frac{\sqrt{\varphi b}\sqrt{\varphi a}}{(a + b)^2},$$

c'est le premier terme qui est réel. D'autre part, $b - a$ est réel et $b_1 - c_1$ purement imaginaire, en sorte qu'on a

$$\frac{1}{4}\,\frac{\varphi b_1 - \varphi c_1}{(b_1 + c_1)^2} + c_1 - b_1 = -\frac{i}{2}\,\frac{\sqrt{\varphi b}\sqrt{\varphi a}}{(a + b)^2},$$

$$\frac{1}{4}\,\frac{\varphi b - \varphi a}{(a + b)^2} + a - b = -\frac{i}{2}\,\frac{\sqrt{\varphi b_1}\sqrt{\varphi c_1}}{(b_1 + c_1)^2},$$

avec les relations analogues, déduites de celles-là par la permutation circulaire. On peut donc conclure

$$a_2 = a - b + \frac{1}{4}\,\frac{\varphi b - \varphi a}{(a + b)^2} + c_1 - b_1 + \frac{1}{4}\,\frac{\varphi b_1 - \varphi c_1}{(b_1 + c_1)^2}$$

ou, en mettant $4a(a^2 - 1)$, au lieu de φa,

$$a_2 = \frac{(a - b)(ab + 1)}{(a + b)^2} + \frac{(c_1 - b_1)(c_1 b_1 + 1)}{(c_1 + b_1)^2}.$$

On a ainsi

$$x_2 = U - iV,$$

$$U = \frac{(a - b)(ab + 1)}{(a + b)^2} + \frac{(b - c)(bc + 1)}{(b + c)^2} + \frac{(c - a)(ca + 1)}{(c + a)^2},$$

$$iV = \frac{(a_1 - b_1)(a_1 b_1 + 1)}{(a_1 + b_1)^2} + \frac{(b_1 - c_1)(b_1 c_1 + 1)}{(b_1 + c_1)^2} + \frac{(c_1 - a_1)(c_1 a_1 + 1)}{(c_1 + a_1)^2}.$$

Pour le numérateur de U,

$$\Sigma(a-b)(ab+1)(b+c)^2(c+a)^2,$$

on trouve aisément l'expression

$$-(a-b)(b-c)(c-a)(\Sigma a^2b^2+3abc\,\Sigma a+3\Sigma ab+\Sigma a^2),$$

montrant que U est une quantité positive, suivant les inégalités (78). Mais, à l'égard de V, il faut y regarder plus attentivement. Transformons d'abord U; posons

$$-\frac{(a+b)^2(b+c)^2(c+a)^2}{(a-b)(b-c)(c-a)}=\mathrm{P}$$

et concluons

$$\mathrm{PU}=y^2+xz+x^2+y.$$

Chassons z d'après la relation (11), puis y^2 par la relation (13) et enfin y par la première égalité (16); nous obtenons ainsi

$$12(7x^2-5)\mathrm{PU}=5x^6+151x^4-25x^2+117.$$

En mettant a_1, b_1, c_1 au lieu de a, b, c; ξ_1 au lieu de x^2, nous aurons donc

$$(81)\qquad -12(5-7\xi_1)\mathrm{P}_1\mathrm{V}i=5\xi_1^3+151\xi_1^2-25\xi_1+117.$$

La quantité $-\xi_1$, dont nous aurons tout à l'heure l'expression explicite, est comprise en 18 et 19. Le second membre (81) change de signe une seule fois quand $-\xi_1$ va de zéro à l'infini positif; il est encore positif pour $-\xi_1=20$. Il est donc ici positif. D'autre part, d'après la relation (80), on a

$$\frac{(a_1-b_1)(b_1-c_1)(c_1-a_1)}{(a-b)(b-c)(c-a)}=\frac{i}{8}\left(1+\frac{1}{ab}\right)\left(1+\frac{1}{bc}\right)\left(1+\frac{1}{ca}\right),$$

et les facteurs $(a_1+b_1)^2$, ... sont négatifs, en sorte que $i\mathrm{P}_1$ est négatif et, par conséquent, V est positif. Finalement, d'après les égalités (71) et U, V désignant deux quantités positives, on a

$$(82)\qquad \begin{cases} x_2=\ \ \mathrm{U}-i\mathrm{V}, & x_5=\ \ \mathrm{U}+i\mathrm{V},\\ x_3=-\mathrm{U}+i\mathrm{V}, & x_4=-\mathrm{U}-i\mathrm{V}.\end{cases}$$

Suivant les égalités (71), ξ_2 a sa partie imaginaire positive, $2iUV$: $\sqrt{\xi_2}$ est celle des deux racines carrées où la partie imaginaire est positive aussi. Enfin $\sqrt{\xi_3}$ est la quantité conjuguée de $\sqrt{\xi_2}$.

Formules relatives au cas $g_3 = 0$.

Résolvons l'équation du second degré (77), en observant que l'on a

$$(21 - 8\sqrt{7})^2 - 7^2.19 + 2^5.11\sqrt{7} = 2\sqrt{7}(13 - 5\sqrt{7})^2.$$

Il en résulte

$$\xi = 21 + 8\sqrt{7} + (13 + 5\sqrt{7})\sqrt{2\sqrt{7}},$$

et cette formule, si l'on y change le signe de $\sqrt{7}$ et de $\sqrt{2\sqrt{7}}$, fournit les quatre quantités ξ. La séparant en quatre formules distinctes, avec l'acception arithmétique prise pour chaque radical, on aura, conformément à la définition précise des quatre racines,

$$(83)\quad \begin{cases} \xi = 21 - 8\sqrt{7} - (13 + 5\sqrt{7})\sqrt{2\sqrt{7}}, \\ \xi_1 = 21 - 8\sqrt{7} - (13 + 5\sqrt{7})\sqrt{2\sqrt{7}}, \\ \xi_2 = 21 - 8\sqrt{7} + i(5\sqrt{7} - 13)\sqrt{2\sqrt{7}}, \\ \xi_3 = 21 - 8\sqrt{7} - i(5\sqrt{7} - 13)\sqrt{2\sqrt{7}}. \end{cases}$$

On a vu plus haut que les x de divers indices s'expriment rationnellement en fonction de l'une de ces quantités. Il en résulte que les divers produits $\sqrt{\xi\xi_1}$, $\sqrt{\xi\xi_2}$, ... s'expriment rationnellement en ξ et, par conséquent, contiennent seulement les irrationnelles $\sqrt{7}$ et $\sqrt{2\sqrt{7}}$. C'est ce que nous allons retrouver aisément. On a d'abord

$$7^2.19 + 2^5.11\sqrt{7} = \tfrac{1}{2}\sqrt{7}(19 + 7\sqrt{7})^2.$$

De là, conformément à l'équation (77) et à nos conventions sur les acceptions de $\sqrt{\xi_1}$, $\sqrt{\xi_2}$, $\sqrt{\xi_3}$,

$$(84)\quad \begin{cases} \sqrt{\xi\xi_1} = \dfrac{i}{2}(19 + 7\sqrt{7})\sqrt{2\sqrt{7}}, \\ \sqrt{\xi_2\xi_3} = \tfrac{1}{2}(19 - 7\sqrt{7})\sqrt{2\sqrt{7}}, \\ \sqrt{\xi\xi_1\xi_2\xi_3} = 9\sqrt{7}\,i. \end{cases}$$

Cette dernière égalité est d'accord avec le dernier terme de l'équation (66), comme il convient.

En prenant les racines imaginaires Y de l'équation (76), on a

$$\xi\xi_2 + \xi_1\xi_3 = -14 + 24\sqrt{7}\,i,$$
$$\xi\xi_3 + \xi_1\xi_2 = -14 - 24\sqrt{7}\,i,$$

comme les formules (83) permettent de le vérifier.

Des formules ci-dessus, on conclut

$$\xi\xi_2 + \xi_1\xi_3 + 2\sqrt{\xi\xi_1\xi_2\xi_3} = -14 + 42\sqrt{7}\,i = (7 + 3i\sqrt{7})^2,$$
$$\xi\xi_2 + \xi_1\xi_3 - 2\sqrt{\xi\xi_1\xi_2\xi_3} = -14 + 6\sqrt{7}\,i = i\sqrt{7}(\sqrt{7} + i)^2,$$

puis, en extrayant les racines carrées,

$$(85)\qquad \left\{\begin{aligned} &\sqrt{\xi\xi_2} + \sqrt{\xi_1\xi_3} = 7 + 3i\sqrt{7},\\ &\sqrt{\xi\xi_2} - \sqrt{\xi_1\xi_3} = \frac{1+i}{2}(\sqrt{7} + i)\sqrt{2\sqrt{7}}.\end{aligned}\right.$$

Voici comment sont ici fixés les signes dans l'extraction des racines carrées des seconds membres. D'après les égalités (71) et (82), on a

$$\sqrt{\xi_2} = U + iV, \qquad \sqrt{\xi_3} = U - iV,$$

U et V étant positifs et, en outre, $V > U$, puisque $U^2 - V^2$, partie réelle de ξ_2, est une quantité négative, $21 - 8\sqrt{7}$. D'ailleurs $\sqrt{\xi}$ est positive et $\sqrt{\xi_1} = i\sqrt{-\xi_1}$, avec $\sqrt{-\xi_1} > 0$. Il s'ensuit d'abord qu'au premier membre de la première formule (85), les parties réelles et imaginaires sont toutes deux positives. D'autre part, on a

$$\begin{aligned}\sqrt{\xi\xi_2} - \sqrt{\xi_1\xi_3} &= \sqrt{\xi}(U + iV) - i\sqrt{-\xi_1}(U - iV)\\ &= U\sqrt{\xi} - V\sqrt{-\xi_1} + i(V\sqrt{\xi} - U\sqrt{-\xi_1}).\end{aligned}$$

Or, en même temps que $V > U$, on a aussi $\sqrt{\xi} > \sqrt{-\xi_1}$; la partie imaginaire est donc positive, et c'est ce qui règle le signe dans la seconde égalité (85).

En prenant, de part et d'autre, les quantités conjuguées, on doit échanger $\sqrt{\xi_2}$ avec $\sqrt{\xi_3}$ et changer aussi le signe de $\sqrt{\xi_1}$, ce qui donne

$$(86)\qquad \left\{\begin{aligned} &\sqrt{\xi\xi_3}-\sqrt{\xi_1\xi_2}=7-3i\sqrt{7},\\ &\sqrt{\xi\xi_3}+\sqrt{\xi_1\xi_2}=\frac{1-i}{2}(\sqrt{7}-i)\sqrt{2\sqrt{7}}.\end{aligned}\right.$$

Autre cas particulier.

Le cas $g_3 = 0$, que l'on vient d'étudier, présente cette particularité que les racines x y sont, deux à deux, égales et de signes opposés. Cette même particularité, mais pour une seule paire de racines, a encore lieu si l'équation (15) a une racine commune avec cette autre équation

$$x^4+\tfrac{3}{2}g_2x^2+\frac{27}{2^4.7}g_2^2=0,$$

comme on le voit immédiatement sur la forme (14). Résolvant cette dernière équation, on a, en faisant $g_2 = 4$,

$$x^2=3\left(-1\pm\frac{2}{\sqrt{7}}\right),\qquad \frac{1}{x^2}=-\tfrac{1}{9}(7\pm2\sqrt{7}).$$

On a, pour cette valeur de x^2,

$$x^2-\tfrac{3}{2}g_2-\frac{3^4}{2^4.7}\frac{g_2^2}{x^2}=3\left(-1\pm\frac{2}{\sqrt{7}}\right)+10+9\left(1\pm\frac{2}{\sqrt{7}}\right)=8\left(2\pm\frac{3}{\sqrt{7}}\right),$$

$$2x^2-\tfrac{5}{14}g_2=4\left(-\frac{13}{7}\pm\frac{3}{\sqrt{7}}\right).$$

Il en résulte, d'après l'équation (14),

$$(87)\qquad \frac{27g_3^2}{g_2^3}=\frac{2^2}{7^3}\left(5.23\mp\frac{2.3^2.11}{\sqrt{7}}\right).$$

En nous bornant au cas des invariants réels, nous devrons supposer g_2 positif, sans quoi, d'après cette dernière égalité, g_3 serait imaginaire. Ainsi, g_2 étant positif, nous avons ici des valeurs de g_3, telles que, pour chacune d'elles, il existe deux racines x, égales et de signes opposés; elles sont purement imaginaires

$$x^2 = -\tfrac{3}{4} g_2 \left(1 \pm \frac{2}{\sqrt{7}}\right).$$

D'après l'égalité (87), on a

$$\frac{\Delta}{g_2^3} = \frac{3^2}{7^3}\left(-13 \mp \frac{88}{\sqrt{7}}\right),$$

et Δ est positif ou négatif, suivant que l'on prend le signe supérieur ou le signe inférieur devant le dernier terme.

Les deux Tableaux ci-après font connaître, pour tous les cas où les invariants sont réels, les signes des parties réelles et des parties imaginaires des racines x_m. On suppose choisies, pour 2ω et $2\omega'$, la période réelle et la période purement imaginaire : la racine x, toujours réelle et positive, et la racine x_0, toujours réelle et négative, sont omises. On désigne par g'_3, g''_3 et g'''_3 les valeurs particulières de g_3 signalées précédemment (p. 53 et 93), savoir

$$g'_3 = \frac{53}{5.7^2} g_2 \sqrt{\frac{5}{7} g_2},$$

$$g''_3 = \frac{2}{3.7} g_2 \sqrt{\frac{g_2}{3.7}} \sqrt{5.23 - \frac{2.3^2.11}{\sqrt{7}}},$$

$$g'''_3 = \frac{2}{3.7} g_2 \sqrt{\frac{g_2}{3.7}} \sqrt{5.23 + \frac{2.3^2.11}{\sqrt{7}}}.$$

La première g'_3 est comprise entre les deux autres : elle est moindre que g'''_3; car on a vu qu'elle fournit un discriminant positif, tandis que g'''_3 donne un discriminant négatif. Elle est plus grande que g''_3, comme on le voit immédiatement aussi par la comparaison des valeurs du discriminant, donnant lieu à l'inégalité

$$\frac{2^{13}}{5.7^5} < \frac{3^2}{7^3}\left(-13 + \frac{88}{\sqrt{7}}\right).$$

Cette inégalité se vérifie le plus facilement, si l'on y remplace $\sqrt{7}$ par la réduite $\frac{8}{3}$, approchée par excès.

On suppose g_2 constant; g_3 varie de $-\infty$ à $+\infty$. Dans le premier Tableau g_2 est négatif; le discriminant est donc toujours négatif. Dans le second Tableau, le discriminant est positif quand g_3 varie de $-\sqrt{\left(\frac{g_2}{3}\right)^3}$ à $+\sqrt{\left(\frac{g_2}{3}\right)^3}$; il est négatif en dehors de ces limites. Voici le premier Tableau, où l'on a juxtaposé les racines imaginaires conjuguées x_1 et x_6, x_3 et x_4, x_2 et x_5 :

I. — $g_2 < 0$.

g_3	x_1	x_6	x_3	x_4	x_2	x_5
$+\infty$	$-\ \ -$	$-\ \ +$	$+\ \ -$	$+\ \ +$	$0\ \ 0$	$0\ \ 0$
0	$0\ \ -$	$0\ \ +$	$-\ \ -$	$+\ \ +$	$-\ \ +$	$-\ \ -$
$-\infty$	$+\ \ -$	$+\ \ -$	$0\ \ 0$	$0\ \ 0$	$-\ \ +$	$-\ \ -$

On voit, sur ce Tableau, deux signes pour chaque cas : le premier signe est celui de la partie réelle, le second celui de la partie imaginaire. Ainsi, la première indication $g_3 = +\infty$, $x_1 = --$ exprime que x_1, pour $g_3 = +\infty$, a la forme $-\alpha - i\beta$ où α et β sont positifs; $x_2 = 0$ exprime que x_2 est égal à zéro. On a mentionné, outre les valeurs extrêmes $g_3 = \pm\infty$, la seule valeur intermédiaire $g_3 = 0$, pour laquelle les parties réelles de x_1 et de x_6 s'évanouissent en changeant de signe. Pour aucune autre valeur de g_3, il n'y a changement de signe dans la partie réelle ou la partie imaginaire d'une racine. Ces changements, on l'a vu précédemment, se produisent seulement pour les valeurs de g_3 incompatibles avec l'hypothèse $g_2 < 0$. Nous allons trouver ces valeurs particulières dans le second Tableau que voici :

II. — $g_2 > 0$.

g_3	x_1	x_6	x_3	x_4	x_2	x_5
$+\infty$	− −	− +	+ −	+ −	0 0	0 0
g_3'''	− −	− +	0 −	0 −	− +	− −
	− −0	− +0	− −0	− +0	− +0	− −0
$\sqrt{\left(\frac{g_2}{3}\right)^3}$	x_4	x_3	x_5	x_2	x_1	x_6
	− +0	− −0	− +0	− −0	− −0	− +0
g_3'	− 0	− 0	− +	− −	− −	− +
g_3''	− −	− +	0 +	0 −	− −	− +
0	− −	− +	+ +	+ −	0 −	0 +
$-g_3''$	0 −	0 +	+ +	+ −	+ −	+ +
$-g_3'$	+ −	+ +	+ 0	+ 0	+ −	+ +
	+ −0	+ +0	+ −0	+ +0	+ −0	+ +0
$-\sqrt{\left(\frac{g_2}{3}\right)^3}$	x_3	x_5	x_6	x_1	x_4	x_2
	+ +0	+ −0	+ +0	+ −0	+ +0	+ −0
$-g_3'''$	0 +	0 −	+ +	+ −	+ +	+ −
$-\infty$	− +	− −	+ +	+ −	0 0	0 0

Examinons d'abord la partie supérieure de ce Tableau, celle qui est relative aux valeurs de g_3 comprises entre $\sqrt{\left(\frac{g_2}{3}\right)^3}$ et $+\infty$, et pour lesquelles le discriminant est négatif. Les valeurs extrêmes, pour $g_3 = +\infty$, sont les mêmes que dans le Tableau précédent, et conformes à ce qui a été dit (p. 59). Les valeurs des racines, pour $g_3 = \sqrt{\left(\frac{g_2}{3}\right)^3}$, au cas du discriminant négatif, ont été étudiées (p. 72) : les parties imaginaires sont nulles; mais, en les considérant comme infiniment petites, on a relaté leurs signes par la notation $+0$ ou -0, indiquant un infiniment petit, positif ou négatif. Entre ces valeurs extrêmes de g_3, nous avons trouvé la valeur intermédiaire g_3''', pour laquelle deux racines conjuguées sont purement imaginaires (p. 94), sans savoir toutefois quelles étaient ces racines. Mais, aux extrémités, x_3 et x_4 sont les seules racines où les parties réelles aient changé de signe. Ce sont x_3 et x_4 les racines dont il s'agit.

Nous dirons plus loin pour quelle raison les indications relatives à chaque racine sont portées, dans la suite du Tableau, à des colonnes différentes.

La partie inférieure du Tableau correspond aux valeurs de g_3 comprises entre $-\sqrt{\left(\frac{g_2}{3}\right)^3}$ et $-\infty$. On l'obtient au moyen de la partie supérieure, par le changement du signe de g_3, et en outre (p. 58),

$$(\text{A})\quad \begin{cases} \text{remplaçant} & x_1, & x_6, & x_2, & x_3, & x_4, & x_5, \\ \quad\text{par} & -x_6, & -x_1, & -x_3, & -x_2, & -x_5, & -x_4. \end{cases}$$

La partie moyenne du Tableau correspond aux discriminants positifs. Les résultats relatifs aux valeurs extrêmes, ainsi qu'à $g_3 = 0$, ont été trouvés précédemment. Pour $g_3 = g'_3$, deux racines conjuguées deviennent égales entre elles et leurs parties imaginaires changent de signe : la considération des signes des parties imaginaires, pour $g_3 = \sqrt{\left(\frac{g_2}{3}\right)^3}$ et pour $g_3 = 0$, montre que ce changement de signe concerne x_4 et x_3. C'est de la même manière que l'on trouve les racines devenant purement imaginaires pour $g_3 = g''_3$. Entre $g_3 = 0$ et $g_3 = -\sqrt{\left(\frac{g_2}{3}\right)^3}$, les résultats se déduisent de ces derniers par les changements (A).

Il n'y a aucune continuité entre les fonctions elliptiques quand le discriminant change de signe. Mais les quantités x_m, fonctions algébriques de g_3, sont continues. C'est leur continuité qui est figurée dans le Tableau par la disposition des colonnes verticales. D'après les égalités (56) et (57), donnant, toutes deux, l'expression approchée de chaque racine pour $g_3 = \sqrt{\left(\frac{g_2}{3}\right)^3}$, et relatives, la seconde, aux valeurs supérieures, la première aux valeurs inférieures de g_3, on voit que la même racine dénommée x_m dans la partie supérieure du Tableau doit être dénommée x_{4m} dans la partie moyenne, l'indice $4m$ étant d'ailleurs pris aux multiples près de 7. Pour connaître ensuite les indices relatifs à la partie inférieure du Tableau, il faut faire d'abord la substitution (A), puis diviser chaque indice par 4, et faire, de nouveau, la substitution (A). Par ces opérations, l'indice m de la partie supérieure, devenu $4m$ dans la partie moyenne, est changé successivement en $-\frac{1}{4m}$, $-\frac{1}{16m}$, $16m$. Ce dernier nombre, qui se réduit à $2m$ (mod 7), est égal à l'indice demandé. Ainsi, par exemple, une même racine de l'équation (15), quand g_3 varie de $+\infty$ à $-\infty$, est successivement dénommée x_1, x_4 et x_2.

Généralités sur la division des périodes par un nombre premier.

Nous allons passer en revue quelques-unes des propriétés, reconnues précédemment dans la division des périodes par 5 et par 7, et qui peuvent être étendues à la division par un nombre premier quelconque. Soit n ce nombre premier. Les $n^{\text{ièmes}}$ parties de périodes, c'est-à-dire les arguments dont le produit par n fait une période, étant pris pour arguments de la fonction $\wp$, font acquérir à cette fonction des valeurs en nombre $\frac{1}{2}(n^2-1)$. Ces valeurs de $\wp$ peuvent aussi être définies comme étant les racines d'une équation algébrique $\psi_n = 0$ (t. I, p. 99); mais l'analyse employée ici les fait trouver d'une autre manière. Soit a l'une d'elles, répondant à l'argument $\frac{2\omega}{n}$, 2ω étant une période quelconque. Aux multiples de cet argument répondent d'autres valeurs de $\wp$, analogues, que nous désignons par $b, c, d, \ldots$, comme nous l'avons fait au début de ce Chapitre. Entre $a, b, c, d, \ldots$ nous avons vu comment on peut former des équations algébriques. Ces équations, dans leur ensemble, sont entièrement symétriques relativement à $a, b, c, d, \ldots$, et c'est là une propriété essentielle, qui n'aurait point lieu si n n'était point un nombre premier. Multipliant, en effet, une $n^{\text{ième}}$ partie de période par les nombres 1, 2, 3, ... $(n-1)$, on obtient, quand n est premier, de nouveaux arguments qui sont, eux-mêmes, des $n^{\text{ièmes}}$ parties de périodes et dont les différences, deux à deux, ne peuvent être des périodes : en prenant donc, pour lettre initiale, $b, c, \ldots$ au lieu de a, on retrouve, dans un autre ordre, toutes ces mêmes quantités. Au contraire, quand n n'est pas premier, il existe, dans la suite 1, 2, 3, ...,

$(n-1)$, des nombres qui ne sont pas premiers avec n : en multipliant, par un tel nombre, le premier argument, on n'obtient pas, à proprement parler, une $n^{\text{ième}}$ partie de période, mais un argument $\frac{2\tilde{\omega}}{m}$, m étant un diviseur de n. La quantité b, qui répond à cet argument, ne peut évidemment remplacer a dans l'analyse qu'on vient de rappeler et les équations, dans leur ensemble, présentent une dissymétrie. Nous n'avons pas à insister sur ce point, pour le moment; nous voulons supposer, pour n, un nombre premier. La symétrie des équations conduit à prendre, pour inconnues, des fonctions symétriques de a, b, c, d, ...; ce seront les coefficients x, x', x'', ... de l'équation

$$a^{\nu} - xa^{\nu-1} + x'a^{\nu-2} - x''a^{\nu-3} \ldots = 0, \tag{88}$$

admettant a, b, c, d, ... pour racines. Son degré ν est égal à $\frac{1}{2}(n-1)$; car les arguments $\frac{2r\omega}{n}$ et $\frac{2(n-r)\omega}{n}$ donnent une seule et même valeur à la fonction $\wp$. Dans la division par 5 et par 7, nous avons mis x, y, z au lieu de x, x', x''.

On pourra choisir, pour inconnue, le premier coefficient x. Il sera fourni par une équation algébrique, et les autres coefficients x', x'', ... s'exprimeront en fonction rationnelle de x. Le degré de l'équation résolvante en x est égal au nombre des groupes analogues à a, b, c, d, ... Deux groupes ne peuvent avoir aucun terme commun; chacun comprend $\frac{1}{2}(n-1)$ termes et l'ensemble en contient $\frac{1}{2}(n^2-1)$. Le nombre des groupes est donc $n+1$; tel est le degré de la résolvante en x, et nous avons trouvé effectivement les degrés 6 et 8 dans les cas $n=5$ et $n=7$.

La résolvante en x a pour coefficients des polynômes entiers en g_2 et g_3 quand le premier coefficient est réduit à l'unité; c'est ce que, dans un langage abrégé, on exprime en disant que *x est une fonction algébrique entière*. En effet, d'après la forme de l'équation $\psi_n = 0$, toutes les quantités a, b, c, ... sont des fonctions algébriques entières; il en est donc autant de la somme de quelques-unes d'entre elles. La même propriété a lieu pour x', x'', ... C'est ce qu'on voit aussi par la considération du cas où le discriminant est évanouissant, seul cas où l'on pourrait craindre que x pût devenir infini. La séric à double indice (t. I, p. 366)

$$pu = \frac{1}{u^2} + \sum\left[\frac{1}{(u-w)^2} - \frac{1}{w^2}\right],$$

donne, pour ce cas, un renseignement immédiat. Supposons, en effet, infinie une période $2\omega'$, tandis qu'une autre, 2ω, reste finie. Alors w, qui est une période quelconque $2m\omega + 2m'\omega'$, est infinie, sauf quand on prend $m' = 0$. De même, si l'on suppose

$$u = \frac{2k\omega + 2k'\omega'}{n},$$

u est infini sauf si l'on a $k' = 0$. Il suit de là, en premier lieu, que les diverses quantités $p\,\frac{2k\omega}{n}$ sont représentées chacune par une série simple, la précédente où $u = \frac{2k\omega}{n}$, et où w prend toutes les valeurs $2m\omega$. En second lieu, toutes les quantités $p\,\frac{2k\omega - 2k'\omega'}{n}$ où k' n'est pas nul, se réduisent à l'unique série simple $-\sum \frac{1}{w^2}$ où w prend les valeurs $2m\omega$.

Ainsi, quand le discriminant s'évanouit, toutes les quantités a, $b, \ldots$ restent finies; en outre, dans tous les groupes, sauf un seul, elles prennent une seule et même valeur. Outre que nous reconnaissons, de la sorte, la nature entière des coefficients de la résolvante, nous voyons encore que, *le discriminant s'évanouissant, la résolvante a une racine multiple d'ordre n*. Voici le moyen le plus simple de connaître cette racine. La série $-\sum \frac{1}{w^2}$, valeur commune de toutes les quantités a, un seul groupe excepté, ne dépend point de n. Considérons donc le cas $n = 2$. Le discriminant s'évanouissant, deux *racines* e_α deviennent égales entre elles; leur valeur commune est celle de la série. En supposant, comme précédemment (46),

$$g_2 = 12\gamma^2, \qquad g_3 = 8\gamma^3 - \varepsilon,$$

ε étant évanouissant, on a, pour la racine double du polynôme $4s^3 - g_2 s - g_3$, la valeur $-\gamma$. C'est donc $-\frac{1}{2}(n-1)\gamma$ à quoi se réduit la racine multiple. Comme d'ailleurs, vu l'homogénéité, la somme des racines x est nulle, on a immédiatement la racine simple:

le discriminant s'évanouissant, la résolvante en x se réduit à

$$[x - \tfrac{1}{2}n(n-1)\gamma][x + \tfrac{1}{2}(n-1)\gamma]^n = 0. \tag{89}$$

A cause de l'homogénéité et de la forme entière des coefficients, on connaît, par cette voie, les premiers termes de l'équation en x, à savoir ceux où le degré n'atteint pas 6. Il suffit, pour les obtenir, de faire, dans le développement du premier membre (89), les substitutions

$$\gamma^2 = \tfrac{1}{12}g_2, \qquad \gamma^3 = \tfrac{1}{8}g_3, \qquad \gamma^4 = (\tfrac{1}{12}g_2)^2, \qquad \gamma^5 = \tfrac{1}{12}g_2\tfrac{1}{8}g_3,$$

à quoi l'on doit joindre encore celle-ci

$$\gamma^7 = (\tfrac{1}{12}g_2)^2\tfrac{1}{8}g_3.$$

Quant aux autres termes, il y subsiste des parties encore inconnues. On aura à faire, par exemple, les substitutions

$$\gamma^6 = (\tfrac{1}{12}g_2)^3 + \alpha\Delta, \qquad \gamma^8 = (\tfrac{1}{12}g_2)^4 + \beta g_2\Delta, \qquad \ldots,$$

α, β, ... étant des coefficients numériques, que cette analyse ne peut donner.

Soit maintenant à trouver, pour un discriminant infiniment petit, la partie principale de

$$p\left(\frac{2k\omega + 2k'\omega'}{n}\right) + \gamma.$$

Employons, à cet effet, le développement de pu en série trigonométrique (t. I, p. 426) en y prenant

$$u = \frac{2k\omega + 2k'\omega'}{n}, \qquad q = e^{\frac{i\pi\omega'}{\omega}}.$$

On a, de cette manière

$$e^{\frac{i\pi u}{\omega}} = e^{\frac{2ki\pi}{n}}q^{\frac{2k'}{n}},$$

$$\sin^2\frac{\pi u}{2\omega} = -\frac{1}{2}\left(\cos\frac{\pi u}{\omega} - 1\right) = -\frac{1}{4}\left(e^{\frac{2ki\pi}{n}}q^{\frac{2k'}{n}} + e^{-\frac{2ki\pi}{n}}q^{-\frac{2k'}{n}} - 2\right),$$

$$\cos\frac{mu\pi}{\omega} = \frac{1}{2}\left(e^{\frac{2mki\pi}{n}}q^{\frac{2mk'}{n}} + e^{-\frac{2mki\pi}{n}}q^{-\frac{2mk'}{n}}\right).$$

Si l'on suppose $k' \leqq \frac{1}{2}(n-1)$, la partie principale du développement provient du terme non compris dans la série et l'on a

$$p\left(\frac{2k\omega + 2k'\omega'}{n}\right) + \frac{\eta}{\omega} = \left(\frac{\pi}{\omega}\right)^2 e^{\frac{2ki\pi}{n}} q^{\frac{2k'}{n}} + \ldots.$$

Si k' est supérieur à $\frac{1}{2}(n-1)$, mais inférieur à n, condition nécessaire à l'existence du développement employé, c'est le premier terme de la série qui fournit la partie principale. Au surplus, on a

$$p\left(2\omega' - \frac{2k\omega + 2k'\omega'}{n}\right) = p\left(\frac{2k\omega + 2k'\omega'}{n}\right),$$

et le second cas peut être ramené au premier. Se souvenant que $\eta\omega$ se développe suivant les puissances, à exposants entiers, de q^2, en cette sorte

$$(90) \qquad \eta\omega = \frac{\pi^2}{12}(1 - 24q^2 + \ldots),$$

on conclut

$$p\,\frac{2k\omega + 2k'\omega'}{n} = \left(\frac{\pi}{\omega}\right)^2\left(-\frac{1}{12} - e^{\frac{2ki\pi}{n}} q^{\frac{2k'}{n}} + \ldots\right).$$

Le premier terme conduit, comme il convient, à la valeur limite $-\gamma$, comme il apparaît déjà par l'expression asymptotique trouvée dès le début du tome I (p. 27)

$$\left(\frac{2\omega}{\pi}\right)^2 = \frac{2g_2}{9g_3} = \frac{1}{3\gamma}.$$

D'autre part, la partie principale de Δ est

$$\Delta = \left(\frac{\pi}{\omega}\right)^{12} q^2 + \ldots,$$

que l'on doit comparer à l'expression (47)

$$\Delta = 2^4.3^3\gamma^3\varepsilon + \ldots.$$

Il en résulte

$$(91) \qquad q^2 = \frac{1}{4}\,\frac{\varepsilon}{(12\gamma)^3} + \ldots,$$

$$p\,\frac{2k\omega + 2k'\omega'}{n} + \gamma = -12\gamma\left[\frac{1}{4}\,\frac{\varepsilon}{(12\gamma)^3}\right]^{\frac{k'}{n}} e^{\frac{2ki\pi}{n}} + \ldots,$$

sous la réserve que le nombre positif k' ne dépasse pas $\frac{1}{2}(n-1)$.

De même que, dans les cas $n=5$ ou $n=7$, on peut toujours distinguer, dans chaque groupe a, b, c, ..., une fonction $\wp$ portant sur un argument de la forme $\frac{2(\omega'+\mu\omega)}{n}$, et le nombre μ caractérise le groupe. Les arguments, dans ce groupe, ont ainsi la forme $\frac{2r(\omega'+\mu\omega)}{n}$, r prenant les valeurs 1, 2, ..., $\frac{1}{2}(n-1)$. Pour le premier d'entre eux, k' est égal à l'unité et $k=\mu$. Si l'on pose donc

$$(92)\qquad \alpha_0 = -12\gamma \sqrt[n]{\frac{1}{4}\,\frac{\varepsilon}{(12\gamma)^3}},$$

on a manifestement

$$(93)\qquad x_\mu + \tfrac{1}{2}(n-1)\gamma = \alpha_0 e^{\frac{2\mu i\pi}{n}} + \ldots.$$

Quant à la racine x, qui correspond aux multiples de $\frac{2\omega}{n}$, elle donne lieu à un calcul un peu différent. En supposant $u=\frac{2k\omega}{n}$, on a, par la même série trigonométrique (t. I, p. 426), limitée au premier terme

$$\wp\frac{2k\omega}{n} = \left(\frac{\pi}{\omega}\right)^2\left(-\frac{\eta\omega}{\pi^2} + \frac{1}{4\sin^2\frac{k\pi}{n}} - 2q^2\cos\frac{2k\pi}{n}\right).$$

En prenant $k=1, 2, \ldots, \frac{1}{2}(n-1)$, faisant la somme et remplaçant $\eta\omega$ par l'expression (90), on obtient

$$x = \left(\frac{\pi}{\omega}\right)^2\left(S - \frac{n-1}{24}\pi^2 + nq^2\right),$$

où S désigne la somme

$$S = \frac{1}{4}\sum\frac{1}{\sin^2\frac{k\pi}{n}},$$

qu'il n'est pas besoin de chercher, puisque nous connaissons déjà la valeur limite de $\left(\frac{\pi}{\omega}\right)^2$ et de x. On a donc

$$x = \frac{1}{12\gamma}\left(\frac{\pi}{\omega}\right)^2\left[\frac{1}{2}n(n-1)\gamma + 12n\gamma q^2\right].$$

Employant maintenant la série suivant laquelle se développe g_2(t. I, p. 446), la limitant au terme en q^2 et mettant $12\gamma^2$ au lieu de g_2, on a

$$\left(\frac{2\omega}{\pi}\right)^4 (3\gamma)^2 = 1 + 2^4.3.5q^2 + \ldots.$$

On en conclut

$$\frac{1}{12\gamma}\left(\frac{\pi}{\omega}\right)^2 = 1 - 2^3.3.5q^2\ldots;$$

par conséquent

$$x = \tfrac{1}{2}n(n-1)\gamma - 12n(5n-6)\gamma q^2 + \ldots.$$

Enfin, suivant la relation (91),

$$(94) \qquad x = \frac{1}{2}n(n-1)\gamma - \frac{1}{4}n(5n-6)\frac{\varepsilon}{(12\gamma)^2} + \ldots.$$

C'est effectivement ce qu'on a trouvé tout autrement (49) pour le cas $n = 7$.

Les deux relations (93), (94) fournissent, entre les coefficients de la résolvante en x, deux conditions. Sans y insister, nous remarquerons qu'elles suffiraient, par conséquent, à compléter, dans le cas $n = 7$, cette résolvante dont deux termes seulement ne sont pas, à l'avance, déterminés au moyen de la forme symbolique (89).

Revenons à l'égalité (93) pour en conclure une propriété du discriminant de la résolvante en x, ainsi que nous l'avons fait, au cas $n = 7$ (p. 73). Nous avons n racines dont les différences mutuelles sont infiniment petites, du même ordre que α_0. Le carré du produit de ces différences donne le facteur α_0 avec l'exposant $n(n-1)$, c'est-à-dire, suivant (92), ε avec l'exposant $n-1$. Le discriminant contient donc le facteur Δ^{n-1}.

On peut aller plus loin en cherchant la partie principale de ce discriminant. Par le même raisonnement que plus haut (p. 73), on voit que cette partie principale est un carré, sauf un facteur numérique, $(-1)^{\frac{1}{2}n(n-1)}n^n$, discriminant de l'équation binôme du $n^{\text{ième}}$ degré.

Le discriminant de la résolvante contient d'autres facteurs : son degré doit être, en effet, $n(n+1)$, d'après l'homogénéité; tandis que Δ^{n-1} est seulement du degré $6(n-1)$. Le facteur qui subsiste est donc du degré $n(n+1)-6(n-1)=(n-2)(n-3)$. C'est un polynôme entier en g_2 et g_3, que l'on peut décomposer ainsi

$$g_2^p g_3^q (g_3 - A g_2\sqrt{g_2})^r (g_3 + A g_2\sqrt{g_2})^r \ldots.$$

Supposons infiniment petit un de ces facteurs, que nous désignerons par β.

Soit X la valeur limite, commune à plusieurs racines x, au nombre de m, quand β s'évanouit. Prenons une de ces racines x et envisageons le développement de $x-X$ suivant les puissances ascendantes de β. Ce développement, comme on sait par une théorie classique, peut contenir des puissances, à exposants fractionnaires, de β.

Soit m le plus petit commun dénominateur des exposants et soit posé $\beta=\beta'^m$. Le développement de $x-X$ contient seulement des puissances de β', à exposants entiers ; pour chaque valeur de β, il y a m valeurs de β' et autant de valeurs correspondantes de $x-X$: il y a donc m racines x représentées par le même développement.

En même temps, les autres fonctions symétriques x', x'', ..., qui s'expriment rationnellement par g_2, g_3 et x, se développent aussi suivant les puissances ascendantes de β', à exposants entiers et chacune d'elles présente m valeurs qui sont égales entre elles quand β s'évanouit. Parmi les $n+1$ équations (88), il en est donc m qui coïncident entre elles pour $\beta=0$.

Mais, sauf le cas $\Delta=0$, les $\frac{1}{2}(n^2-1)$ valeurs de a, b, ... sont toutes différentes.

Donc le nombre m est nécessairement égal à l'unité. Ainsi, pour chaque racine multiple X, d'ordre μ, on a μ développements de $x-X$, distincts entre eux, suivant les puissances ascendantes de β, à exposants entiers. Dans le produit des carrés des différences des racines x, β apparaît donc avec un exposant pair. De là cette conclusion, où l'on tient compte de ce que Δ^{n-1} est lui-même un carré, n étant impair : *sauf le facteur*

$$(-1)^{\frac{1}{2}n(n-1)}n,$$

le discriminant de la résolvante est le carré d'un polynôme entier en g_2 et g_3, à coefficients commensurables.

Dans ce dernier polynôme, on peut, *a priori*, reconnaître les facteurs g_2 et g_3.

Soit, en général, un polynôme entier en g_2 et g_3, présentant l'homogénéité requise, c'est-à-dire homogène et du degré M, quand on affecte les degrés 2 et 3 à g_2 et g_3. Si ce degré M n'est pas multiple de 6, les facteurs g_2 ou g_3 existent comme il suit :

$$\left.\begin{array}{l} M \equiv 1, \\ M \equiv 2, \\ M \equiv 3, \\ M \equiv 4, \\ M \equiv 5, \end{array}\right\} \pmod 6 \qquad \begin{array}{l} g_2^2 g_3, \\ g_2, \\ g_3, \\ g_2^2, \\ g_2 g_3. \end{array}$$

Ici l'on a $M = \frac{1}{2}(n-2)(n-3)$ et n est premier. Voici donc les cas possibles :

$$\left.\begin{array}{l} n \equiv 1, \\ n \equiv 5, \\ n \equiv 7, \\ n \equiv 11; \end{array}\right\} \pmod{12}, \qquad \left.\begin{array}{l} M \equiv 1, \\ M \equiv 3, \\ M \equiv 4, \\ M \equiv 0; \end{array}\right\} \pmod 6.$$

Ainsi, dans les cas suivants,

$$(95) \qquad \left\{\begin{array}{l} n \equiv 1, \\ n \equiv 5, \\ n \equiv 7, \end{array}\right\} \pmod{12},$$

le discriminant contient les facteurs

$$\begin{array}{l} g_2^{\frac{1}{2}} g_3^{\frac{2}{3}}, \\ g_3^{\frac{2}{3}}, \\ g_2^{\frac{1}{2}}. \end{array}$$

La racine double qui existe, dans l'un quelconque de ces cas, lorsque g_2 ou g_3 s'évanouit, est toujours égale à zéro. Soit d'abord $g_3 = 0$. L'équation en x ne contient plus que des termes de degré pair. Si une racine x est multiple, il en est autant de la racine $-x$. La première, comme on l'a vu plus haut, apporte à la racine carrée du discriminant un facteur g_3^p, d'exposant entier.

La seconde apporte le même facteur. Si donc il existe une racine multiple différente de zéro, à cette racine et à son opposée répond un facteur g_3^{2p} dans la racine carrée du discriminant. Mais ce facteur, s'il existe, rentre dans la forme générale du polynôme en g_2^3 et g_3^2, qui, multiplié par g_3, fournit la racine carrée du discriminant pour les deux premiers cas (95). Le facteur supplémentaire g_3 ne peut appartenir qu'à une racine multiple et nulle. On peut ajouter cette remarque : dans la résolvante, le dernier terme est de degré pair $n+1$. Contenant le facteur g_3, il le contient nécessairement au carré. Ainsi, *quand n a la forme $4n'+1$* (ce sont les deux premiers cas ci-dessus), *le dernier terme de la résolvante contient le facteur g_3^2*, comme on l'a vu pour $n=5$.

Soit, en second lieu, $g_2=0$. Les exposants de x, dans les termes qui subsistent de la résolvante, sont en progression arithmétique de raison égale à 3. Ici (premier et troisième cas ci-dessus) n a la forme $6n'+1$; le premier exposant est $6n'+2$, le dernier est 2. Il existe donc la racine double $x=0$. On peut ajouter la remarque suivante : les racines x, infiniment petites avec g_2, sont infiniment petites d'ordre entier. Le dernier terme de la résolvante, quand g_2 n'est pas nul, contient donc le facteur g_2 avec un exposant supérieur à l'unité. Mais le degré de ce terme est $6n'+2$; donc, *quand n a la forme $6n'+1$, le dernier terme de la résolvante contient le facteur g_2^4*, comme on l'a vu pour $n=7$.

Ces deux remarques, appliquées au cas $n=13$, par exemple, font connaître le facteur $g_3^2 g_2^4$ dans le dernier terme de la résolvante ; ce dernier terme est ainsi connu complètement, son coefficient numérique étant donné par la forme symbolique (89). Ce dernier terme est ainsi

$$-13.6^{14}\gamma^{14} = -13.6^{14}\left(\frac{g_3}{8}\right)^2\left(\frac{g_2}{12}\right)^4 = -13.3^{10} g_3^2 g_2^4.$$

Nous avons à examiner les relations qui lient, entre elles, les quantités a, b, c, d, ..., répondant à une même racine x. Ces relations, dans les cas $n=5$ et $n=7$, ont été trouvées par le théorème d'addition. Il est clair qu'on peut les trouver aussi par les formules de multiplication, en exprimant que b, c, d, ..., sont les valeurs de la fonction $\wp$ pour les arguments doubles, triples, etc. de l'argument correspondant à a. Ainsi, les quantités a, b, c, d, ... sont rationnellement exprimables en fonction de l'une quelconque d'entre elles,

$$b = f_1(a), \qquad c = f_2(a), \qquad d = f_3(a), \qquad \ldots.$$

A ce sujet, la première question est de savoir comment a, b, c, d, ... s'échangent quand on met, à la place de a, une autre de ces quantités, b, c, ..., dans $f_1, f_2, f_3, \ldots$.

Désignons par r une *racine primitive* du nombre premier n, c'est-à-dire un entier tel que ses puissances $1, r, r^2, \ldots, r^{n-2}$ soient, à des multiples près de x, égales aux nombres $1, 2, \ldots, (n-1)$, dans un certain ordre. On sait, par les éléments de l'Arithmétique, qu'il existe de telles racines primitives. Parmi les puissances de r, celle qui a l'exposant $\frac{1}{2}(n-1)$ est égale à l'unité négative -1, quelle que soit la racine primitive r, en sorte que les puissances $1, r, r^2, \ldots, r^{\frac{1}{2}(n-3)}$ reproduisent les nombres $1, 2, \ldots, \frac{1}{2}(n-1)$, *aux signes près*. Comme la fonction $\wp$ est paire, le signe de son argument est indifférent, et l'on peut poser

$$a = \wp\,\frac{2\omega}{n}, \qquad b = \wp\,\frac{2r\omega}{n}, \qquad c = \wp\,\frac{2r^2\omega}{n}, \qquad \ldots, \qquad l = \wp\,\frac{2r^{\frac{1}{2}(n-3)}\omega}{n}.$$

Chaque quantité se déduit de la précédente au moyen de la multiplication de l'argument par r et a se déduit aussi de la dernière, l, de la même manière, puisqu'on a

$$r^{\frac{1}{2}(n-1)} \equiv -1 \pmod{n}, \qquad \frac{2r^{\frac{1}{2}(n-1)}\omega}{n} \equiv -\frac{2\omega}{n}.$$

Il est donc évident que les échanges entre a, b, c, d, ..., ainsi rangés, se font par voie de permutation circulaire.

Cet ordre de a, b, c, d, ... n'est pas unique : il change avec r; mais nous n'examinerons pas comment.

Comme $\wp(ru)$, par la formule de multiplication, s'exprime en fonction rationnelle de $\wp u$, b est une fonction rationnelle de a, c est la même fonction de b, ... Cette propriété, comme on le sait, permet la résolution de l'équation (88) par *radicaux;* chacune des quantités a, b, ... s'exprime explicitement par la somme de radicaux d'indice $\frac{1}{2}(n-1)$. C'est ce qu'on a vu dans le cas $n=7$. Ainsi, *quand une racine x de l'équation résolvante est connue, les quantités correspondantes $a, b, c, \ldots$ sont exprimables par radicaux.*

Quand on considère seulement $a, b, c, d, \ldots$, c'est-à-dire les valeurs de la fonction paire $\wp$, les signes des arguments sont indifférents. Il faut, au contraire, les définir, quand on veut envisager les valeurs de $\wp'$, avec les quantités $\sqrt{\varphi a}, \sqrt{\varphi b}, \ldots$, suivant la notation des Chapitres précédents,

$$\varphi a = 4a^3 - g_2 a - g_3.$$

Pour les nombres premiers n, de la forme $n=4n'-1$ (comme 7, 11, 19, ...), il convient de prendre les arguments précédents, en alternant leurs signes; ce sera donc $\frac{2\omega}{n}$, multiplié successivement par

$$1, \quad -r, \quad r^2, \quad -r^3, \quad \ldots, \quad \text{et} \quad r^{2(n'-1)}.$$

De cette manière, on passe de chacun au suivant en le multipliant par $-r$ et, par cette même multiplication, on passe du dernier au premier, puisque, on l'a déjà dit, $r^{\frac{1}{2}(n-1)}$ reproduit -1 et que $(-1)^{\frac{1}{2}(n-1)}$ est ici égal à -1. Soit alors

$$\wp(ru) = f(\wp u)$$

la formule de multiplication par r. On en déduit

$$\wp'(ru) = \frac{1}{r}\wp' u f'(\wp u)$$

et, par conséquent,

$$b = f(a), \qquad \sqrt{\varphi b} = -\frac{1}{r} f'(a)\sqrt{\varphi a}.$$

En prenant semblablement les formules de multiplication par les divers nombres $1, 2, \ldots, \frac{1}{2}(n-1)$, on exprimera les quantités $\sqrt{\varphi c}, \sqrt{\varphi d}, \ldots$ sous forme du produit de $\sqrt{\varphi a}$ et de fonctions rationnelles de a. On en déduira

$$(96) \qquad \sqrt{\varphi a\, \varphi b \ldots \varphi l} = \mathrm{F}(a)(\sqrt{\varphi a})^{\frac{1}{2}(n-1)} = \mathrm{G}(a)\sqrt{\varphi a},$$

et $G(a)$ est une fonction rationnelle, puisque $\frac{1}{2}(n-3)$ est un nombre pair. Le produit

$$\varphi a.\varphi b.\varphi c\ldots\varphi l = X, \tag{97}$$

symétrique par rapport aux racines de (88), est une fonction rationnelle de x. En permutant circulairement les lettres, *on a, pour le cas* $n = 4n' - 1$,

$$G(a)\sqrt{\varphi a} = G(b)\sqrt{\varphi b}\ldots = \sqrt{X}, \tag{98}$$

où G *et* X *désignent des fonctions rationnelles.*

Pour les nombres premiers n, de la forme $4n' + 1$, cette analyse ne peut être employée : quel que soit le choix des arguments, ils ne s'échangent point entre eux par voie de permutation circulaire. Nous allons le montrer.

Désignons par $\alpha, \beta, \ldots, \lambda$ des quantités, toutes égales à ± 1, chacune avec un signe déterminé. Les arguments, de quelque manière qu'on les choisisse, seront entre eux comme les nombres 1, 2, ..., $\frac{1}{2}(n-1)$, multipliés respectivement par $\alpha, \beta, \ldots, \lambda$. Soient $\sqrt{\varphi a}, \sqrt{\varphi b}, \ldots$ pris avec les signes qui se rapportent au choix 1, 2, ..., $\frac{1}{2}(n-1)$. Pour le choix adopté, on devra prendre $\alpha\sqrt{\varphi a}$, $\beta\sqrt{\varphi b}, \ldots, \lambda\sqrt{\varphi l}$. Multiplions tous les arguments par un même nombre entier m. Soit r un des nombres 1, 2, ..., $\frac{1}{2}(n-1)$. Le produit mr, aux multiples près de n, est égal, soit à r', soit à $n - r'$, r' désignant un autre nombre de la même suite 1, 2, ..., $\frac{1}{2}(n-1)$. La quantité c, qui se rapporte à l'argument $\frac{2r\omega}{n}$ est remplacée par une autre c', se rapportant à l'argument $\frac{2r'\omega}{n}$; $\gamma\sqrt{\varphi c}$ est remplacé par $\pm\gamma\sqrt{\varphi c'}$, avec le signe *plus* ou *moins*, suivant que mr a la forme r' ou la forme $n - r'$. Disons que $\gamma\sqrt{\varphi c}$ est remplacé par $\gamma_1\gamma\sqrt{\varphi c'}$.

S'il y a permutation circulaire pour le choix des arguments adoptés, les formules (98) ont lieu, sauf multiplication des premiers membres par $\alpha, \beta, \ldots, \lambda$. Il en résulte que les diverses quantités $\gamma_1\gamma\sqrt{\varphi c'}$ doivent reproduire les diverses quantités $\gamma\sqrt{\varphi c}$, soit telles quelles, soit changées de signe, toutes à la fois; en d'autres termes, on a $\gamma_1\gamma = \varepsilon\gamma'$, la quantité ambiguë $\varepsilon = \pm 1$ étant la même pour chacun des nombres r considérés. Il y a $\frac{1}{2}(n-1)$ de ces derniers. Le produit des quantités γ_1 est donc égal à $\varepsilon^{\frac{1}{2}(n-1)}$.

Tout ce raisonnement s'applique aux deux cas $n = 4n' \pm 1$; c'est maintenant que les deux cas se distinguent. On sait, par les éléments de la théorie des nombres, qu'on peut choisir m, de telle sorte que le produit des quantités γ_1 soit, à volonté, $+1$ ou -1. C'est $+1$, quand m est résidu quadratique de n; c'est -1, quand m est non-résidu. Or, si n a la forme $4n' + 1$, $\varepsilon^{\frac{1}{2}(n-1)}$ est toujours égal à $+1$. L'hypothèse, en ce cas, est donc impossible et c'est ce qu'on voulait prouver.

Dans les deux cas $n = 4n' \pm 1$, quand on a choisi, pour lui assigner la lettre initiale a, l'une des racines de l'équation (88) et qu'en outre on a pris *ad libitum* le signe de $\sqrt{\varphi a}$, les autres quantités $b, c, \ldots \sqrt{\varphi b}, \sqrt{\varphi c}, \ldots$ sont entièrement déterminées, en fonction rationnelle de a et de $\sqrt{\varphi a}$, par les formules de multiplication. Ce système $a, b, c, \ldots, \sqrt{\varphi a}, \sqrt{\varphi b}, \sqrt{\varphi c}, \ldots, x$ étant donné, a ainsi $n-1$ déterminations distinctes, tenant au choix de a et à celui du signe devant $\sqrt{\varphi a}$.

Dans le cas $n = 4n' - 1$, si l'on se donne *a priori* le signe de $\sqrt{X}$, on fixe, par là même, le signe de $\sqrt{\varphi a}$, et le système n'a plus que $\frac{1}{2}(n-1)$ déterminations. Se donner ainsi le signe de $\sqrt{X}$, c'est ce qu'on appelle *s'adjoindre* l'irrationnelle $\sqrt{X}$: par cette *adjonction* le nombre des valeurs du système est réduit de moitié.

Dans le cas $n = 4n' + 1$, une réduction analogue s'obtient aussi, mais différemment. Reprenons l'égalité (96) en observant que $\frac{1}{2}(n-1)$ est alors pair, pour en conclure

$$G(a) = \sqrt{X},$$

G désignant encore une fonction rationnelle et X la fonction (97). Permutant les lettres, on a $\sqrt{\varphi b}, \ldots, \sqrt{\varphi l}, -\sqrt{\varphi a}$ au lieu de $\sqrt{\varphi a}, \ldots, \sqrt{\varphi l}$. On en conclut

$$(99)\qquad \sqrt{X} = G(a) = -G(b) = G(c) = -G(d) = \ldots.$$

Si l'on se donne *a priori* le signe de $\sqrt{X}$, une quelconque des racines ne peut plus être prise pour a : le choix ne porte plus que sur la moitié de ces racines, celles pour qui la fonction G est égale à $\sqrt{X}$, tandis que les autres donnent, pour G, la valeur $-\sqrt{X}$. Il y a donc à choisir seulement $\frac{1}{4}(n-1)$ valeurs pour a; le signe de $\sqrt{\varphi a}$ est ensuite *ad libitum*. Ainsi, dans le cas $n = 4n' + 1$, le nombre des valeurs du système $a, b, \ldots, \sqrt{\varphi a}, \sqrt{\varphi b}, \ldots$ est réduit de moitié par l'adjonction de la même irrationnelle que dans le cas $n = 4n' - 1$. Mais, dans un cas, la réduction porte sur les valeurs de $\sqrt{\varphi a}, \sqrt{\varphi b}, \ldots$; dans l'autre, sur celles de $a, b, c, \ldots$.

Nous abordons maintenant l'étude de la manière suivant laquelle, deux racines x et x_0 de la résolvante étant données, les autres s'en déduisent. Nous supposerons, pour le raisonnement, les arguments de $a, b, c, \ldots$ choisis, dans tous les cas, comme il a été dit pour le cas $n = 4n' - 1$, c'est-à-dire en progression arithmétique de raison $-r$, r étant une racine primitive de n. C'est pour l'uniformité que nous adoptons ce choix; car, au cas $n = 4n' + 1$, la raison r ou la raison $-r$ reviennent au même, puisqu'alors $-r$ est racine primitive comme r.

Les deux systèmes $a, b, \ldots, \sqrt{\varphi a}, \sqrt{\varphi b}, \ldots$ et $a_0, b_0, \ldots, \sqrt{\varphi a_0}, \sqrt{\varphi b_0}, \ldots$ ont chacun $(n-1)$ déterminations; nous choisissons l'une d'elles et, par les formules d'addition, nous composons les systèmes analogues, correspondant aux autres racines. En désignant par $\frac{2\omega}{n}$ l'argument de a et $\sqrt{\varphi a}$, par $\frac{2\omega'}{n}$ celui de a_0 et $\sqrt{\varphi a_0}$, nous définissons a_μ et $\sqrt{\varphi a_\mu}$ par l'argument w_μ,

$$w_\mu = \frac{2(\omega' + \mu\omega)}{n}.$$

Tous les autres arguments se déduisent de là suivant la loi qu'on vient de rappeler. De cette manière, on trouve $a_1, b_1, c_1, \ldots \sqrt{\varphi a_1}, \sqrt{\varphi b_1}, \sqrt{\varphi c_1}, \ldots$ exactement par les mêmes formules (36, 38) que dans la division par 7. En additionnant $a_1, b_1, c_1, \ldots$ on obtient x_1 exprimé rationnellement par $a_1, b_1, \ldots a_0, b_0, \ldots \sqrt{\varphi a}, \ldots$, c'est-à-dire x_1 exprimé *explicitement* en fonction de x et de x_0

par radicaux, puisqu'il en est ainsi de a_1, b_1, ... Ainsi, *en fonction de deux racines de l'équation résolvante, on peut exprimer explicitement les autres racines par radicaux.* Nous disons *les autres;* il est évident, en effet, que l'ambiguïté des systèmes a, b, ... se reproduit dans l'expression de x_1, de manière à fournir toute autre racine x_μ par la même formule : c'est l'examen de cette ambiguïté qui va précisément nous occuper.

On peut remplacer, dans w_μ, le nombre μ par un autre, donnant le même reste que μ dans la division par n. On peut admettre la même généralisation dans les indices de x, a, b, ..., mettre indifféremment, par exemple, les indices -1, -2, ... au lieu de $n-1$, $n-2$. C'est ce que nous ferons.

A l'égard de la permutation remplaçant a, b, ... par b, c, ..., on peut réunir les deux cas $n = 4n' \pm 1$, en disant que $\sqrt{\varphi a}$, ..., $\sqrt{\varphi b}$ sont remplacés par $\sqrt{\varphi b}$, ..., et $(-1)^{\frac{1}{2}(n-3)}\sqrt{\varphi a}$. Si l'on fait cette substitution dans les équations (36, 38), les arguments qui répondent à a_1 et $\sqrt{\varphi a_1}$, à b_1 et $\sqrt{\varphi b_1}$, ..., sont successivement

$$\frac{2(\omega'-r\omega)}{n},\quad \frac{-2r(\omega'-r\omega)}{n},\quad \frac{2r^2(\omega'-r\omega)}{n},\quad \ldots,$$

c'est-à-dire w_{-r}, $-rw_{-r}$, r^2w_{-r}, ... Le dernier enfin est égal à

$$\frac{2}{n}\left[(-r)^{\frac{1}{2}(n-3)}\omega'-(-1)^{\frac{1}{2}(n-3)}\omega\right].$$

Mais on a

$$(-r)^{\frac{1}{2}(n-1)}\equiv(-1)^{\frac{1}{2}(n-3)}\pmod{n},$$

en sorte que ce dernier argument est égal, sauf une période, à

$$\frac{2}{n}(-r)^{\frac{1}{2}(n-3)}(\omega'-r\omega)=(-r)^{\frac{1}{2}(n-3)}w_{-r}.$$

Ainsi, en permutant une fois le système a, b, ..., on obtient, par les formules, a_{-r}, b_{-r}, ... au lieu de a_1, b_1, ... En permutant plusieurs fois le même système, on obtient des systèmes a_μ, b_μ, ..., toujours dans l'ordre a, b, ..., avec les valeurs 1, $-r$, r^2, ... $(-r)^{\frac{1}{2}(n-3)}$ de l'indice μ. Si, dans toutes ces formules, on change les signes de $\sqrt{\varphi a}$, $\sqrt{\varphi b}$, ..., on obtient, encore dans l'ordre a, b, ..., les $\frac{1}{2}(n-1)$ autres systèmes correspondant aux autres valeurs de l'indice μ. Tous les systèmes a_μ, b_μ, .. sont ainsi obtenus par la seule permutation du système a, b, ...

La permutation du système a_0, b_0, ... remplace, de même, l'argument w_1 par

$$\frac{2(-r\omega'+\omega)}{n} = \frac{-2r\left[\omega'+r^{\frac{1}{2}(n-3)}\omega\right]}{n},$$

en sorte que les formules (36) donnent, au lieu de a_1, la quantité b avec l'indice $r^{\frac{1}{2}(n-3)}$, et, avec ce même indice, c au lieu de b_1, ... Une seconde permutation donne, avec l'indice r^{n-3}, c au lieu de a_1, ... Si maintenant on ajoute a_1, b_1, ... pour former x_1, voici les résultats : la permutation du système a, b, ... a pour effet de multiplier l'indice x_μ par $-r$; celle du système a_0, b_0, ... a pour effet de multiplier cet indice par $r^{\frac{1}{2}(n-3)}$. En outre, le changement du signe de $\sqrt{\varphi a}$, $\sqrt{\varphi b}$, ..., ou de $\sqrt{\varphi a_0}$, $\sqrt{\varphi b_0}$, ... se traduit aussi par un changement de signe pour l'indice de x_μ. On peut exprimer les mêmes conclusions en termes plus frappants, comme il suit : *La permutation du système a, b, ... multiplie l'indice par $-r$; celle du système a_0, b_0, ... multiplie l'indice par $-\frac{1}{r}$: le changement du signe de $\sqrt{\varphi a}$, ..., ou de $\sqrt{\varphi a_0}$, multiplie l'indice par* -1. Il est, en effet, convenu que la notation des congruences s'étend aux fractions, en sorte que l'on peut écrire indifféremment

$$r^{\frac{1}{2}(n-1)} \equiv -1 \quad \text{ou} \quad r^{\frac{1}{2}(n-3)} \equiv -\frac{1}{r} \pmod{n}.$$

Si avec x on s'adjoint $\sqrt{X}$, on peut, au cas $n = 4n' - 1$, permuter le système a, b, ..., mais non changer les signes de $\sqrt{\varphi a}$, ... Il reste donc seulement les substitutions dans lesquelles les indices μ sont multipliés par 1, $-r$, r^2, ... Ces derniers sont les *résidus quadratiques* de n. Mais les puissances de $-\frac{1}{r}$ sont ces mêmes résidus. Ainsi, au cas $n = 4n' - 1$, si l'on s'adjoint $\sqrt{X}$ et

$\sqrt{X_0}$, il reste seulement les substitutions qui multiplient les indices par un résidu quadratique. On parvient évidemment au même résultat en s'adjoignant seulement le produit $\sqrt{X}\sqrt{X_0}$: ceci résulte des formules mêmes, où chaque quantité $\sqrt{\varphi a}$ apparaît toujours multipliée par une analogue $\sqrt{\varphi a_0}$. On peut le reconnaître aussi comme il suit : soit $\varepsilon = 1$ ou $\varepsilon = -1$ suivant qu'on change, ou non, les signes de $\sqrt{\varphi a}$, ... Un changement dans le système a, b, ... a pour effet de multiplier l'indice par $(-r)^k\varepsilon$. Un changement dans le système a_0, b_0, ... multiplie ce même indice par $\left(-\frac{1}{r}\right)^n\varepsilon$. La quantité ambiguë ε est la même, de part et d'autre, puisque le signe de $\sqrt{X}\sqrt{X_0}$ doit rester invariable. Dans la multiplication, qui résulte de là, ε disparaît donc.

Au cas $n = 4n' + 1$, l'adjonction de $\sqrt{X}$ laisse subsister seulement la permutation où a, b, c, d, e, f est remplacé par c, d, e, f, ... et celles qui en dérivent; à quoi il faut joindre le changement des signes de $\sqrt{\varphi a}$, ... Il reste donc la multiplication de l'indice par r^2, par $-r^2$, et par leurs puissances. Ici encore, ces nombres et leurs inverses sont les résidus quadratiques de n, et la conclusion est, de tout point, la même que dans le cas précédent

Nous allons voir maintenant l'expression définitive et extrêmement simple de cette irrationnelle adjointe $\sqrt{XX_0}$. Considérons les racines x_μ, à l'exception de x et de x_0, et prenons leurs différences deux à deux. Soit $(\mu, \nu) = x_\mu - x_\nu$ une de ces différences. Si $\mu + \nu$ n'est pas congru à zéro, nous pouvons grouper ensemble les quatre différences (μ, ν), $(-\mu, -\nu)$, $(\mu, -\nu)$, $(-\mu, \nu)$. Nous avons des groupes A de quatre différences; le nombre de ces groupes A est $\frac{1}{8}(n-1)(n-3)$. En outre, nous avons $\frac{1}{2}(n-1)$ différences B, de la forme $(\mu, -\mu)$.

Chacune des substitutions que nous avons à considérer s'effectue en multipliant les indices par un même nombre. Dans ces substitutions, la distinction des différences, sous les noms A et B, est respectée. Un groupe A se change en un autre groupe A', une différence B en une autre différence B'.

Le produit de toutes les différences constituant les groupes A demeure invariable par toutes les substitutions considérées, sans adjonction de $\sqrt{X}$ ni de $\sqrt{X_0}$. C'est dire que les formules font apparaître ce produit comme contenant $a, b, \ldots, a_0, b_0, \ldots$ sous la forme rationnelle seulement, et de telle sorte que ce produit reste invariable par les permutations circulaires de $a, b, \ldots$ et de $a_0, b_0, \ldots$. Il suffit d'ailleurs de se reporter aux formules pour vérifier l'exactitude de ce fait. Ce produit peut donc s'exprimer sous la forme $F(a, a_0)$, où F est une fonction rationnelle; mais on peut, indifféremment aussi, remplacer, séparément, a et a_0 par $b, c, \ldots$ ou $b_0, c_0, \ldots$. C'est donc une fonction symétrique, séparément, de $a, b, c, \ldots$, ainsi que de $a_0, b_0, c_0, \ldots$, et, par suite, une fonction rationnelle de x et de x_0.

Le produit des différences B n'a pas la même propriété. On a, par exemple,

$$x_{-1} - x_1 = 2\left[\frac{\sqrt{\varphi a_0}\sqrt{\varphi a}}{(a_0 - a)^2} + \frac{\sqrt{\varphi b_0}\sqrt{\varphi b}}{(b_0 - b)^2} + \ldots\right],$$

et, de même, chaque différence B contient, à tous ses termes, le produit d'une quantité $\sqrt{\varphi a}, \ldots$ par une quantité $\sqrt{\varphi a_0}, \ldots$. Dans le cas $n = 4n' - 1$, chacune de ces différences, en vertu des égalités (98), apparaît donc comme formée du produit de $\sqrt{XX_0}$ par une fonction rationnelle de $a, \ldots, a_0, \ldots$. Le nombre de ces différences est $\frac{1}{2}(n-1)$, nombre impair : c'est donc le produit de $\sqrt{XX_0}$ par une fonction rationnelle. Cette dernière reste inaltérée par les permutations des deux systèmes $a, b, \ldots$ et $a_0, b_0, \ldots$. Donc, enfin, le produit des différences B est égal à une fonction rationnelle de x et de x_0, multipliée par $\sqrt{XX_0}$. C'est aussi ce qu'on peut trouver en observant que le produit de différences

$$(-1, 1)(r, -r)(-r^2, r^2)\ldots,$$

en ce cas $n = 4n' - 1$, reste inaltéré quand on multiplie tous les indices par $-r$ ou par $-\frac{1}{r}$, mais que, le nombre des facteurs étant impair, ce produit échange son signe quand on multiplie tous les indices par -1.

Ce dernier mode de raisonnement peut servir aussi dans le cas $n = 4n' + 1$, où la multiplication par -1 laisse ce produit inaltéré; il en est autant de la multiplication par $r^2, r^4, \ldots$, tandis que la multiplication par $-r$ échange le signe : en effet, le dernier facteur se change en $(1, -1)$, tandis que chacun des autres se change en celui qui le suit. Le même fait a lieu pour $\sqrt{X}$, comme on l'a vu par les équations (99). Le produit considéré est donc égal à $\sqrt{X}$ multiplié par une fonction de a, b, ..., inaltérable dans toutes les substitutions envisagées. Il est de même le produit de $\sqrt{X_0}$ par une pareille fonction de a_0, b_0, ... Donc enfin, *dans les deux cas* $n = 4n' \pm 1$, *le produit des différences* B *est égal à* $\sqrt{XX_0}$ *multiplié par une fonction rationnelle de* x *et de* x_0, *et, par suite, il en est autant du produit de toutes les différences* A *et* B.

Soit $\Phi(x)$ le premier membre de la résolvante en x. En multipliant le produit précédent par $\frac{\Phi'(x)\Phi'(x_0)}{x - x_0}$, on obtient le produit de toutes les différences des racines x, x_0, ..., x_μ, prises deux à deux. C'est la racine carrée du discriminant de la résolvante. Or on a vu que cette racine carrée est rationnelle, sauf le facteur $\sqrt{(-1)^{\frac{1}{2}(n-1)}n}$. En conséquence, $\sqrt{XX_0}$ *est le produit d'une fonction rationnelle de* g_2, g_3, x, x_0, *à coefficients entiers, par la seule irrationnelle* $\sqrt{(-1)^{\frac{1}{2}(n-1)}n}$.

Les résultats qu'on vient d'établir permettent de reconnaître rapidement si une fonction donnée de x_1, x_2, ... peut être exprimée rationnellement en x et x_0. Cherchons, par exemple, à accoupler les indices, de telle sorte que la combinaison

$$x_\alpha x_\beta + x_\gamma x_\delta + \ldots \tag{100}$$

puisse s'exprimer ainsi. En multipliant tous les indices par un même résidu quadratique, on devra reproduire les mêmes couples, dans un ordre d'ailleurs quelconque. Il faut donc, en premier lieu, que l'on ait

$$\beta \equiv \rho\alpha, \qquad \delta \equiv \rho\gamma, \qquad \ldots \pmod{n};$$

en d'autres termes, que le rapport des indices, dans chaque couple, soit constant. Si le rapport constant ρ est *résidu*, α et $\rho\alpha$ sont, en même temps, tous deux *résidus* ou tous deux *non-résidus*. Chaque couple est alors composé de deux résidus ou de deux non-résidus. Ceci n'est possible que dans le cas où n a la forme $4n' + 1$, puisque le nombre des résidus, égal à $\frac{1}{2}(n-1)$, doit aussi être pair. Soit h le plus petit exposant positif donnant $\rho^h \equiv 1 \pmod{n}$. On aura nécessairement les couples d'indices

$$(1, \rho), \quad (\rho, \rho^2), \quad (\rho^2, \rho^3), \quad \ldots, \quad (\rho^{h-2}, \rho^{h-1}), \quad (\rho^{h-1}, 1);$$

d'où la condition $\rho \equiv \rho^{h-1}$, c'est-à-dire $\rho^2 \equiv 1$ et, par conséquent, $\rho \equiv -1$. La seule combinaison possible est donc

$$(101) \qquad x_1 x_{-1} + x_2 x_{-2} + \ldots,$$

qui reste inaltérée quand on multiplie tous les indices par un nombre quelconque, résidu ou non. C'est donc une fonction rationnelle de x et de x_0, de g_2 et de g_3, à coefficients entiers, sans adjonction de $\sqrt{n}$. Nous l'avons considérée déjà au cas $n = 5$. Elle a évidemment la même propriété quand n a la forme $4n' - 1$; mais -1 est alors un non-résidu, et elle rentre dans la catégorie qui reste à examiner, celle où ρ est non-résidu.

Ce second cas n'offre aucune difficulté. On prendra tous les résidus $\alpha, \alpha', \alpha'', \ldots$. A chacun d'eux on adjoindra son produit par ρ, formant ainsi tous les non-résidus. Les $\frac{1}{2}(n-1)$ couples, obtenus de la sorte, constituent, pour chaque ρ, un ensemble unique, satisfaisant aux conditions requises. Si, en effet, on multiplie tous les α par un même résidu m, on reproduit les α dans un autre ordre. Chaque couple $(\alpha, \rho\alpha)$ se change alors en un des autres $(\alpha', \rho\alpha')$. On a donc bien une fonction rationnelle de x, x_0, g_2, g_3 et de $\sqrt{\pm n}$. L'adjonction de cette irrationnelle est indispensable. Si, en effet, on change le signe de cette irrationnelle, il faut, en même temps, multiplier tous les indices par un non-résidu m'. Dans cette multiplication, $m'\alpha$ est non-résidu et $m'\rho\alpha$ est résidu. Soit donc $m'\rho\alpha = \beta$. Le couple $(\alpha, \rho\alpha)$ se change en celui-ci $\left(\beta, \frac{1}{\rho}\beta\right)$, de même définition, mais répondant, non plus à ρ, mais à $\frac{1}{\rho}$. Ainsi, *avec chaque non-résidu ρ, on peut former une combinaison unique* (100), *qui soit une fonction rationnelle de x, x_0, g_2, g_3; les coefficients de cette fonction sont des nombres entiers, sauf l'irrationnelle $\sqrt{n(-1)^{\frac{1}{2}(n-1)}}$. La combinaison semblable, for-*

mée avec $\frac{1}{\rho}$, se déduit de la précédente par le changement du signe de cette unique irrationnelle.

Pour avancer encore dans l'étude de ces fonctions, examinons ce qu'elles deviennent si l'on y échange x et x_0. Parmi les changements d'indice qui correspondent à cet échange, figure celui de chaque indice en son inverse. En effet, l'échange de a et $\sqrt{\varphi a}$ avec a_0 et $\sqrt{\varphi a_0}$ remplace

$$w_\mu = \frac{2(\omega' + \mu\omega)}{n}$$

par

$$\frac{2(\mu\omega' + \omega)}{n} = \frac{2\mu\left(\omega' + \frac{1}{\mu}\omega\right)}{n} = \mu w_{\frac{1}{\mu}}.$$

En considérant toutes les substitutions qui peuvent être faites sans échanger x et x_0, on voit que, de la manière la plus générale, l'échange de x et de x_0 se traduit par le changement de μ en $\frac{\nu}{\mu}$, ν étant un nombre indépendant de μ.

Il importe de savoir si, dans ces échanges, le signe de l'irrationnelle adjointe doit être conservé ou changé. Examinons cette question pour le changement de μ en $\frac{1}{\mu}$. Considérons, de nouveau, pour ce but, les produits de différences, comme nous l'avons fait précédemment (p. 115). Parmi les groupes A, on peut distinguer ceux où l'on a $\mu\nu \equiv 1$; le produit des quatre différences d'un tel groupe reste inaltéré par le changement de chaque indice en son inverse. A chaque autre groupe A, on peut adjoindre celui qui lui correspond par les conditions $\mu\mu' \equiv 1$, $\nu\nu' \equiv 1$. On voit donc que le produit de toutes les différences A reste inaltéré. Parmi les différences B, on peut également adjoindre à $(\mu, -\mu)$ cette autre $\left(\frac{1}{\mu}, -\frac{1}{\mu}\right)$, et le produit en reste inaltéré. La différence $(1, -1)$ fait exception, mais elle reste inaltérée elle-même. Enfin, s'il existe un nombre μ satisfaisant à la condition $\mu^2 \equiv -1 \pmod{n}$, la différence $(\mu, -\mu)$ se reproduit, changée de signe. Ceci arrive si n a la forme $4n' + 1$, et dans ce cas seulement. Le produit des différences A et B se multiplie donc par $(-1)^{\frac{1}{2}(n-3)}$. Or nous avons vu que ce produit, multiplié par $x - x_0$ et par une fonction symétrique de x et de x_0, est égal à l'irrationnelle considérée. Comme $x - x_0$, dans la substitution, échange son signe, on peut conclure ainsi : *quand, échangeant x et x_0, on remplace chaque indice par son inverse, on doit, en même temps, multiplier l'irrationnelle* $\sqrt{n(-1)^{\frac{1}{2}(n-1)}}$ *par* $(-1)^{\frac{1}{2}(n-1)}$.

Considérons la fonction (100), formée avec le non-résidu ρ, nous avons

$$x_\alpha x_{\rho\alpha} + x_\gamma x_{\rho\gamma} + \ldots = \psi(x, x_0) + \chi(x, x_0)\theta,$$

$$\theta = \sqrt{n(-1)^{\frac{1}{2}(n-1)}}.$$

La fonction analogue, formée avec $\frac{1}{\rho}$, a l'expression conjuguée

$$x_\alpha x_{\frac{\alpha}{\rho}} + x_\gamma x_{\frac{\gamma}{\rho}} + \ldots = \psi(x, x_0) - \chi(x, x_0)\theta.$$

Prenons les inverses $\frac{1}{\alpha}$ et $\frac{1}{\rho\alpha}$ des indices accouplés dans la première combinaison. Comme $\frac{1}{\alpha}$ est résidu ainsi que α, le couple $\left(\frac{1}{\alpha}, \frac{1}{\rho\alpha}\right)$ est un de ceux qui se présentent dans la seconde combinaison. On passe donc ainsi de la première à la seconde par le changement de l'indice en son inverse. Ce changement, on vient de le voir, doit être accompagné de l'échange de x et x_0 et de la multiplication de θ par $(-1)^{\frac{1}{2}(n-1)}$. On a donc

$$\psi(x, x_0) - \chi(x, x_0)\theta = \psi(x_0, x) + (-1)^{\frac{1}{2}(n-1)}\chi(x_0, x)\theta;$$

d'où résulte, les fonctions ψ et χ étant rationnelles, à coefficients entiers,

$$\psi(x, x_0) = \psi(x_0, x), \qquad \chi(x, x_0) = (-1)^{\frac{1}{2}(n-3)}\chi(x_0, x).$$

En conséquence, ψ est symétrique en x et x_0 ; χ est symétrique aussi, sauf, dans le cas $n = 4n' + 1$, le facteur $x - x_0$.

Exemples. — Nous mettons, pour abréger, une seule lettre f, ψ, ... qui représentera une fonction rationnelle de x, x_0, g_2, g_3, à coefficients entiers, et symétrique en x, x_0.

$n = 5$; résidus 1, 4 ; non-résidus 2, 3.

$$x_1x_4 + x_2x_3 = f,$$
$$x_1x_2 + x_4x_3 = \psi + (x - x_0)\psi_1\sqrt{5},$$
$$x_1x_3 + x_4x_2 = \psi - (x - x_0)\psi_1\sqrt{5}.$$

$n = 7$; résidus 1, 2, 4 ; non-résidus 3, 5, 6.

$$x_1x_6 + x_2x_5 + x_4x_3 = f,$$
$$x_1x_3 + x_2x_6 + x_4x_5 = \psi + \psi_1\sqrt{-7},$$
$$x_1x_5 + x_2x_3 + x_4x_6 = \psi - \psi_1\sqrt{-7}.$$

$n = 11$; résidus 1, 3, 4, 5, 9 ; non-résidus 2, 6, 7, 8, 10.

$$x_1x_{10} + x_3x_8 + x_4x_7 + x_5x_6 + x_9x_2 = f,$$
$$x_1x_2 + x_3x_6 + x_4x_8 + x_5x_{10} + x_9x_7 = \psi + \psi_1\sqrt{-11},$$
$$x_1x_6 + x_3x_7 + x_4x_2 + x_5x_8 + x_9x_{10} = \psi - \psi_1\sqrt{-11},$$
$$x_1x_7 + x_3x_{10} + x_4x_6 + x_5x_2 + x_9x_8 = \varphi + \varphi_1\sqrt{-11},$$
$$x_1x_8 + x_3x_2 + x_4x_{10} + x_5x_7 + x_9x_6 = \varphi - \varphi_1\sqrt{-11}.$$

$n = 13$; résidus 1, 3, 4, 9, 10, 12 ; non-résidus 2, 5, 6, 7, 8, 11.

$$x_1x_2 + x_3x_6 + x_4x_8 + x_9x_5 + x_{10}x_7 + x_{12}x_{11} = \theta + (x - x_0)\theta_1\sqrt{13},$$
$$x_1x_7 + x_3x_8 + x_4x_2 + x_9x_{11} + x_{10}x_5 + x_{12}x_6 = \theta - (x - x_0)\theta_1\sqrt{13},$$

. . . .

Examinons encore les changements qui s'effectuent entre les indices quand on remplace x_0 par x_1. On peut obtenir ce changement en remplaçant ω' par $\omega' + \omega$, c'est-à-dire

$$w_\mu = \frac{2(\omega' + \mu\omega)}{n} \quad \text{par} \quad w_{\mu+1} = \frac{2(\omega' + \omega + \mu\omega)}{n},$$

en ajoutant donc une unité aux indices $0, 1, 2, \ldots, (n - 1)$, dont le dernier devient ainsi zéro. Si l'on fait précéder et suivre cette substitution de celles qui laissent en place les deux racines initiales, si donc on multiplie l'indice primitif μ par un nombre arbitraire ν et l'indice transformé par un autre nombre arbitraire ν', on voit que le changement de x_0 en x_1, de la manière la plus générale, s'effectue au moyen d'une substitution linéaire, remplaçant μ par $p\mu + p'$, où p et p' ne dépendent point de μ.

Considérant seulement le changement de μ en $\mu + 1$, voyons si l'irrationnelle adjointe doit être, ou non, changée de signe. Rangeons, dans chaque différence $x_\mu - x_\nu$, les deux lettres, de telle sorte que l'on ait $\mu < \nu$, les indices étant supposés $0, 1, 2, \ldots, n-1$. Cette disposition n'est pas altérée par le changement de μ et de ν en $\mu + 1$ et $\nu + 1$, sauf pour le cas $\nu = n - 1$. Mais, pour cette valeur de ν, il y a $n - 1$ différences, correspondant à $\mu = 0, 1, 2, \ldots, (n-2)$; donc point de changement dans le signe. Enfin les différences $x - x_\mu$ se reproduisent les unes les autres. Donc enfin le produit de toutes les différences reste inaltéré. En répétant la même opération, on peut conclure ainsi : *Quand, en remplaçant x_0 par x_μ, on augmente tous les indices de μ unités, l'irrationnelle $\sqrt{\pm n}$ reste inaltérée.* Par exemple, dans le cas $n = 7$, on a simultanément

$$x_1 x_3 + x_2 x_6 + x_4 x_5 = \psi(x, x_0) + \psi_1(x, x_0)\sqrt{-7},$$
$$x_2 x_4 + x_3 x_0 + x_5 x_6 = \psi(x, x_1) + \psi_1(x, x_1)\sqrt{-7}.$$

Nous sommes en mesure de connaître les substitutions qui accompagnent le changement de x et de x_0 en deux autres racines quelconques.

Soit à remplacer x par x_h et x_0 par x_k. De la manière la plus générale, ce résultat s'obtient en remplaçant $\frac{2\omega}{n}$ et $\frac{2\omega'}{n}$ par $r w_h$ et $s w_k$, r et s étant deux entiers quelconques, c'est-à-dire

$$\omega' \text{ par } r(\omega' + k\omega),$$
$$\omega \text{ par } s(\omega' + h\omega).$$

Alors $\omega' + \mu\omega$ est remplacé par

$$r(\omega' + k\omega) + \mu s(\omega' + h\omega) = (s\mu + r)\omega' + (hs\mu + kr)\omega.$$

Si l'on pose

$$(102) \qquad \nu \equiv \frac{hs\mu + kr}{s\mu + r} \pmod{n},$$

on voit que w_μ est remplacé par $(s\mu + r) w_\nu$, donc x_μ par x_ν. La substitution linéaire et fractionnaire (102), prise suivant le module n, traduit donc tous les changements qui peuvent accompagner le remplacement de x par x_h et celui de x_0 par x_k.

On remarquera qu'il faut prendre $\mu = \infty$ pour obtenir $\nu = h$. C'est pourquoi la racine x est souvent affectée de l'indice ∞.

Voyons enfin ce qu'il advient de l'irrationnelle adjointe, lors de la substitution (102). Posons successivement

$$\mu' = \mu + \frac{r}{s}, \qquad \mu'' = \frac{1}{\mu'}, \qquad \mu''' = \frac{r(k-h)}{s}\,\mu'', \qquad \nu = \mu''' + h.$$

Ce nombre ν coïncide avec celui qui donne la formule (102). Nous l'obtenons par une suite de substitutions rentrant dans les types étudiés jusqu'ici.

La première et la dernière, on vient de le voir, n'altèrent pas l'irrationnelle adjointe. La deuxième et la troisième multiplient cette irrationnelle par $+1$ ou par -1, suivant que -1, pour la première, et $\frac{r(k-h)}{s}$, pour la troisième, sont résidus quadratiques ou non-résidus de n. Il y a donc multiplication par $+1$ ou par -1 suivant que $\frac{r(h-k)}{s}$ est résidu ou non-résidu. En multipliant par s^2, c'est le caractère quadratique de $rs(h-k)$ que l'on aura à considérer. Enfin, si, au lieu de mettre h et k en évidence, on écrit le second membre (102) sous la forme d'une fraction du premier degré quelconque, on peut énoncer ce théorème général :

Quand on échange entre elles deux paires de racines, tous les changements d'indices se font au moyen d'une substitution linéaire fractionnaire prise suivant le module n, en sorte que tout indice μ est remplacé par $\frac{p\mu + p'}{q\mu + q'}$ (mod n), les nombres entiers p, q, p', q' étant indépendants de μ. L'irrationnelle adjointe conserve ou change son signe suivant que le déterminant de la substitution $(pq' - qp')$ est résidu quadratique de n ou non-résidu.

Cette dernière partie de la proposition, en d'autres termes, signifie que, dans les substitutions envisagées, le produit de toutes les différences $(x_\mu - x_\nu)$, y compris $\mu = \infty$, conserve ou change son signe suivant le caractère quadratique de $pq' - qp'$. Elle prend son origine dans les idées précipitamment émises par Galois; elle a été trouvée par M. Hermite (¹).

Dans le cas $n = 5$, nous avons démontré qu'on a

$$(101) \qquad xx_0 + x_1x_4 + x_2x_3 = f(x, x_0) = f(x_1, x_4) = f(x_2, x_3).$$

Il s'agit de reconnaître s'il existe d'autres cas où, en ajoutant le terme xx_0 à l'une des sommes (100), on obtient ainsi une fonction qui reste invariable quand on y remplace x et x_0 par deux racines accouplées dans la somme ou *conjointes*.

Soient α, $\rho\alpha$ ces deux indices conjoints, en sorte que, remplaçant x et x_0 par x_α et $x_{\rho\alpha}$, on doive voir la somme

$$S' = xx_0 + x_\alpha x_{\rho\alpha} + x_\beta x_{\rho\beta} + \dots$$

rester inaltérée, chaque couple se transformant en l'un des autres. Observons d'abord qu'on peut supposer x remplacé par x_α ou par $x_{\rho\alpha}$, x_0 étant, en même temps, remplacé par la racine conjointe. Prenons le premier cas : S se reproduit quand x_α remplace x et $x_{\rho\alpha}$ remplace x_0. Changeant tous les indices en leurs inverses, nous voyons que S', conjuguée de S, se reproduit quand $x_{\frac{1}{\alpha}}$ remplace x_0 et $x_{\frac{1}{\rho\alpha}}$ remplace x. A l'égard de S', $\frac{1}{\rho}$ joue le même rôle que ρ à l'égard de S; c'est $\frac{1}{\alpha}$ qui est le premier indice dans le couple $\left(\frac{1}{\alpha}, \frac{1}{\rho\alpha}\right)$. On le voit donc, si, pour S, l'indice zéro est remplacé par le second indice d'un couple, alors, pour la somme conjuguée, l'indice zéro est remplacé par le premier indice. A condition d'envisager toutes les sommes S, S', ..., on peut donc se borner au cas où x_α remplace x. Si l'on trouve ainsi une somme S satisfaisant aux conditions requises, il y aura, en même temps, à étendre le résultat à sa conjuguée.

La substitution des indices se fait suivant la formule (102), où, sans moins de généralité, on peut prendre $s = 1$; on doit y supposer

$$h = \alpha, \qquad k = \rho\alpha.$$

(¹) *Sur la théorie des équations modulaires*, p. 59.

L'indice μ est ainsi remplacé par

$$(104)\qquad \alpha\frac{\mu+r\rho}{\mu+r}\qquad (\text{mod}\, n).$$

Par conséquent, β et $\rho\beta$ sont remplacés ainsi :

$$(105)\qquad \begin{cases} \beta \quad \text{par} \quad \alpha\dfrac{\beta+r\rho}{\beta+r}=\beta', \\ \rho\beta \quad \text{par} \quad \alpha\rho\dfrac{\beta+r}{\beta\rho+r}=\beta''. \end{cases}$$

En particulier, les indices $-r$ et $-\rho r$ sont remplacés par ∞ et o, en sorte que la somme S, transformée de S, qui contient déjà le couple $x_\alpha x_{\rho\alpha}$, transformé de xx_0, contient aussi le couple xx_0, transformé de $x_{-r}x_{-\rho r}$. Pour chaque valeur de β, autre que $-r$, le couple (β', β'') doit reproduire un des couples de S. Le rapport $\beta' : \beta''$ doit donc être ρ ou son inverse. Dans ce rapport α disparaît. Si donc les conditions qu'on va trouver sont remplies, S sera invariable par la substitution d'un couple quelconque au couple xx_0.

Les expressions de β' et β'' donnent

$$\frac{\beta}{r}=\frac{\alpha\rho-\beta'}{\beta'-\alpha},\qquad \frac{r}{\rho\beta}=\frac{\alpha-\beta''}{\beta''-\alpha\rho}.$$

Si l'on suppose $\beta''=\rho\beta'$, la dernière égalité devient

$$\frac{r}{\beta}=\frac{\alpha-\rho\beta'}{\beta'-\alpha};$$

d'où, avec la première, on conclut

$$(106)\qquad \frac{\beta}{r}+\frac{r}{\beta}+\rho+1=0.$$

Si l'on change, dans les expressions (105), ρ en son inverse, β' et β'' se changent en $\frac{1}{\beta''}$ et $\frac{1}{\beta'}$. La supposition $\beta'=\rho\beta''$ est donc traduite, de même, par la relation

$$(107)\qquad \frac{\beta}{r}+\frac{r}{\beta}+\frac{1}{\rho}+1=0.$$

Les conditions du problème exigent donc que, dans chaque couple, le premier indice β soit racine de *l'une ou l'autre* des deux congruences (106, 107). Bien entendu, le couple xx_0 échappe à cette condition, ainsi que le couple $x_{-r}x_{-r\rho}$, qui, lui aussi, entre dans la composition de S.

Dès maintenant, les cas possibles sont étroitement limités. Chacune des deux congruences (106, 107) a, au plus, deux solutions, permettant la construction de quatre couples au plus. Avec les deux couples xx_0 et $x_{-r}x_{-r\rho}$, on en a donc six, au plus; donc $n+1 \leqq 12$ ou $n \leqq 11$.

Les seuls cas à envisager concernent donc les nombres premiers $n = 5$, 7 ou 11, et l'on pourrait se borner à examiner successivement les sommes S, en petit nombre, obtenues par l'addition de xx_0 aux sommes formées plus haut. Mais on peut rapidement aussi terminer cette analyse directe, comme nous allons le faire.

Et, d'abord, supposons $\rho = -1$, hypothèse qui correspond aux sommes dénotées f dans les exemples ci-dessus. Les congruences (106, 107) coïncident, toutes deux, avec celle-ci : $\left(\frac{\beta}{r}\right)^2 + 1 \equiv 0$. Comme -1 doit ainsi être résidu quadratique, l'hypothèse $n = 5$ est seule possible. On obtient de la sorte la somme (103). Elle est unique, étant égale à sa conjuguée.

Pour les autres cas, écrivons la congruence (106) sous la forme

$$(2\beta + r\rho + r)^2 \equiv r^2(\rho + 3)(\rho - 1), \tag{108}$$

mettant ainsi en évidence que $(\rho + 3)(\rho - 1)$ doit être résidu quadratique de n ou nul. S'il en est ainsi, la congruence a deux solutions ou une seule. En outre, β' doit être le premier indice dans un couple, par conséquent résidu. Or on a

$$\beta'(\beta + r)^2 \equiv \alpha[\beta^2 + r(\rho + 1)\beta + r^2\rho]$$

ou, d'après la congruence (108),

$$\beta'(\beta + r)^2 \equiv \alpha r^2(\rho - 1).$$

Comme α est résidu, il faut que $\rho - 1$ le soit aussi. Par conséquent, *les conditions nécessaires et suffisantes pour que β' soit* *le premier indice et β'' le second indice d'un même couple appartenant à S se réduisent aux suivantes : $\rho + 3$ et $\rho - 1$ doivent être résidus quadratiques de n.*

Changeant ρ en son inverse et observant que ρ est non-résidu, on conclut aussi *les conditions pour que β'' soit le premier indice et β' le second : $1 + 3\rho$ et $1 - \rho$ doivent être non-résidus.*

Enfin les indices $-r$ et $-\rho r$ devant former un couple, on doit prendre $-r$ égal à un résidu.

Il ne reste plus qu'à examiner ces conditions pour $n = 5$, 7 ou 11, en prenant successivement les valeurs diverses de ρ :

$$n = 5; \qquad \rho = 2, \qquad \rho - 1 \text{ résidu}, \qquad \rho + 3 \equiv 0.$$

La congruence (108) donne $\beta = r$, et l'on peut prendre $r = \pm 1$. La fonction

$$xx_0 - x_1x_2 + x_4x_3 \tag{109}$$

se change en elle-même par la substitution qui remplace l'indice μ par $\alpha\dfrac{\mu + 2r}{\mu + r}$, où α et r sont, tous deux, égaux à ± 1.

Pour le cas $\rho = 3$, il suffit de changer l'indice et l'indice transformé en leurs inverses, de sorte que la fonction conjuguée

$$xx_0 + x_1x_3 + x_4x_2 \tag{110}$$

se change en elle-même quand on remplace l'indice μ par $\alpha\dfrac{r\mu + 1}{2r\mu + 1}$.

$$n = 7; \qquad \rho = 3, \quad \rho + 3, \quad 1 + 3\rho, \quad 1 - \rho \text{ non résidus.}$$

La congruence (107), c'est-à-dire celle que l'on déduit de (106) par le changement de ρ en son inverse donne, pour β, les valeurs $3r$ et $5r$. On a ainsi, pour le premier indice, les valeurs $-r$, $3r$, $5r$ qui coïncident, comme il convient, avec les trois résidus 1, 2, 4, si l'on prend, pour r, un quelconque des non-résidus. Par conséquent, la somme

$$xx_0 + x_1x_3 + x_2x_6 + x_4x_5 \tag{111}$$

se change en elle-même par les substitutions qui remplacent l'indice μ par $\alpha\frac{\mu+3r}{\mu+r}$, où l'on doit prendre $\alpha=1$, 2 ou 4; $r=3$, 5 ou 6.

Sans qu'il soit besoin d'examiner le cas $\rho=5$, on conclut que la fonction conjuguée

$$xx_0+x_1x_5+x_2x_3+x_4x_6 \tag{112}$$

se change en elle-même dans les substitutions remplaçant μ par $\alpha\frac{r\mu+1}{3r\mu-1}$.

$n=11$; $\rho=2$; $\rho+3$, $\rho-1$ résidus; $1+3\rho$, $1-\rho$ non-résidus.

La congruence (106) donne, pour β, les valeurs $6r$ et $2r$. En même temps, la congruence conjuguée donne les valeurs $8r$ et $7r$. Prenant r égal à un des non-résidus, on reproduit par l'ensemble $-r$, $6r$, $2r$, $8r$, $7r$ tous les résidus. Par conséquent, la fonction

$$xx_0+x_1x_2+x_3x_6+x_4x_8+x_5x_{10}+x_9x_7 \tag{113}$$

se reproduit dans les substitutions remplaçant μ par $\alpha\frac{\mu+2r}{\mu+r}$, où α est un quelconque des résidus, r un quelconque des non-résidus. La fonction conjuguée

$$xx_0+x_1x_6+x_3x_7+x_4x_2+x_5x_8+x_9x_{10} \tag{114}$$

se reproduit de même quand μ est remplacé par $\alpha\frac{r\mu+1}{2r\mu+1}$; c'est ce qu'on trouverait en envisageant le cas $\rho=6$.

Pour le cas $\rho=7$, $\rho+3$ est non-résidu et il n'est pas nécessaire d'aller au delà. On peut, dès lors, conclure que les deux sommes correspondant à $\rho=7$ et à $\rho=8$ ne peuvent se reproduire elles-mêmes quand le couple xx_0 est changé en un autre couple.

Parmi les diverses sommes que nous venons d'envisager, la première (103) a été étudiée dans le premier Chapitre. Nous avons vu que ses propriétés entraînent la conséquence suivante : cette fonction satisfait à une équation du cinquième degré, dont les coefficients sont entiers en g_2 et g_3. Une propriété analogue existe-t-elle pour les autres sommes? Telle est la question qu'il faut traiter.

A l'égard de la somme (109), il n'y a pas lieu de chercher une propriété analogue, cette somme n'étant pas une fonction symétrique de x et de x_0. Quant aux autres, elles sont effectivement des fonctions symétriques de x et de x_0, et l'on doit, avant tout, examiner si, dans les substitutions considérées, l'irrationnelle adjointe conserve son signe.

D'après nos propositions générales, il en est ainsi à la condition que $\alpha r(1-\rho)$ déterminant de la substitution (104) soit un résidu. Or c'est ce qui a lieu effectivement pour les cas $n=7$, $\rho=3$ et $n=11$, $\rho=2$, puisque α est un résidu et que r et $1-\rho$ sont non-résidus.

A l'égard des sommes (111) et (113), leurs expressions rationnelles en fonction de racines satisfont donc aux conditions

$$F(x, x_0)=F(x_0, x)=F(x_\alpha, x_{\rho\alpha})=F(x_{\rho\alpha}, x_\alpha)=\ldots$$

et F contient, dans ses coefficients, l'irrationnelle $\sqrt{-n}$, prise partout avec une seule détermination. Dès lors, cette irrationnelle n'empêche point d'appliquer à ces fonctions la même analyse qu'à la fonction (103) du cas $n=5$. Voici donc la conclusion :

Pour $n=7$, *la somme* (111) *est racine d'une équation du septième degré dont les coefficients sont des fonctions entières de* g_2, g_3 *et de* $\sqrt{-7}$.

Si l'on y change le signe de $\sqrt{-7}$, *on obtient une équation à laquelle satisfait la somme* (112).

Pour $n=11$, *de même, les sommes* (113) *et* (114) *sont racines de deux équations du onzième degré, conjuguées, dont les coefficients sont des fonctions entières de* g_2, g_3 *et de* $\sqrt{-11}$.

Ainsi qu'on l'a déjà observé pour $n=5$, ces résultats s'appliquent aussi à chaque combinaison qui présente, en commun avec les sommes précédentes, ce caractère : elle contient les racines x accouplées de la même manière; elle est symétrique par rapport aux éléments d'un même couple et symétrique aussi par rapport à deux couples quelconques.

Par le moyen de ces combinaisons, on obtient, dans les cas

$n = 5, 7$ ou 11, une équation de la division des périodes qui est seulement du degré n, au lieu de $n + 1$. Cet abaissement d'une unité dans le degré ne se produit dans aucun autre cas, les invariants g_2, g_3 restant, bien entendu, indéterminés. Voici comment on peut le démontrer. En premier lieu, une fonction des racines x, entièrement donnée et rationnelle, est susceptible de $(n+1)n(n-1)$ valeurs, quand elle est quelconque. On peut effectivement choisir arbitrairement, de $(n+1)n$ manières, deux d'entre elles pour leur faire jouer le rôle de x et x_0, après quoi il y a $n - 1$ manières de fixer l'ensemble des autres racines. Ce dernier nombre est réduit de moitié par l'adjonction de $\sqrt{\pm n}$. Ainsi, par cette adjonction, le nombre des valeurs d'une fonction des racines est généralement $\frac{1}{2}(n+1)n(n-1)$. Le facteur premier n suffit à faire connaître l'impossibilité d'une transformée ayant un degré moindre que n. Supposons donc l'existence effective d'une combinaison S qui satisfasse à une équation du degré n. Exprimons S en fonction de deux racines x et x_0; S devient ainsi une fonction algébrique $F(x, x_0)$ dont nous envisageons une détermination. On ne saurait avoir $F(x, x_1) = F(x, x_0)$. En effet, les n quantités $F(x, x_\mu)$ seraient alors égales entre elles. Après le choix de la racine initiale x, celui de x_0 serait indifférent; le nombre des valeurs de S, avec l'adjonction de l'irrationnelle, serait donc $\frac{1}{2}(n+1)(n-1)$ ou un diviseur de ce nombre, ce qui est impossible, l'hypothèse étant que S a n valeurs et que n est premier. Les n valeurs de S doivent donc être $F(x, x_0)$, $F(x, x_1)$, ... et, par conséquent, $F(x, x_0)$ doit avoir une seule valeur dès que x et x_0 sont choisies. Donc, enfin, la constitution de S doit permettre l'accouplement des racines deux à deux suivant les lois étudiées précédemment. En conclusion finale, *quand les invariants g_2 et g_3 restent indéterminés, les seuls cas où la division des périodes, par le nombre premier n, dépende d'une équation ayant un degré inférieur à n, sont les suivants : $n = 5$, 7* ou 11. Ce théorème est dû à Galois (1).

(1) Outre le Mémoire de M. Hermite, cité en tête de ce Chapitre, voir, sur ce sujet, la *Lettre de Galois à M. Auguste Chevalier* (*Journal de Mathématiques*, t. XI, p. 408; année 1846); — un Mémoire de M. Betti, intitulé: *Sopra abbassamento dell' equazioni modulari* (*Annali di Tortolini*; 1853); — le *Traité des substitutions*, par M. Camille Jordan (p. 347).

L'une des résolvantes du septième degré, pour le cas $n=7$, a, pour l'une de ses racines, la quantité suivante (111)

$$X_0 = xx_0 + x_1x_3 + x_2x_6 + x_4x_5.$$

Les autres racines X_1, X_2, ..., X_6 s'en déduisent par l'addition d'un même nombre d'unités à chaque indice, la première quantité x restant invariable.

En supposant $g_3 = 0$ et $g_2 = 4$, on a trouvé que les x s'expriment comme il suit

(115) $$\begin{cases} x = -x_0 = \sqrt{\xi}, \\ x_6 = -x_1 = \sqrt{\xi_1}, \\ x_5 = -x_4 = \sqrt{\xi_2}, \\ x_2 = -x_3 = \sqrt{\xi_3}, \end{cases}$$

et les quantités $\sqrt{\xi}$, ... ont été définies complètement. De plus, on a vu tous les produits de ces quantités, deux à deux, explicitement et rationnellement exprimés en fonction de i, de $\sqrt{7}$ et de $\sqrt{2\sqrt{7}}$. De pareilles expressions peuvent donc être trouvées pour les quantités X.

Par la substitution des x, on trouve

$$\begin{aligned}
X_0 &= 2\sqrt{\xi_1\xi_3} - \xi - \xi_2, \\
X_1 &= xx_1 + x_2x_4 + x_3x_0 + x_5x_6 = \sqrt{\xi\xi_3} + \sqrt{\xi_1\xi_2} - \sqrt{\xi\xi_1} - \sqrt{\xi_2\xi_3}, \\
X_2 &= xx_2 + x_3x_5 + x_4x_1 + x_6x_0 = X_1, \\
X_3 &= xx_3 + x_4x_6 + x_5x_2 + x_0x_1 = -X_1, \\
X_4 &= xx_4 + x_5x_0 + x_6x_3 + x_1x_2 = -2(\sqrt{\xi\xi_2} + \sqrt{\xi_1\xi_3}), \\
X_5 &= xx_5 + x_6x_1 + x_0x_4 + x_2x_3 = 2\sqrt{\xi\xi_2} - \xi_1 - \xi_3, \\
X_6 &= xx_6 + x_0x_2 + x_1x_5 + x_3x_4 = -X_1.
\end{aligned}$$

Ce n'est pas le calcul même de ces racines, immédiat d'après les formules (83, 84), que nous poursuivons, mais celui du premier membre de l'équation, d'après ces racines, pour faire apparaître sa nature de polynôme entier en $\sqrt{-7}$, à coefficients entiers. Pour ce but, nous mettrons à part la racine X_4, nous réunirons les racines X_0 et X_5; enfin nous réunirons les deux racines doubles $\pm X_1$.

Voici les calculs qui mettent en usage les formules (83 à 86) et où l'on met indifféremment $\sqrt{-7}$ pour $i\sqrt{7}$:

$$\begin{aligned}
X_4 &= -2(7+3\sqrt{-7}),\\
X_5+X_0 &= 2(\sqrt{\xi\xi_2}+\sqrt{\xi_1\xi_3})-(\xi+\xi_1+\xi_2+\xi_3)\\
&= -2(5.7-3\sqrt{-7}),\\
X_5-X_0 &= 2(\sqrt{\xi\xi_2}-\sqrt{\xi_1\xi_3})+\xi+\xi_2-\xi_1-\xi_3\\
&= (1+i)\ \ (11\sqrt{7}-25i)\sqrt{2\sqrt{7}},\\
(X_5-X_0)^2 &= 2^3.7(83-3.5\sqrt{-7}),\\
(X_5-X_0)^2 &= 2^3(5^2.7.11+3.37\sqrt{-7}),\\
X_5X_0 &= -2^4.3(2^3.7+3^2\sqrt{-7});\\
X_1 &= -2(1+i)(5+2\sqrt{-7})\sqrt{2\sqrt{7}},\\
X_1^2 &= -2^4(2^2.5.7+3\sqrt{-7}).
\end{aligned}$$

Rétablissons l'homogénéité en multipliant l'expression de chaque quantité X par $\frac{1}{4}g_2$, et concluons que *le premier membre de la résolvante, quand on suppose* $g_3=0$, *se réduit au produit des trois facteurs ci-après :*

$$(116)\quad \left\{\begin{aligned}
X-X_4 &= X+\tfrac{1}{2}(7+3\sqrt{-7})g_2,\\
(X^2-X_1^2)^2 &= [X^2+(2^2.5.7+3\sqrt{-7})g_2^2]^2,\\
(X-X_5)(X-X_0) &= X^2+\tfrac{1}{2}(5.7-3\sqrt{-7})g_2X\\
&\quad -3(2^3.7+3^2\sqrt{-7})g_2^2.
\end{aligned}\right.$$

Ces facteurs ont, comme on le voit, la forme qui était prévue.

La seconde résolvante a, pour l'une de ses racines, la quantité

$$X'_0 = xx_0+x_1x_5+x_2x_3+x_4x_6,$$

déduite de X_0 en remplaçant chaque indice par son complément à 7. D'après cette remarque, on a

$$X'_m = xx_m+x_{m+1}x_{m+5}+x_{m+2}x_{m+3}+x_{m+4}x_{m+6},$$

tandis que, les termes étant rangés convenablement, on a aussi

$$X_{7-m} = xx_{7-m}+x_{6-m}x_{2-m}+x_{5-m}x_{4-m}+x_{3-m}x_{1-m},$$

en sorte que X'_m se déduit de X_{7-m} en remplaçant encore chaque indice par son complément à 7. D'après les égalités (115), cette substitution équivaut à laisser inaltéré $\sqrt{\xi}$, à changer le signe de $\sqrt{\xi_1}$, à échanger $\sqrt{\xi_2}$ et $\sqrt{\xi_3}$. C'est donc changer chaque quantité en sa conjuguée. Dans le résultat final, obtenu précédemment, ce changement se traduit par le changement du signe de $\sqrt{-7}$, ainsi que la théorie le faisait prévoir.

C'est pour nous acheminer vers la formation de la résolvante dans le cas général que nous l'avons construite, au moyen de ses racines, dans le cas $g_3 = 0$. Dans cette vue, il faut développer le produit des trois facteurs (116) et nous y mettrons, pour l'inconnue, au lieu de X, cette autre $Y = X + 3g_2$. La raison de ce choix apparaîtra bientôt. Les trois facteurs deviennent ainsi

$$Y + \tfrac{1}{2}(1 + 3\sqrt{-7})g_2,$$
$$[Y^2 - 6g_2 Y + (149 + 3\sqrt{-7})g_2^2]^2,$$
$$Y^2 + \tfrac{1}{2}(23 - 3\sqrt{-7})g_2 Y - \tfrac{9}{2}(47 + 5\sqrt{-7}),$$

et voici l'équation obtenue en effectuant le produit :

$$(117) \qquad Y^7 + (21 - \sqrt{-7})g_2^3 P = 0,$$

P désignant le polynôme suivant

$$P = \frac{3^2.7^2}{2} Y^4 - 2^2.3.7(36 + \sqrt{-7})g_2 Y^3 + 2^8.3^2(14 - \sqrt{-7})g_2^2 Y^2$$
$$- 11(3.7.929 - 283\sqrt{-7})g_2^3 Y + \tfrac{9}{28}(149 + 3\sqrt{-7})^2(35 - 47\sqrt{-7})g_2^4.$$

Au cas $g_2 = 0$, on a (27)

$$x_2 = x_5 = 0, \qquad x_1 = \alpha^2 x, \qquad x_3 = \alpha x_0, \qquad x_4 = \alpha^2 x_0, \qquad x_6 = \alpha x,$$

α étant une racine cubique de l'unité. Il en résulte

$$X_3 = 0,$$
$$X_0 = 2xx_0, \qquad X_2 = \alpha X_0, \qquad X_4 = \alpha^2 X_0,$$
$$X_1 = \alpha^2 x^2 + \alpha x_0^2, \qquad X_5 = \alpha X_1, \qquad X_6 = \alpha^2 X_1.$$

Or on a aussi (26)

$$x = \frac{3+\sqrt{21}}{2}\sqrt[3]{7g_3}, \qquad x_0 = \frac{3-\sqrt{21}}{2}\sqrt[3]{7g_3}.$$

Il en résulte

$$X_0 = -6(\sqrt[3]{7g_3})^2,$$

puis

$$X_1 = \tfrac{1}{2}(\alpha^2+\alpha)(x^2+x_0^2) + \tfrac{1}{2}(\alpha^2-\alpha)(x^2-x_0^2)$$
$$= -\tfrac{1}{2}[x^2+x_0^2+i\sqrt{3}(x^2-x_0^2)],$$
$$i\sqrt{3}(x^2-x_0^2) = 3i\sqrt{3}\sqrt{21}(\sqrt[3]{7g_3})^2 = (3\sqrt[3]{7g_3})^2\sqrt{-7},$$

(118)
$$X_1 = -\tfrac{3}{2}(5+3\sqrt{-7})(\sqrt[3]{7g_3})^2.$$

Le premier membre de la résolvante du septième degré se décompose ainsi en les facteurs suivants :

$$X,$$
$$X^3 - X_0^3 = X^3 + 2^3.3^3.7^2 g_3^2,$$
$$X^3 - X_1^3 = X^3 + \left(\frac{3}{2}\right)^3 (5+\sqrt{-7})^3 7^2 g_3^2 = X^3 - \frac{3^3.7^2}{2}(5.41 - 3^2\sqrt{-7})g_3^2.$$

Pour comparer le produit de ces facteurs au produit analogue, obtenu tout à l'heure dans le cas $g_3 = 0$, nous l'écrirons sous la forme

(119)
$$X^7 - 27(21-\sqrt{-7})g_3^2 P' = 0.$$

Le calcul, très simple, donne pour résultat

$$P' = \frac{3^2.7^2}{2}X^4 + 3^3.7^3(3.7.13+\sqrt{-7})g_3^2 X.$$

On doit remarquer, en outre, que l'on peut mettre ici Y, au lieu de X, puisque ces deux inconnues coïncident pour $g_2 = 0$ ($Y = X + 3g_2$).

Le même raisonnement dont on a fait usage pour le cas $n = 5$ (p. 14) prouve *a priori* que la résolvante, dans le cas général, a pour coefficients des polynômes entiers en g_2 et g_3, le premier coefficient étant l'unité. De plus, l'homogénéité fait connaître, sauf des facteurs numériques, les divers coefficients. L'équation est de la forme suivante, où nous mettons Y pour l'inconnue,

$$Y^7 + ag_2Y^6 + bg_2^2Y^5 + (cg_2^3 + d.g_3^2)Y^4 + \ldots = 0.$$

En prenant à part les cas $g_2 = 0$ et $g_3 = 0$, on a, par là, déterminé les coefficients de tous les termes qui ne contiennent pas, à la fois, g_2 et g_3.

Il y a toutefois une précaution à observer ici, à cause de l'irrationnelle $\sqrt{-7}$: il faut savoir si, dans les deux calculs, on a pris pour cette irrationnelle des signes concordants.

Le premier calcul a été fait avec la donnée suivante : g_2 est positif, les désignations des racines x sont celles du Tableau (II) et $\sqrt{-7}$ est égal à $i\sqrt{7}$. Pour le second calcul, on a pris α conforme à l'hypothèse $g_3 > 0$; on a respecté la supposition $\sqrt{-7} = i\sqrt{7}$; en outre, les racines sont désignées comme dans la partie supérieure du Tableau (II).

A propos de ce Tableau, on a fait observer que, pour la continuité, il faut en passant, par exemple, du centre à la partie supérieure, changer les indices des racines x. Pour établir la continuité entre le premier calcul et le second, il faut donc, dans le second, remplacer les indices

$$4,\quad 3,\quad 5,\quad 2,\quad 1,\quad 6,$$

qui occupent la bande de séparation entre le centre et la partie supérieure par les indices qui, respectivement, occupent la même colonne dans la bande supérieure, c'est-à-dire par

$$1,\quad 6,\quad 3,\quad 4,\quad 2,\quad 5.$$

Cette substitution n'altère point la quantité X_0,

$$X_0 = x x_0 + x_1 x_3 + x_2 x_6 + x_4 x_5.$$

Les deux calculs, on le voit, ont été faits d'une manière concordante. Déjà donc, par les résultats (117) et (119), nous connaissons complètement les premiers termes de l'équation, savoir

$$(120)\qquad Y^7 + \frac{3^2.7^2}{2}(3.7 - \sqrt{-7})(g_2^3 - 27 g_3^2)Y^4 + \ldots = 0;$$

donc en tenant compte de la lacune, ainsi reconnue, nous avons déterminé les coefficients de trois termes. Quant aux autres termes, nous n'avons, jusqu'à présent, que des résultats incomplets.

Faisons maintenant intervenir la considération du cas $\Delta = 0$. On a vu qu'alors une racine x est égale à 21γ et les sept autres à -3γ, avec $g_2 = 12\gamma^2$. Dans ces conditions, toutes les quantités sont égales entre elles ; leur valeur commune est

$$X = -3.21\gamma^2 + 3.99\gamma^2 = -36\gamma^2 = -3g_2.$$

Les sept racines $Y = X + 3g_2$ sont nulles, et c'est là ce qui a guidé dans le choix de l'inconnue Y. Tous les coefficients donc, sauf celui de Y^7, contiennent le facteur Δ. Ce renseignement suffit déjà, vu l'homogénéité, à faire prévoir la lacune qui se rencontre dans l'équation (120), où, de plus, le coefficient de Y^4 est effectivement Δ, sauf un facteur numérique.

Pourvus de ce renseignement supplémentaire, nous connaîtrons les coefficients de tous les termes qui ne contiennent pas, à la fois, les trois facteurs g_3, g_2, Δ, successivement supposés nuls dans les résultats partiels.

Mais le degré de tous les coefficients est pair et g_3 n'y figure qu'avec des exposants pairs. Le produit $g_2 g_3^2 \Delta$ est de degré 14 ; c'est celui du dernier terme, indépendant de Y. Ainsi l'équation est connue, dans son entier, sauf un seul terme $\lambda g_2 g_3^2 \Delta$, dont le facteur numérique λ restera à trouver par quelque autre moyen.

Pour trouver ce dernier terme, supposons g_2 infiniment petit et calculons la partie principale de la racine infiniment petite X_3. Les racines x étant dénotées par des lettres accentuées, on a (p. 67).

$$x'_2 = x'_5 = 0.$$

$$x' = x + p'x_0, \qquad x'_1 = \alpha^2 x + p'\alpha\, x_0, \qquad x'_6 = \alpha\, x + p'\alpha^2 x_0,$$

$$x'_0 = x_0 + p\, x. \qquad x'_3 = \alpha\, x_0 + p\, \alpha^2 x, \qquad x'_4 = \alpha^2 x_0 + p\alpha x.$$

Il en résulte

$$X_3 = x'x'_3 + x'_4 x'_6 + x'_5 x'_2 + x'_0 x'_1 = 3(p\alpha^2 x^2 + p'\alpha x_0^2).$$

Suivant les expressions (28, 29) de p et p', on trouve

$$px^2 + p'x_0^2 = \tfrac{1}{2} g_2, \qquad px^2 - p'x_0^2 = \frac{3.11}{2\sqrt{21}} g_2.$$

Un calcul, tout pareil à celui qui a été indiqué plus haut, pour

X_1, donne la partie principale de X_3,

$$X_3 = \frac{3}{4}\left(\frac{33}{\sqrt{-7}} - 1\right) g_2.$$

Celle de $Y_3 = X_3 + 3g_2$ est donc

$$(21)\qquad Y_3 = \frac{9}{4}\left(1 + \frac{11}{\sqrt{-7}}\right) g_2.$$

Le dernier terme de l'équation en Y pour g_2 infiniment petit sera donc

$$27(21 - \sqrt{-7}) g_3^2 . 3^3 . 7^3 (3.7.13 + \sqrt{-7}) g_3^2 . \frac{9}{4}\left(1 + \frac{11}{\sqrt{-7}}\right) g_2 = \lambda g_2 g_3^2 \Delta,$$

et comme $\Delta = -27 g_3^2$, on en déduit

$$\lambda = -(21 - \sqrt{-7}) 3^5 . 7^3 (71 - 107\sqrt{-7}).$$

Voici, d'après ce qu'on vient d'exposer, l'équation cherchée, dans le cas général,

$$Y^7 + (21 - \sqrt{-7}) \Delta \Pi = 0,$$

Π représentant le polynôme ci-après

$$\begin{aligned}
\Pi = {} & \frac{3^2 7^2}{2} Y^4 - 2^2 . 3 . 7 (36 + \sqrt{-7}) g_2 Y^3 + 2^8 . 3^2 (14 - \sqrt{-7}) g_2^2 Y^2 \\
& + \left[3^3 . 7^3 (3.7.13 + \sqrt{-7}) g_3^2 - 11 (3.7.929 - 283\sqrt{-7}) g_2^3\right] Y \\
& + \tfrac{9}{28} (149 + 3\sqrt{-7})^2 (35 - 47\sqrt{-7}) g_2^4 - 3^5 . 7^3 (71 - 107\sqrt{-7}) g_2 g_3^2, \\
= {} & \frac{3^2 . 7^2}{2} Y^4 - 2^2 . 3 . 7 (36 + \sqrt{-7}) g_2 Y^3 + 2^8 . 3^2 (14 - \sqrt{-7}) g_2^2 Y^2 \\
& - \left[2^7 . 3^3 (5.7 - \sqrt{-7}) g_2^3 + 7^3 (3.7.13 + \sqrt{-7}) \Delta\right] Y \\
& - \frac{2^9 . 3^4}{7} (21 + \sqrt{-7}) g_2^4 + 3^2 . 7^3 (71 - 107\sqrt{-7}) \Delta g_2 \\
= {} & \frac{3^2 . 7^2}{2} Y^4 - 2^2 . 3 . 7 (36 + \sqrt{-7}) g_2 Y^3 + 2^8 . 3^2 (14 - \sqrt{-7}) g_2^2 Y^2 \\
& - 2^7 . 3^3 (35 - \sqrt{-7}) g_2^3 Y + \frac{2^9 . 3^4}{7} (21 + \sqrt{-7}) g_2^4 \\
& - 7^3 (3.7.13 + \sqrt{-7}) \Delta \left[Y + \tfrac{9}{28} \sqrt{-7} (11 + \sqrt{-7}) g_2\right].
\end{aligned}$$

Nous allons considérer encore une autre résolvante du septième degré, en prenant, pour inconnue, une fonction des racines, ayant les mêmes symétries que Y. Au lieu de la composer avec les x, ce qui pourrait se faire, dans la même forme, nous la composerons avec les t, racines de la seconde résolvante (59) du huitième degré. Nos inconnues seront les sept quantités T_μ, dont voici la définition :

$$T_\mu = (t - t_\mu)(t_{\mu+1} - t_{\mu+3})(t_{\mu+2} - t_{\mu+6})(t_{\mu+4} - t_{\mu+5}),$$

et que nous allons calculer d'abord en supposant $g_2 = 0$. En ce cas, on a (30)

$$t_2 = \tfrac{3}{14}(9 + i\sqrt{3})g_3, \qquad t_5 = \tfrac{3}{14}(9 - i\sqrt{3})g_3,$$
$$t = t_1 = t_6 = \tfrac{3}{2}(3 + \sqrt{21})g_3, \qquad t_0 = t_3 = t_4 = \tfrac{3}{2}(3 - \sqrt{21})g_3.$$

On en conclut

$$T_1 = T_5 = T_6 = 0,$$
$$T_0 = T_2 = T_4 = -(t - t_0)^2(t - t_2)(t_0 - t_5) = \frac{3^6}{2}(21 - \sqrt{-7})g_3^{\frac{4}{3}},$$
$$T_3 = -(t - t_0)^3(t_2 - t_5) = -3^6\sqrt{-7}\,g_3^{\frac{4}{3}}.$$

Allons plus loin et calculons les parties principales de T_1, T_5, T_6 quand g_2 est infiniment petit. En employant la notation t', au lieu de t, pour ce cas, on a trouvé (65')

$$(122) \qquad t' = t\left(1 + \frac{1}{21}\frac{g_2}{g_3}x\right),$$

formule qui s'applique aux diverses quantités t', sauf t'_2 et t'_5. D'après cette formule et les formules (26), nous aurons

$$T_1 = (t' - t'_1)(t'_2 - t'_4)(t'_3 - t'_0)(t'_5 - t'_6)$$
$$= \left(\frac{1}{21}\frac{g_2}{g_3}\right)^2(x - x_1)(x_3 - x_0)(t_2 - t_0)(t_5 - t)tt_0$$
$$= -\left(\frac{1}{21}\frac{g_2}{g_3}\right)^2 xx_0(1 - \alpha^2)(1 - \alpha)(t_2 - t_0)(t_5 - t)tt_0$$
$$= \left(\frac{g_2}{7g_3}\right)^2(\sqrt[3]{7g_3})^2 tt_0(t_2 - t_0)(t_5 - t)$$

ou enfin

$$(123) \qquad T_1 = \frac{3^6}{2.7^3}(g_2 g_3 \sqrt[3]{7g_3})^2(21 + \sqrt{-7}).$$

On trouve, de même,

$$T_5 = \alpha T_1, \qquad T_6 = \alpha^2 T_1.$$

Soit, de même, à trouver la partie principale de $T'_0 - T_0$, par exemple. On a

$$T'_0 = (t' - t'_0)(t'_1 - t'_3)(t'_2 - t'_6)(t'_4 - t'_5);$$

se souvenant que $t'_2 - t_2$ et $t'_5 - t_5$ sont négligeables, que, pour les autres t', on a la formule (122), on en conclut

$$\begin{aligned} -\frac{21 g_3}{g_2}(T'_0 - T_0) &= (t - t_0)(t - t_2)(t_0 - t_5)[tx - t_0 x_0 + \alpha^2 tx - \alpha t_0 x_0] \\ &\quad + (t - t_0)^2[\alpha tx(t_0 - t_5) + \alpha^2 t_0 x_0 (t - t_2)] \\ &= (t - t_0)[\alpha^2 t_0 x_0 (t - t_2)(t - t_5) - \alpha tx(t_0 - t_2)(t_0 - t_5)]. \end{aligned}$$

$$\begin{aligned} & t_0 x_0 (t - t_2)(t - t_5) - tx(t_0 - t_2)(t_0 - t_5) \\ &= \frac{\sqrt[3]{7 g_3}}{3 g_3}[t_0^2 (t - t_2)(t - t_5) - t^2 (t_0 - t_2)(t_0 - t_5)] \\ &= \frac{\sqrt[3]{7 g_3}}{3 g_3}(t - t_0)[(t_2 + t_5) t t_0 - (t + t_0) t_2 t_5] = -\frac{\sqrt[3]{7 g_3}}{3 g_3}(t - t_0)\frac{2^2 . 3^5}{7} g_3^{\frac{1}{3}}. \end{aligned}$$

$$\begin{aligned} & t_0 x_0 (t - t_2)(t - t_5) + tx(t_0 - t_2)(t_0 - t_5) \\ &= \frac{\sqrt[3]{7 g_3}}{3 g_3}[t_0^2 (t - t_2)(t - t_5) + t^2 (t_0 - t_2)(t_0 - t_5)] \\ &= \frac{\sqrt[3]{7 g_3}}{3 g_3}[2 t^2 t_0^2 - t t_0 (t + t_0)(t_2 + t_5) + (t^2 + t_0^2) t_2 t_5] = \frac{\sqrt[3]{7 g_3}}{3 g_3} 2^2 . 3^6 g_3^{\frac{2}{3}}. \end{aligned}$$

$$\begin{aligned} & -\frac{3^2 . 7 g_3^{\frac{2}{3}}}{g_2 \sqrt[3]{7 g_3}}(T'_0 - T_0) \\ &= -\frac{2^2 . 3^5}{7} g_3^{\frac{1}{3}} (t - t_0)^2 \frac{\alpha^2 + \alpha}{2} + 2^2 . 3^6 g_3^{\frac{2}{3}} (t - t_0) \frac{\alpha^2 - \alpha}{2}, \\ &= 2 . 3^8 (1 - \sqrt{-7}) g_3^{\frac{5}{3}}, \end{aligned}$$

$$T'_0 - T_0 = -\frac{2 . 3^6}{7}(1 - \sqrt{-7}) g_2 g_3^{\frac{1}{3}} \sqrt[3]{7 g_3}.$$

Supposons, en second lieu, le discriminant évanouissant. On a vu que l'une des quantités t reste finie; sa valeur limite, suivant l'équation (59), est $\frac{2^3 . 3^3}{7} g_3$; les autres sont évanouissantes. Toutes les quantités T_μ ont donc zéro pour limite et, dans l'équation en T, le premier coefficient étant l'unité, tous les autres coefficients contiennent le facteur Δ. Mais, dans ces coefficients, les exposants de Δ sont très élevés, comme on va le voir.

Posant, comme précédemment (46),

$$g_2 = 12\gamma^2, \qquad g_3 = 8\gamma^3 - \varepsilon, \qquad \Delta = 27\varepsilon(16\gamma^3 - \varepsilon), \qquad \beta_0^7 = -2^6.3^4\gamma^4\varepsilon,$$

ε étant infiniment petit, nous avons la partie principale de t_μ par la formule

$$t_\mu = -\frac{1}{12}\frac{\beta_0^4}{\gamma}e^{\frac{8\mu i\pi}{7}}.$$

Il en résulte, pour la partie principale de T_μ,

$$T_\mu = -\frac{1}{7}\beta_0^{12}(1-\rho)(1-\rho^2)(1-\rho^4)e^{-\frac{4\mu i\pi}{7}},$$

où ρ est égal à $e^{\frac{2\pi i}{7}}$. Cette expression se simplifie d'après les relations suivantes

$$1-\rho^3 = -\rho^3(1-\rho^4),$$
$$1-\rho^5 = -\rho^5(1-\rho^2),$$
$$1-\rho^6 = -\rho^6(1-\rho),$$

$$(1-\rho)(1-\rho^2)(1-\rho^3)(1-\rho^4)(1-\rho^5)(1-\rho^6) = 7,$$

qui donnent

$$(1-\rho)(1-\rho^2)(1-\rho^4) = -\sqrt{-7},$$

le signe étant fixé d'après la convention $\sqrt{-7} = i\sqrt{7}$, jointe à l'observation que

$$(1-\rho)(1-\rho^2)(1-\rho^4) = -(2i)^3 \sin\frac{2\pi}{7}\sin\frac{4\pi}{7}\sin\frac{8\pi}{7},$$

est le produit de i par un nombre négatif. On a donc finalement

$$(124) \qquad T_\mu = \frac{\sqrt{-7}}{7}\beta_0^{15}e^{-\frac{4\mu i\pi}{7}} = \frac{\sqrt{-7}}{7}(12g_2\Delta^2)^{\frac{6}{7}}e^{-\frac{4\mu i\pi}{7}}$$

ce qui donne, pour le produit des sept quantités T_μ, réduites à leurs parties principales,

$$(125) \qquad \Pi T_\mu = -\frac{\sqrt{-7}}{7^4}(12g_2)^6\Delta^{12}.$$

Mais c'est là précisément le produit de ces quantités, dans tous les cas. Ce produit est, en effet, celui de toutes les différences des quantités t, prises deux à deux, c'est-à-dire la racine carrée du discriminant de l'équation en t, dont on a trouvé précédemment l'expression (60).

Nous connaissons, dès à présent, le dernier terme de l'équation en T : c'est la quantité (125), changée de signe. De plus, l'expression de T_μ mène à l'observation suivante : dans l'équation en T, le coefficient de T^m, sauf pour $m = 7$ et $m = 0$, doit contenir le facteur Δ avec un exposant n, tel que l'on ait $n + \frac{12m}{7} > 12$. On trouve par là, pour n, les limites inférieures successives 2, 4, 6, 7, 9, 11. Eu égard à l'homogénéité, on peut conclure que l'équation a la forme suivante

$$(126)\quad \begin{cases} T^7 + a\Delta^2 T^6 + b\Delta^4 T^5 + c\Delta^6 T^4 + A\Delta^7 T^3 \\ \quad + B\Delta^9 T^2 + C\Delta^{11} T + \frac{1}{7^4}(12 g_2)^6 \Delta^{12}\sqrt{-7} = 0, \end{cases}$$

où a, b, c sont numériques, tandis que A, B, C sont des binômes de la forme $eg_2^3 + f\Delta$, e et f étant numériques.

En revenant au cas $g_2 = 0$, nous voyons que B et C se réduisent au seul terme en g_2^3, puisqu'on a, dans ce cas, la racine triple $T = 0$. En outre, supposant g_2 infiniment petit, on a vu que les trois racines infiniment petites, T_1, T_5, T_6, sont infiniment petites du second ordre en g_2 ; c'est ce que montre l'égalité (123). Il en résulte que C est nul. L'équation en T prend donc la forme

$$(127)\quad \begin{cases} T^7 + a\Delta^2 T^6 + b\Delta^4 T^5 + c\Delta^6 T^4 \\ \quad + (eg_2^3 + f\Delta)\Delta^7 T^3 + hg_2^3\Delta^9 T^2 + \frac{1}{7^4}(12 g_2)^6 \Delta^{12}\sqrt{-7} = 0, \end{cases}$$

et, d'après les résultats trouvés pour le cas $g_2 = 0$, on a immédiatement

$$(128)\quad T^4 + aT^3 + bT^2 + cT + f = \left(T - \frac{21 - \sqrt{-7}}{2}\right)^3 (T + \sqrt{-7}),$$

en sorte que les coefficients e, h restent seuls inconnus.

Une vérification s'offre de plus. Cette équation (126) donne, en effet, pour les racines infiniment petites avec g_2,

$$fT^3 = -\frac{1}{7^4}(12g_2)^6\Delta^4\sqrt{-7}.$$

On a f par l'identité (128) et l'on peut en conclure T, dont la partie principale coïncide effectivement avec celle que donne la formule (123).

Laissons de côté, pour le moment, le calcul des coefficients e, h. Nous avons en vue un autre but, trouver la relation entre T et Y. Mais, d'abord, changeons la forme de l'équation (127) en posant

$$T = \Delta^2 S, \qquad g_2^3 = \Delta J,$$

ce qui donne

$$(129) \quad S^7 + aS^6 + bS^5 + cS^4 + fS^3 + JS^2(eS + h) + \frac{12^6}{7^4}J^2\sqrt{-7} = 0,$$

équation entière entre S et J.

Semblablement, en posant

$$Y = g_2 Z,$$

après avoir écrit l'équation en Y ainsi

$$Y^7 - \Delta[\alpha Y^4 + \beta g_2 Y^3 + \gamma g_2^2 Y^2 + (\delta g_2^3 + \delta'\Delta)Y + g_2(\varepsilon g_2^3 + \varepsilon'\Delta)] = 0,$$

on la met sous la forme

$$(130) \quad Z^7 + \frac{1}{J}(\alpha Z^4 + \beta Z^3 + \gamma Z^2 + \delta Z + \varepsilon) + \frac{1}{J^2}(\delta' Z + \varepsilon') = 0.$$

On peut exprimer S en fonction rationnelle de Z, de g_2 et g_3; mais S et Z sont des invariants absolus, c'est-à-dire ne dépendant point de la constante d'homogénéité λ que l'on introduit, à volonté, en multipliant g_2 et g_3 par λ^2 et λ^3; S s'exprime donc par Z et J seulement. Cette expression est rationnelle; car g_3, dans l'expression de S en Z, g_2 et g_3 ne peut figurer qu'avec des exposants pairs, comme on l'a vu (17) dans une analyse semblable. Mais J est une fonction de Z, que définit l'équation (130), du second degré en J. Donc S s'exprime, en fonction de Z, par une équation du second degré en S.

On peut intervertir, dans ce raisonnement, S et Z et conclure que S et Z sont liés par une équation du second degré par rapport à chacune de ces deux quantités, une équation *biquadratique.*

Nous distinguerons les racines S de l'équation (129) et les racines Z de l'équation (130) par les mêmes indices que T et Y, et ces indices se correspondent, en sorte que, simultanément, S et Z prennent les valeurs S_μ et Z_μ. Qand g_2 est nul, on a

$$S_2 = S_4 = S_0 = \tfrac{1}{2}(21 - \sqrt{-7}), \qquad S_3 = -\sqrt{-7}, \qquad S_1 = S_5 = S_6 = 0.$$

En même temps, comme on l'a vu, Y_2, Y_4, Y_0, ainsi que Y_1, Y_5, Y_6, restent finis, tandis que Y_3 est infiniment petit avec g_2, et son rapport à g_2 est donné par l'égalité (121). Ainsi les valeurs de Z sont ∞ et $\frac{Y_3}{g_2}$; cette dernière correspond à S_3. Considérant les premières, on voit que Z devient infini pour $S = 0$ et pour $S = S_0$. Le coefficient de Z^2 dans l'équation cherchée est donc $S(S - S_0)$.

L'hypothèse $J = 0$ (c'est-à-dire $g_2 = 0$) est, d'après l'équation (129), la seule qui donne $S = 0$. On vient de voir que les valeurs de Z correspondantes sont infinies. Les termes indépendants de S se réduisent donc à un seul, le terme constant.

Envisageons maintenant le cas $\Delta = 0$, c'est-à-dire $J = \infty$. Toutes les valeurs de S sont infinies et celles de Z sont nulles. C'est le seul cas où S puisse être infini; le coefficient de S^2 se compose donc d'un seul terme, qui contient Z^2, puisqu'on a déjà reconnu l'existence du terme $S(S - S_0)Z^2$. Mais Z peut être nul sans que J soit infini, comme le montre l'équation (130), donnant, à cet effet, la condition $\varepsilon' + J\varepsilon = 0$. L'équation cherchée, grâce à ces observations, est réduite à la forme suivante :

$$(131) \qquad S\left(S - \frac{21 - \sqrt{-7}}{2}\right)Z^2 + mSZ + nS + p = 0,$$

où m, n, p sont numériques.

En vue de calculer ces coefficients, prenons d'abord le cas où Δ est évanouissant. Rappelons-nous les formules

$$x = 21\gamma, \qquad x_\mu = -3\gamma + \beta_0 e^{\frac{2\mu i\pi}{7}},$$

pour en conclure

$$\begin{aligned}Y_0 &= 3g_2 + xx_0 + x_1x_3 + x_2x_6 + x_4x_5\\ &= \gamma\beta_0[21 - 3(\rho + \rho^2 + \rho^3 + \rho^4 + \rho^5 + \rho^6)],\end{aligned}$$

$$\rho = e^{\frac{2i\pi}{7}},$$

$$Y_0 = 24\gamma\beta_0, \qquad Z_0 = 2\frac{\beta_0}{\gamma},$$

tandis que la formule (124) donne

$$T_0 = \frac{\sqrt{-7}}{7}\beta_0^{12}, \qquad S_0 = \frac{\sqrt{-7}}{7}\frac{\beta_0^{12}}{\Delta^2}.$$

Il en résulte

$$S_0 Z_0^2 = \frac{4\sqrt{-7}}{7}\frac{\beta_0^{14}}{\gamma^2\Delta^2} = \frac{2^6.3^2\sqrt{-7}}{7},$$

et, si l'on prend dans l'équation (131), les termes de l'ordre le plus élevé,

$$n = -\frac{2^6.3^2\sqrt{-7}}{7}.$$

Prenons, en second lieu, le cas où g_2 est infiniment petit; considérons T_1, donné par la formule (123), d'où nous déduisons

$$S_1 = \frac{1}{2.7^3}\left(\frac{g_2\sqrt[3]{7g_3}}{g_3}\right)^2(21 + \sqrt{-7}).$$

Semblablement, l'expression (118) de X_1 donne

$$Z_1 = -\frac{3}{2}\frac{(\sqrt[3]{7g_3})^2}{g_2}(5 + 3\sqrt{-7}),$$

$$S_1 Z_1^2 = \frac{3^2}{2^3.7}(21 + \sqrt{-7})(5 + 3\sqrt{-7})^2.$$

Prenant dans l'équation (130) les termes qui ne se réduisent pas à zéro, on en conclut

$$p = \frac{21 - \sqrt{-7}}{2}S_1 Z_1^2 = 2^2.3^2(5 + 3\sqrt{-7})^2.$$

Enfin, pour déterminer le dernier coefficient, nous avons, pour

g_2 infiniment petit, les valeurs simultanées

$$S_3 = -\sqrt{-7}, \qquad Z_3 = \frac{9}{4}\left(1 + \frac{11}{\sqrt{-7}}\right),$$

qui, substituées dans l'équation (130), donnent

$$m = -12(1 - \sqrt{-7}) \text{ (1)}.$$

Voici donc la relation cherchée

$$S\left(S - \frac{21 - \sqrt{-7}}{2}\right)Z^2 - 12(1 - \sqrt{-7})SZ$$
$$- \frac{2^6.3^2\sqrt{-7}}{7} S + 2^2.3^2(5 + 3\sqrt{-7})^2 = 0.$$

Si on l'ordonne par rapport à S, elle se présente sous la forme

$$Z^2S^2 - AS + 2^2.3^2(5 + 3\sqrt{-7})^2 = 0,$$

---

(1) On peut aussi trouver m par le calcul de la page 103 qui donne, en partie principale,

$$S_0 - \frac{21 - \sqrt{-7}}{2} = 3\sqrt[3]{7J}\,\frac{2(1 - \sqrt{-7})}{7},$$

en même temps que $X_0 = -6(\sqrt[3]{7g_3})^2$ donne

$$Z_0^3 = -2^3.3^3.7^2\frac{g_3^2}{g_2^3} = 2^3.7^2\frac{\Delta}{g_2^3} = \frac{2^3.7^2}{J},$$

$$Z_0 = 2.7\sqrt[3]{\frac{1}{7J}},$$

$$Z_0\left(S_0 - \frac{21 - \sqrt{-7}}{2}\right) = 2^2.3(1 - \sqrt{-7}) = -m,$$

comme le veut l'équation (131) et comme l'on vient de le trouver autrement.

Par là aussi, on peut trouver une première relation entre les deux coefficients inconnus e, h. On aura, en effet, pour S_0 voisin de $\frac{21 - \sqrt{-7}}{2}$,

$$S_0^3\left[3\sqrt[3]{7J}\,\frac{2(1 - \sqrt{-7})}{7}\right]^3(S_0 + \sqrt{-7}) + JS_0^2(eS_0 + h) = 0,$$

c'est-à-dire

$$\frac{21 - \sqrt{-7}}{2}\,\frac{21 + \sqrt{-7}}{2}\,\frac{2^3.3^3}{7^2}(1 - \sqrt{-7})^3 + e\left(\frac{21 - \sqrt{-7}}{2}\right) + h = 0,$$

(132) $$e\left(\frac{21 - \sqrt{-7}}{2}\right) + h = -\frac{2^7.3^3}{7}(1 - \sqrt{-7})^3 = \frac{2^9.3^3}{7}(5 - \sqrt{-7}).$$

avec cette expression de A

$$A = \frac{21-\sqrt{-7}}{2}Z^2 + 2^2.3(1-\sqrt{-7})Z + \frac{2^6.3^2\sqrt{-7}}{7}.$$

Le discriminant

$$A^2 - 2^4.3^2(5+3\sqrt{-7})^2Z^2$$

s'offre, de lui-même, sous forme du produit de deux facteurs, dont le premier se trouve être un carré,

$$A - 2^2.3(5+3\sqrt{-7})Z = \frac{1}{2}(21-\sqrt{-7})\left[Z - \frac{3(3-\sqrt{-7})}{\sqrt{-7}}\right]^2,$$

$$A - 2^2.3(5+3\sqrt{-7})Z$$
$$= \frac{1}{2}(21-\sqrt{-7})Z^2 - 2^4.3(1+\sqrt{-7})Z + \frac{2^6.3^2\sqrt{-7}}{7}.$$

La théorie générale des équations doublement quadratiques (t. II, p. 338) enseigne un lien entre ce discriminant et celui de la même équation, où Z est envisagée comme l'inconnue. Ces deux discriminants sont transformables l'un dans l'autre par une substitution linéaire. Le second discriminant contient donc, comme le premier, un facteur carré, et l'on trouve, en effet,

$$2^2.3^2(1-\sqrt{-7})^2S^2$$
$$+ 2^2.3^2S\left(S - \frac{21-\sqrt{-7}}{2}\right)\left[\frac{2^4\sqrt{-7}}{7}S - (5+3\sqrt{-7})^2\right]$$
$$= \frac{2^2.3^2\sqrt{-7}}{7}S(4S - 49 - 3\sqrt{-7})^2.$$

....(1).

Problème. — *Trouver un binôme* $eS + h$, *de telle sorte que*

$$(S+a)^3\left(S+\frac{b^2}{a}\right) - C(eS+h)^2S$$

soit un carré parfait, S *étant la variable.*

(1) La rédaction d'Halphen s'arrête ici; mais les pages suivantes, trouvées dans ses papiers, comblent en partie cette lacune.

Solution. — Soit $(S^2 + \lambda S + ab)^2$ le carré cherché, on a

$$(S + a)^3\left(S + \frac{b^2}{a}\right) - (S^2 + \lambda S + ab)^2 = S(MS^2 + NS + P),$$

$$M = 3a + \frac{b^2}{a} - 2\lambda,$$

$$N = 3a^2 + 3b^2 - 2ab - \lambda^2,$$

$$P = a^3 + 3ab^2 - 2\lambda ab;$$

$$N^2 - 4MP = \lambda^4 - 6(a+b)^2\lambda^2 + 8(a+b)^3\lambda - 3(a+b)^4$$
$$= (\lambda - a - b)^3(\lambda + 3a + 3b).$$

1° En prenant $\lambda = a + b$, on a

$$(S + a)^3.\left(S + \frac{b^2}{a}\right) - (S + a)^2(S + b)^2 = \frac{(a-b)^2}{a}S(S + a)^2.$$

2° En prenant $\lambda = -3(a + b)$, il vient

$$(S + a)^3\left(S + \frac{b^2}{a}\right) - [S^2 - 3(a + b)S + ab]^2$$
$$= S\left[\frac{(3a + b)^2}{a}S^2 - 2(3a + b)(a + 3b)S + a(a + 3b)^2\right]$$
$$= \frac{S}{a}[(3a + b)S - a(a + 3b)]^2.$$

Il faut, bien entendu, pour avoir la solution complète, changer, dans ces résultats, b en $-b$.

Dans la première solution, on a

$$h - ea = 0;$$

dans la seconde,

$$e = \frac{3a + b}{a}\sqrt{\frac{a}{C}}, \qquad h = -(a + 3b)\sqrt{\frac{a}{C}},$$
$$\sqrt{C}(h - ea) = -4\sqrt{a}(a + b).$$

Application. — Dans l'équation en S on doit avoir

$$\left(S - \frac{21 - \sqrt{-7}}{2}\right)^3(S + \sqrt{-7}) - \frac{7^4}{2^{14}3^6\sqrt{-7}}S(eS + h)^2$$

égal à un carré parfait. Ici

$$a = -\frac{21 - \sqrt{-7}}{2}, \qquad \frac{b^2}{a} = \sqrt{-7},$$

$$b^2 = -\frac{1}{2}\sqrt{-7}(21 - \sqrt{-7}) = -\frac{7}{2}(1 + 3\sqrt{-7}) = \left(\frac{7 - 3\sqrt{-7}}{2}\right)^2,$$

(133) $$b = \pm\frac{1}{2}(7 - 3\sqrt{-7}).$$

On doit d'ailleurs avoir, d'après la formule (132),

$$h - ea = \frac{2^9 . 3^3}{7}(5 - \sqrt{-7}).$$

La première solution doit donc être rejetée; la seconde donne

(134) $$h - ea = -4(a + b)\sqrt{\frac{a}{C}}.$$

Or

$$\frac{a}{C} = -\frac{21 - \sqrt{-7}}{2} . \frac{2^{14} . 3^6}{7^4}\sqrt{-7}$$

$$= -\frac{2^{14} . 3^6}{7^4} . \frac{7 . (1 + 3\sqrt{-7})}{2} = \frac{2^{12} . 3^6}{7^4}(7 - 3\sqrt{-7})^2;$$

(135) $$\sqrt{\frac{a}{C}} = \pm\frac{2^6 . 3^3}{7^2}(7 - 3\sqrt{-7}).$$

Substituons les valeurs ci-dessus de $h - ea$ et de $\sqrt{\frac{a}{C}}$ dans l'égalité (134); il viendra

$$\mp(a + b)(7 - 3\sqrt{-7}) = 2 . 7 . (5 - \sqrt{-7}),$$

$$a + b = \mp\frac{2 . 7 . (5 - \sqrt{-7})(7 + 3\sqrt{-7})}{112} = \mp(7 + \sqrt{-7}),$$

$$b = \frac{21}{2} - \frac{\sqrt{-7}}{2} \mp (7 + \sqrt{-7}).$$

Cette valeur concorde avec (133), à la condition de prendre les signes + dans les seconds membres de (133) et (135).

Soient donc

$$b = \frac{1}{2}(7 - 3\sqrt{-7}), \qquad \sqrt{\frac{a}{C}} = \frac{2^6 . 3^3}{7^2}(7 - 3\sqrt{-7}).$$

On aura

$$3a + b = -2^2.7, \qquad a + 3b = -2^2\sqrt{-7},$$

$$\begin{aligned} eS + h &= \sqrt{\frac{a}{C}}\left[\frac{3a+b}{a}S - (a+3b)\right] \\ &= \frac{2^6.3^3}{7^2}(7 - 3\sqrt{-7})\left(\frac{2^3.7}{21-\sqrt{-7}}S + 2^2\sqrt{-7}\right) \\ &= \frac{2^6.3^3}{7}\left[(3-\sqrt{-7})S + 4(3+\sqrt{-7})\right]. \end{aligned}$$

Voici donc l'équation

$$\begin{aligned} &S^3\left(S - \frac{21-\sqrt{-7}}{2}\right)^3(S+\sqrt{-7}) \\ &+ \frac{2^6.3^3}{7}JS^2\left[(3-\sqrt{-7})S + 4(3+\sqrt{-7})\right] + \frac{2^{12}.3^6}{7^4}J^2\sqrt{-7} = 0. \end{aligned}$$

On a

$$\begin{aligned} &\left(S - \frac{21-\sqrt{-7}}{2}\right)^3(S+\sqrt{-7}) - \frac{7^4}{2^{14}.3^6\sqrt{-7}}S(eS+h)^2 \\ &= [S^2 - 3(a+b)S + ab]^2, \\ &= \left[S^2 + 3(7+\sqrt{-7})S - \frac{7}{2}(9-5\sqrt{-7})\right]^3. \end{aligned}$$

Par conséquent,

$$\begin{aligned} &\frac{1}{4}S(eS+h)^2 - \frac{2^{12}.3^6\sqrt{-7}}{7^4}\left(S - \frac{21-\sqrt{-7}}{2}\right)^3(S+\sqrt{-7}) \\ &= -\frac{2^{12}.3^6\sqrt{-7}}{7^4}\left[S^2 + 3(7+\sqrt{-7})S - \frac{7}{2}(9-5\sqrt{-7})\right]^2, \end{aligned}$$

$$\begin{aligned} \frac{2^{12}.3^6\sqrt{-7}}{7^4}J &= -\frac{1}{2}S^2(eS+h) \\ &\pm \frac{2^6.3^3}{7^2}S\left[S^2 + 3(7+\sqrt{-7})S - \frac{7}{2}(9-5\sqrt{-7})\right]\sqrt{-S\sqrt{-7}}. \end{aligned}$$

Si l'on pose $S = -U^2\sqrt{-7}$, il vient

$$\begin{aligned} \frac{2^{12}.3^6\sqrt{-7}}{7^4}J &= -2^5.3^3(3-\sqrt{-7})\sqrt{-7}\left(U^2 - \frac{21-\sqrt{-7}}{2.7}\right)U^4 \\ &\mp \frac{2^6.3^3}{7}U^3\left[-7U^4 + 3.7(1-\sqrt{-7})U^2 - \frac{7}{2}(9-5\sqrt{-7})\right] \end{aligned}$$

ou enfin, en prenant le signe — par exemple,

$$U^3\left[U^4 - 3(1-\sqrt{-7})\,U^2 + \frac{9-5\sqrt{-7}}{2}\right]$$
$$+\frac{1}{2}\sqrt{-7}\,(3-\sqrt{-7})\,U^4\left(U^2 - \frac{21-\sqrt{-7}}{14}\right) + \frac{2^6.3^3\sqrt{-7}}{7^4}\,J = 0.$$

La décomposition relative au cas $J = 0$ devra se conserver dans l'équation en U, où déjà on a le facteur U^3 dans la partie indépendante de J. Effectivement, si l'on pose $U = +1$, $J = 0$, l'équation est satisfaite. On a donc le facteur $U - 1$.

La seconde racine triple $S = \frac{21-\sqrt{-7}}{2}$ donne, d'autre part,

$$U^2 = -\frac{21-\sqrt{-7}}{2\sqrt{-7}} = \frac{a^2}{b^2},$$
$$U = \pm\frac{a}{b} = \pm\frac{3+\sqrt{-7}}{2}.$$

Substituant ces valeurs dans l'équation, pour $J = 0$, on voit que c'est le signe — qu'on doit prendre.

L'équation en U peut donc s'écrire ainsi :

$$U^3\left(U + \frac{3+\sqrt{-7}}{2}\right)^3 (U-1) + \frac{2^6.3^3\sqrt{-7}}{7^4}\,J = 0.$$

Telle est la résolvante de Gallois la plus simple; elle est obtenue en posant

$$U = \left[-\frac{(t-t_0)(t_1-t_3)(t_2-t_6)(t_4-t_5)}{\Delta^2\sqrt{-7}}\right]^{\frac{1}{2}}.$$

FRAGMENTS DIVERS.

I.

Sur la multiplication complexe dans les fonctions elliptiques et, en particulier, sur la multiplication par $\sqrt{-23}$ (¹).

Préambule.

Une des belles découvertes d'Abel, tout juste indiquée dans ses Œuvres, la *multiplication complexe des fonctions elliptiques*, a été, avec éclat, tirée de l'oubli par M. Kronecker et par M. Hermite. Dès le premier travail publié sur ce sujet par M. Kronecker (*Monatsberichte*, 1857), on voit apparaître, entre cette théorie et celle des *formes* arithmétiques, des liens si étroits que l'admirable création de Gauss semble imaginée tout exprès. Cette liaison ne se montre pas moins dans le Mémoire composé par M. Hermite à la même époque (*Comptes rendus* de 1859). La multiplication complexe n'y est pas le but : c'est le moyen que M. Hermite emploie pour trouver, dans les transformations du septième et du onzième ordre, la *réduite* de Gallois. C'est dans ce Mémoire cependant, si riche en résultats nouveaux, qu'on voit, après les exemples élémentaires, la première collection de fonctions à multiplication complexe, calculées numériquement avec une élégance extrême. A la même époque, le R. P. Joubert (*Comptes rendus* de 1860) et M. Kronecker (*Monatsberichte* de 1862), dont les travaux, sur ce sujet, n'ont cessé de se poursuivre, ont donné aussi beaucoup d'autres exemples. Enfin, dans ces deux dernières années, la multiplication complexe a été l'objet de Mémoires im-

(¹) Extrait du *Journal de Mathématiques pures et appliquées*, 4ᵉ série, t. V; 1889.

portants, dus à M. Stuart (*Quarterly Journal*, t. XX), M. Sylow (ce Journal, 1887), M. Weber (*Acta mathematica*), M. Pyck (*Math. Annalen*) et enfin M. Greenhill (*Proc. of London. Math. Soc.*, 1888). Je n'ai point à analyser ici ces Mémoires pleins d'intérêt au point de vue, soit de la théorie générale, soit des résultats numériques. Sous ce dernier point de vue, le Mémoire de M. Greenhill, tout récent, résume et dépasse les travaux antérieurs.

Pour la recherche effective des fonctions à multiplication complexe, sauf en quelques cas, comme la multiplication par $\sqrt{-7}$ ou par $\sqrt{-15}$ (HERMITE, *Équations modulaires*, p. 55), on a employé, jusqu'à présent, des moyens détournés, quoique d'un grand intérêt : tantôt on utilise les équations modulaires déjà connues, tantôt on calcule, à l'aide des séries de Jacobi, les coefficients d'une équation résolvante. Ce dernier moyen, extrêmement curieux cependant, est bien étranger à l'Algèbre et surtout exige des opérations bien laborieuses. Le premier moyen conduit, en général, à des équations qu'il faut décomposer en plusieurs autres [1] ou bien qui ne donnent pas aisément, sous leur forme définitive, toutes les inconnues.

D'ailleurs, quoi que l'on veuille penser de ces critiques, il était intéressant de chercher des moyens directs. Je me propose, dans le Mémoire actuel, de montrer, sur un exemple, l'emploi d'un tel moyen, si direct et si simple, en théorie du moins, qu'il suffira, pour me suivre jusqu'au bout, de posséder les premiers éléments des fonctions elliptiques. Afin de faciliter cette tâche, j'ai placé au début un exposé rapide des principes généraux de la multiplication complexe, ressemblant beaucoup à celui qu'a déjà fait M. Sylow.

L'exemple choisi est celui de la multiplication par $\sqrt{-23}$. Il existe six fonctions admettant cette multiplication. Pour le

---

(1) La cause de cette décomposition sera expliquée ici parmi les *Principes généraux*. Il y a plusieurs exemples, dignes de remarque, où cette décomposition est évitée par l'emploi d'équations modulaires irrationnelles; on le verra dans le Mémoire de M. Greenhill. Mais c'est là un accident heureux, qui se produit seulement en des cas dont le nombre est très limité. Pour obtenir une équation sans facteurs étrangers, M. Kronecker a indiqué une méthode générale, fondée sur l'emploi simultané de l'équation modulaire et de l'*équation au multiplicateur*.

nombre 23, comme pour tous ceux qui sont de la forme $8n-1$, ce qu'on a obtenu jusqu'à présent ne suffit point. Dans son beau travail de 1860, le R. P. Joubert, parmi beaucoup d'autres résultats, a donné explicitement deux équations, du troisième degré, dont chaque racine est égale, pour l'une des six fonctions, au produit du module par son complémentaire. Il resterait à trouver effectivement les modules, qui doivent contenir seulement une seule irrationnelle, outre $\sqrt{-23}$. Cette circonstance indique suffisamment que l'on n'a pas choisi l'inconnue la mieux appropriée. La même observation s'applique à l'équation, d'ailleurs très élégante, donnée pour le même objet par M. Greenhill. On pourrait d'abord être surpris de me voir exiger le module lui-même, quand on sait fort bien que le produit du module et de son complément définit explicitement les invariants. Il est vrai que le résultat obtenu par le R. P. Joubert suffit à définir ces invariants; mais il ne suffit point pour faire connaître, sans nouvelle irrationnelle, la formule même de multiplication.

Au point de vue des résultats, c'est donc un complément que j'apporte à ce qui était acquis. Mais c'est surtout par la méthode employée que ce travail, sans prétention, mérite peut-être un instant d'attention.

Principes généraux.

Rappelons tout d'abord les principes.

Soit ε une constante qu'on désignera sous le nom de *multiplicateur*.

Soit u un argument variable; soit encore v le produit de u par le multiplicateur,

$$v = \varepsilon u.$$

On sait que, si ε est un nombre entier, $\wp v$ est une fonction rationnelle de $\wp u$. Le même fait peut-il se présenter pour d'autres valeurs de ε?

Soient 2ω et $2\omega'$ les périodes. Comme $\wp u$ ne change point quand on ajoute ces périodes à l'argument u et que tout autre changement de l'argument, sauf le changement du signe, altère la fonction $\wp$; comme aussi $\wp v$ doit avoir une seule valeur pour chaque valeur de pu, il faut que les produits de ε par 2ω et $2\omega'$ soient eux-mêmes des périodes, qu'on ait donc

$$(1)\qquad \varepsilon\omega = p\omega + q\omega', \qquad \varepsilon\omega' = r\omega + s\omega',$$

p, q, r, s étant des nombres entiers. De là se conclut

$$(2)\qquad (p\omega + q\omega')\omega' = (r\omega + s\omega')\omega.$$

Mettons de côté le cas où l'on supposerait

$$q = 0, \qquad r = 0, \qquad p = s = \varepsilon,$$

qui est celui de la multiplication ordinaire, ε étant alors un nombre entier. Pour tout autre cas, la relation (2) n'est pas identique. Elle exprime une condition entre les périodes : *pour qu'il existe une multiplication, autre que la multiplication ordinaire, il faut et il suffit que le rapport des périodes soit racine d'une équation du second degré à coefficients entiers.* C'est une condition nécessaire, on vient de le voir; suffisante aussi : pour s'en convaincre, il suffit d'observer que, ε étant choisi conformément aux égalités (1), concordantes d'après la relation (2) supposée, pv n'a effectivement qu'une seule valeur quand pu est donné.

Il s'agit de trouver l'expression de pv, en fonction de pu. Cherchons donc les pôles de cette fonction, considérée comme dépendant de u.

Des égalités (1) et (2), on peut tirer

$$(3)\qquad \begin{cases} \dfrac{\omega}{\varepsilon} = \dfrac{s\omega - q\omega'}{N}, \qquad \dfrac{\omega'}{\varepsilon} = \dfrac{p\omega' - r\omega}{N}, \\ N = ps - qr. \end{cases}$$

En conséquence, les valeurs de $u = \frac{v}{\varepsilon}$, qui rendent v égal à une période, sont des $N^{\text{ièmes}}$ parties de période. Mais il faut préciser davantage.

On doit admettre que les quatre nombres p, q, r, s n'aient aucun diviseur commun. Effectivement, de ce cas particulier, on s'élève au cas général en multipliant ε par un nombre entier, c'est-à-dire en faisant suivre la multiplication par ε d'une multiplication ordinaire. Cette dernière ferait disparaître la simplicité qu'on va reconnaître dans la nature des pôles de pv; la simplicité tient essentiellement à cette hypothèse, permise et nécessaire : p, q, r, s *n'ont aucun diviseur commun*.

Soient ν le plus grand commun diviseur de s et de q ; μ celui de p et de r. Ces diviseurs appartiennent aussi à N. On aura

$$q = \nu q_1, \qquad s = \nu s_1; \qquad p = \mu p_1, \qquad r = \mu r_1;$$
$$p_1 s_1 - q_1 r_1 = n, \qquad \mathrm{N} = n\mu\nu.$$

Sont premiers entre eux les nombres q_1 et s_1, de même p_1 et r_1, et aussi μ et ν, suivant l'hypothèse qu'on vient de faire sur l'ensemble des quatre nombres p, q, r, s.

Comme q_1 et s_1 sont premiers entre eux, on peut trouver deux entiers α et β par la condition

$$s_1\beta - q_1\alpha = 1. \tag{4}$$

Posant alors

$$s_1\omega - q_1\omega' = \omega_1, \qquad \alpha\omega - \beta\omega' = \omega'_1,$$

on en conclura

$$\omega = \beta\omega_1 - q_1\omega'_1, \qquad \omega' = \alpha\omega_1 - s_1\omega'_1,$$
$$p_1\omega' - r_1\omega = (p_1\alpha - r_1\beta)\omega_1 - (p_1 s_1 - q_1 r_1)\omega'_1,$$

égalité que nous écrirons sous la forme

$$p_1\omega' - r_1\omega = h\omega_1 - n\omega'_1,$$

en posant

$$h = p_1\alpha - r_1\beta. \tag{5}$$

Remarquons immédiatement que h et n sont premiers entre eux. On a, en effet,

$$hs_1 = p_1 s_1\alpha - r_1 s_1\beta = p_1 s_1\alpha - r_1(1 + q_1\alpha) = n\alpha - r_1,$$
$$hq_1 = p_1 q_1\alpha - r_1 q_1\beta = p_1(s_1\beta - 1) - r_1 q_1\beta = n\beta - p_1.$$

Tout diviseur commun à h et n diviserait donc r_1 et p_1, qui sont premiers entre eux.

Puisque h et n sont effectivement premiers entre eux, on peut choisir un entier λ, de telle sorte que $h + \lambda n$ soit premier avec un nombre donné quelconque, par exemple ν. Mais, par l'égalité (4), α et β sont déterminés seulement à un multiple près respectivement de s_1 et de q_1. L'égalité (5) détermine donc h à un multiple près de

$$n = p_1 s_1 - r_1 q_1;$$

on peut alors choisir ce multiple de telle sorte que h soit premier avec ν. Admettons qu'il en soit ainsi.

Les deux nombres h et μ étant premiers avec ν, on peut déterminer des entiers γ et δ par la condition

$$\nu\delta - h\mu\gamma = 1.$$

Cela fait, on a

$$h\omega_1 - n\omega'_1 + n\nu\,\delta\omega'_1 = h(\omega_1 + n\mu\gamma\omega_1)$$

et, si l'on pose

$$\omega_1 + n\mu\gamma\omega'_1 = \varpi,$$

les expressions (3) de $\frac{\omega}{\varepsilon}$ et de $\frac{\omega'}{\varepsilon}$ prennent les formes ci-après :

$$\frac{\omega}{\varepsilon} = \frac{s_1\omega - q_1\omega'}{n\mu} = \frac{\omega_1}{n\mu} = \frac{\varpi}{n\mu} - \gamma\omega'_1,$$

$$\frac{\omega'}{\varepsilon} = \frac{p_1\omega' - r_1\omega}{n\nu} = \frac{h\omega_1 - n\omega'_1}{n\nu} = \frac{h\varpi}{n\nu} - \delta\omega'_1.$$

Par conséquent, en négligeant les multiples de la période $2\omega'_1$,

$$(6)\qquad \left\{\begin{aligned} \frac{2\omega}{\varepsilon} &= \frac{2\varpi}{n\mu} = \frac{2\nu\varpi}{N},\\ \frac{2\omega'}{\varepsilon} &= \frac{2h\varpi}{n\nu} = \frac{2\mu h\varpi}{N}. \end{aligned}\right.$$

Ainsi $\frac{2\omega}{\varepsilon}$ et $\frac{2\omega'}{\varepsilon}$, à des périodes près, sont des multiples d'une seule et même quantité $\frac{2\varpi}{N}$. Avec des entiers quelconques α' et β', en posant

$$\nu\alpha' + \mu h\beta' = m,$$

on aura, de même,

$$(7)\qquad \frac{2\alpha'\omega + 2\beta'\omega'}{\varepsilon} = \frac{2m\varpi}{N},$$

c'est-à-dire un multiple de $\frac{2\varpi}{N}$. Comme, d'ailleurs, ν et μh sont premiers entre eux, m peut être un entier quelconque. En conséquence, *les valeurs de u qui rendent v égal à une période sont représentées par tous les multiples d'une seule et même quantité $\frac{2\bar{\omega}}{N}$, qui est la $N^{ième}$ partie d'une période.*

Il est très important de se rappeler l'hypothèse p, q, r, s sans diviseur commun. Dans le cas opposé, en effet, la proposition serait en défaut. Au cas de la multiplication ordinaire, par un entier M, les valeurs de u, qui rendent $\frac{u}{M}$ égal à une période, sont constituées par l'ensemble de *toutes* les $M^{ièmes}$ parties de période, et ces dernières ne sont pas les multiples d'une seule et même quantité. Si donc on multiplie ε par un entier M, la proposition précédente disparaît à l'égard du produit $M\varepsilon$. Elle constitue ainsi une propriété caractéristique de la multiplication singulière, réduite à ses éléments essentiels.

Connaissant les pôles de pv, fonction de u, il est aisé de trouver l'expression de pv, décomposée en éléments simples. Soit effectivement

$$u = \frac{2m\bar{\omega}}{N} + u';$$

d'après l'égalité (7), il vient

$$v = \varepsilon u = 2\alpha'\omega + 2\beta'\omega' + \varepsilon u' \equiv \varepsilon u'.$$

D'autre part, pv développé suivant les puissances ascendantes de v fournit, à la partie fractionnaire, le seul terme $\frac{1}{v^2}$. Suivant les puissances ascendantes de u', on a donc le seul terme $\frac{1}{\varepsilon^2 u'^2}$. De là vient, dans la formule de décomposition, le seul terme

$$\frac{1}{\varepsilon^2} p\left(u - \frac{2m\bar{\omega}}{N}\right).$$

Si l'on observe ensuite que pv est une fonction paire de u, on trouve immédiatement le terme constant, qui restait à déterminer dans la formule de décomposition, et l'on a enfin

$$(8) \qquad \varepsilon^2 p v = p u + \sum_{m=1}^{m=N-1} \left[p\left(u - \frac{2m\bar{\omega}}{N}\right) - p\frac{2m\bar{\omega}}{N} \right].$$

Le rapport des périodes est supposé racine d'une équation du second degré, à coefficients entiers; soit

$$a\omega'^2 + 2b\omega\omega' + c\omega^2 = 0 \tag{9}$$

cette équation, où a, b, c sont des nombres entiers, n'ayant aucun diviseur commun. Le premier membre constitue ce qu'on nomme, dans la théorie de Gauss, une *forme primitive;* la qualification de *primitive* exprime que a, b, c n'ont point de diviseur commun.

Dans l'*ordre primitif* (c'est-à-dire dans l'ensemble des formes primitives), on distingue l'*ordre proprement primitif* et l'*ordre improprement primitif*. Le premier est celui où a et c ne sont pas, tous deux, pairs; le second est, au contraire, celui où a et c sont pairs. Cette distinction, née de l'Arithmétique, est encore fondamentale ici, comme on va le voir immédiatement.

Le rapport des périodes est essentiellement imaginaire. Ainsi l'équation (9) a ses racines imaginaires; en d'autres termes, le nombre D, qui est son déterminant changé de signe,

$$D = ac - b^2 > 0, \tag{10}$$

est essentiellement positif. La forme (a, b, c), c'est ainsi qu'on représente abréviativement le premier membre (9), est donc une *forme définie,* nom que l'on donne aux formes dont le signe est invariable quand la variable est réelle. On pourra admettre que a et c, dont le signe est le même pour tous deux, sont positifs. La forme (a, b, c) est, en résumé, une *forme primitive* et *positive.*

Enfin, pour fixer les idées, nous définirons le rapport $\omega' : \omega$ comme étant égal à la racine dans laquelle la partie imaginaire est positive, c'est-à-dire que le coefficient de i est supposé positif. Par conséquent,

$$\frac{a\omega' + b\omega}{\omega} = -\frac{c\omega + b\omega'}{\omega'} = i\sqrt{D}, \tag{11}$$

et $\sqrt{D}$ est pris *positivement.*

L'équation (9) peut être mise, de diverses manières, sous la forme (2). Il y a donc diverses multiplications singulières pour la même fonction elliptique : parmi ces multiplications, il faut en choisir une, la plus simple, suffisante pour caractériser la singularité.

Par comparaison avec l'égalité (2), on posera

$$(12)\quad \begin{cases} q = ka, \quad -r = kc, \quad p = kb + k', \\ s = -kb + k', \quad p - s = 2kb. \end{cases}$$

Les trois nombres a, b, c n'ont point de diviseur commun ; il en va donc de même des trois nombres a, $2b$, c dans le cas de l'ordre primitif. Alors k est nécessairement un nombre entier, et k' aussi par conséquent. Au contraire, pour l'ordre improprement primitif, a, $2b$ et c ont le diviseur 2. On peut donc prendre, pour k, la moitié d'un nombre entier ; comme, d'ailleurs, b est impair (sans quoi a, b, c auraient le facteur 2), $2k'$ sera aussi un nombre entier, de même parité que $2k$.

Nous avons maintenant, suivant (12) et (10),

$$(13)\quad N = ps - qr = k'^2 + k^2 D.$$

Le minimum de N, pour l'ordre proprement primitif, est donc $N = D$, répondant à $k' = 0$, $k = \pm 1$. Pour l'ordre improprement primitif, c'est $N = \frac{1}{4}(D + 1)$, répondant à $\pm k' = \pm k = \frac{1}{2}$.

L'expression (1) du multiplicateur ε, suivant (11), devient

$$(14)\quad \varepsilon = \frac{p\omega + q\omega'}{\omega} = \frac{k(a\omega' + b\omega)}{\omega} + k' = k' + ik\sqrt{D}.$$

Ce multiplicateur est toujours imaginaire, et c'est là l'origine de la locution : *multiplication complexe.*

Adoptons naturellement, comme la plus simple, la multiplication où N est minimum ; fixons, d'ailleurs arbitrairement, les signes de k et de k', et concluons ainsi :

Dans l'ordre proprement primitif (c'est-à-dire l'un des deux nombres a et c étant impair), *le multiplicateur le plus simple* ε *et le degré* N *sont*

$$(15)\quad \varepsilon = i\sqrt{D}, \qquad N = D;$$

dans l'ordre improprement primitif (c'est-à-dire si a et c sont pairs, tous deux), *le multiplicateur le plus simple* ε *et le degré* N *sont*

$$(16)\quad \varepsilon = \tfrac{1}{2}(1 + i\sqrt{D}), \qquad N = \tfrac{1}{4}(D + 1).$$

Pour un même déterminant D, multiple de 4 moins 1, le degré le plus petit correspond à l'ordre improprement primitif, qui offre, par conséquent, des calculs directs beaucoup plus simples. Comme on le verra par l'exemple que nous allons calculer, on peut ensuite, par des opérations indirectes, passer à l'ordre proprement primitif.

Diverses méthodes de recherche.

Jusqu'à présent, les fonctions elliptiques à multiplication complexe, ou *fonctions singulières,* ont été caractérisées par la condition (9), relative aux périodes. Le problème véritable est de *trouver leurs modules,* suivant l'ancien langage, ou leurs *invariants*, suivant le langage actuel. Pour résoudre ce problème, la voie naturelle est de faire disparaître les variables u, v de l'égalité (8), de façon à obtenir une relation entre des constantes, exprimables en fonction des invariants. On peut obtenir une infinité de telles relations.

Développons les deux membres (8) suivant les puissances ascendantes de u, égalons terme à terme les coefficients et nous aurons les relations dont il s'agit. Pour ce but, on invoquera le développement

$$\mathrm{p}u = \frac{1}{u^2} + \frac{g_2}{20}u^2 + \frac{g_3}{28}u^4 + \ldots.$$

Se souvenant que l'on a $v = \varepsilon u$, on conclut

$$(17)\quad \left\{\begin{array}{l} \dfrac{1}{20}(\varepsilon^4 - 1)g_2 = \dfrac{1}{2}\sum \mathrm{p}''\dfrac{2m\varpi}{\mathrm{N}}, \\ \dfrac{1}{28}(\varepsilon^6 - 1)g_3 = \dfrac{1}{2.3.4}\sum \mathrm{p}^{\mathrm{IV}}\dfrac{2m\varpi}{\mathrm{N}}, \\ \ldots\ldots\ldots\ldots\ldots\ldots\ldots\ldots \end{array}\right.$$

Il suffit, bien entendu, de prendre la première de ces équations. En exprimant que les arguments des diverses fonctions p'', dans le second membre, sont les multiples d'un même argument, que ce dernier est la Nième partie d'une période, on obtiendra, entre les invariants, une équation algébrique propre à résoudre le problème.

On peut procéder autrement : prendre les deux équations, exprimer les fonctions p'' et p^{IV} au moyen de la seule fonction p, suivant les formules

$$p'' = 6p^2 - \tfrac{1}{2}g_2,$$
$$p^{\text{IV}} = 12(10p^3 - \tfrac{3}{2}g_2 p - g_3),$$

employer la multiplication ordinaire pour réduire ces fonctions p au seul argument $\frac{2\varpi}{N}$ et, sans avoir à exprimer que cet argument est une $N^{\text{ième}}$ partie de période, éliminer cette unique quantité $p\frac{2\varpi}{N}$ entre les deux équations.

Il y a d'autres moyens encore. Dans le cas, notamment, où N est un nombre pair, en mettant, au lieu de u, dans l'égalité (8), une des trois demi-périodes, on obtient une relation fort utile, comme je ferai dans l'exemple que je me propose de traiter ici.

Voici le fait qui attire d'abord l'attention. Dans l'égalité (8) et celles qui s'en déduisent, les seules données qui apparaissent sont ε et N, c'est-à-dire, conformément aux expressions (15) ou (16), le déterminant D et la distinction entre les deux ordres, proprement ou improprement primitifs. Aucun autre élément de l'équation (9), c'est-à-dire de la forme (a, b, c) ne laisse de trace dans le calcul. Par conséquent, la totalité des formes, de déterminant D, donne en tout deux équations, bien distinctes entre elles, l'une pour l'ordre proprement primitif, l'autre pour l'ordre improprement primitif (quand D est multiple de 4 moins 1).

Pour un déterminant donné, il y a une infinité de formes (a, b, c). Il n'y a cependant qu'un nombre limité de fonctions singulières, répondant à ces formes, puisque ces fonctions sont définies par une équation algébrique. Une infinité de formes répondent donc à une même fonction. Ceci tient simplement à ce que les périodes 2ω, $2\omega'$ ne sont pas entièrement déterminées. On peut, en effet, au moyen d'une substitution linéaire, de déterminant *unité*, changer ces périodes en d'autres, qui leur soient équivalentes.

Soient $2\varpi'$ et 2ϖ deux autres périodes :

(18) $$\varpi' = \alpha\omega' + \beta\omega, \qquad \varpi = \gamma\omega' + \delta\omega.$$

Pour que le couple $(2\varpi', 2\varpi)$ puisse remplacer le couple

$(2\omega', 2\omega)$, il faut que toute période s'exprime par une fonction linéaire de $2\varpi'$ et 2ϖ, à coefficients entiers; ceci exige

$$\alpha\delta - \beta\gamma = \pm 1.$$

De plus, pour préciser le rapport $\omega' : \omega$, nous avons été conduits à fixer le signe de la partie imaginaire dans ce rapport. Pour que ce signe se conserve dans $\varpi' : \varpi$, il faut que l'on ait $\alpha\delta - \beta\gamma = +1$, comme on le reconnaît par un calcul classique.

La substitution (18) fait apparaître $\varpi' : \varpi$ comme racine d'une nouvelle équation, analogue à l'équation (9). Le premier membre de cette nouvelle équation n'est autre que le premier membre de la précédente (9), transformé par une substitution linéaire, à coefficients entiers, de déterminant égal à $+1$.

Dans la théorie de Gauss, toutes les formes (a, b, c), déduites d'une seule et même forme par de telles substitutions, forment une *classe* et elles sont dites *équivalentes*. Cette équivalence trouve ici son application naturelle : toutes ces formes correspondent à une seule et même fonction elliptique. Le nombre total des fonctions singulières qui correspondent à un même déterminant D est donc aussi celui des classes de formes primitives (proprement ou improprement), à déterminant $-$ D. Si la théorie des nombres ne nous le faisait déjà connaître, nous apprendrions donc par les fonctions elliptiques que ces classes sont en nombre limité.

En restant dans les généralités, j'ai encore un mot à dire sur la méthode de calcul que j'ai indiquée tout à l'heure, pour la comparer avec la méthode classique, la méthode d'invention première, celle d'Abel, pour laquelle on emploie les *équations modulaires*.

Envisageons des fonctions elliptiques quelconques, ayant 2ω et $2\omega'$ pour périodes; puis d'autres fonctions elliptiques, ayant les périodes 2Ω, $2\Omega'$, liées aux précédentes par les relations

$$(19) \qquad \varepsilon\Omega = p\omega + q\omega', \qquad \varepsilon\Omega' = r\omega + s\omega',$$

analogues aux relations (1); p, q, r, s sont encore des nombres entiers sans diviseur commun, mais ε est une quantité tout à fait arbitraire. Les éléments de la théorie de la *transformation*, par les raisonnements mêmes que nous avons employés, montrent que

$p(\varepsilon u)$ est fonction rationnelle de Pu (nous désignons ici par P la seconde fonction elliptique, aux périodes 2Ω, $2\Omega'$). Cette fonction rationnelle s'exprime, en éléments simples, sous la forme

$$\varepsilon^2 p(\varepsilon u) = Pu + \sum_{m=1}^{m=N-1} \left[P\left(u - \frac{2m\tilde{\Omega}}{N}\right) - P\,\frac{2m\tilde{\Omega}}{N}\right],$$

analogue à l'égalité (8).

Par le même moyen qui nous a fourni les relations (17), en employant des majuscules pour les invariants de P, on obtient

$$\frac{1}{20}(\varepsilon^4 g_2 - G_2) = \frac{1}{2}\sum P''\,\frac{2m\tilde{\Omega}}{N},$$

$$\frac{1}{28}(\varepsilon^6 g_3 - G_3) = \frac{1}{2.3.4}\sum P^{\text{IV}}\,\frac{2m\tilde{\Omega}}{N}.$$

En considérant les seconds membres comme des fonctions connues de G_2 et G_3, éliminant ε, on obtient une relation entre les invariants absolus $g_2^3 : g_3^2$ et $G_2^3 : G_3^2$ (qui remplacent les modules dans les notations modernes). Cette relation (mise sous forme entière relativement à G_2 et G_3, dont les seconds nombres sont des fonctions algébriques irrationnelles) constitue l'*équation modulaire* relative aux transformations d'ordre N.

Dans cette équation modulaire, supposons $G_2 = g_2$, $G_3 = g_3$. Nous retrouvons alors, au lieu des relations (19), les relations initiales (1), et l'équation ainsi obtenue, qui contient alors un seul module, ou plutôt un seul invariant absolu, caractérise des fonctions elliptiques singulières. Mais ε a disparu; la seule donnée qui subsiste est N. La disparition de ε nous avertit que les multiplications ne sont pas nécessairement réduites à leurs formes les plus simples (15) ou (16). Entre le déterminant D inconnu et le nombre donné N existe seulement la relation (13). On trouvera donc ainsi, à la fois, toutes les multiplications complexes qui répondent aux déterminants D, de la forme

$$D = \frac{N - k^2}{k'^2},$$

$2k$ et $2k'$ étant des entiers quelconques, qui rendent D entier et positif. L'équation obtenue de la sorte est donc décomposable en plusieurs équations distinctes.

Au point de vue théorique, cette méthode présente divers avantages. Tout d'abord, elle a été la source de belles découvertes arithmétiques, comme on peut le voir dans les travaux de M. Kronecker. De plus, les équations modulaires ayant été très étudiées, on trouve par là plusieurs propriétés générales de la multiplication complexe. Mais, quand il s'agit de calculer effectivement des invariants singuliers, correspondant à un déterminant donné, cette méthode ne peut être approuvée. Une bonne méthode doit fournir directement, sans facteurs étrangers, l'équation désirée. Elle ne doit point exiger le calcul préalable des équations modulaires. Celle que j'ai indiquée plus haut satisfait à ces conditions : par la conservation du multiplicateur ε dans le calcul, elle doit donner, pour chaque cas, une équation répondant uniquement à la question (1). On ne peut pas dissimuler cependant que le calcul effectif offre des difficultés : pour qu'il ne soit pas trop laborieux, on doit assurément user d'artifice, employer, par exemple, des relations surabondantes, comme je vais le faire dans le cas particulier dont j'aborde maintenant le calcul.

Multiplication par $\frac{1}{2}(1+\sqrt{-23})$. — Recherche de la résolvante.

Je me propose de trouver les fonctions elliptiques singulières répondant à l'ordre improprement primitif, pour le déterminant 23. Je prends, à cet effet, l'une des formes correspondantes, la forme (2, 1, 12), supposant ainsi, entre les périodes, la relation

$$(20)\qquad \begin{cases} \omega'^2 + \omega\omega' + 6\omega^2 = 0, \\ \dfrac{2\omega' + \omega}{\omega} = i\sqrt{23}. \end{cases}$$

Dans la fonction elliptique correspondante, les invariants sont

(1) D'après un des plus beaux théorèmes de M. Kronecker, cette équation doit se décomposer en autant d'équations partielles qu'il y a de *genres* différents, entre lesquels se répartissent les classes de formes ayant le déterminant donné et appartenant à l'ordre considéré. Le déterminant que j'ai en vue est un nombre premier; il n'y a donc qu'un genre dans chaque ordre; partant, point de décomposition.

réels et le discriminant négatif. La demi-période réelle est ω, la demi-période purement imaginaire est $2\omega' + \omega$. Ainsi, suivant les notations usitées dans le cas des invariants réels avec discriminant négatif, on devra poser

$$\omega_2 = \omega, \qquad \omega'_2 = 2\omega' + \omega:$$

de là, pour les demi-périodes imaginaires conjuguées, les expressions

$$\omega_1 = \tfrac{1}{2}(\omega_2 - \omega'_2) = -\omega', \qquad \omega_3 = \tfrac{1}{2}(\omega_2 + \omega'_2) = \omega + \omega'.$$

Les *racines* e_α, c'est-à-dire les valeurs de pu quand u est une demi-période, sont donc composées ainsi : l'une réelle e_2, correspondant à ω_2 aussi bien qu'à ω'_2; les deux autres sont imaginaires conjuguées : dans e_1, qui correspond à ω_1, la partie imaginaire est positive.

Je conserverai explicitement les demi-périodes ω, ω', avec la notation ω'' pour leur somme, mettant, de plus, e, e', e'' pour les trois racines correspondantes (¹). La somme de ces dernières est nulle. On a donc simultanément

$$(21) \qquad \frac{e'}{e} = -\frac{1}{2} + t, \qquad \frac{e''}{e} = -\frac{1}{2} - t.$$

La lettre t désigne l'inconnue qu'on est naturellement conduit à choisir. Nous savons dès maintenant que $\frac{t}{i}$ doit être réel et positif.

D'après les égalités (12) appliquées au cas actuel, en y prenant

$$k = k' = \tfrac{1}{2},$$

des relations (1) et (2) on tire les suivantes :

$$(22) \qquad \begin{cases} \varepsilon\omega = \omega + \omega', & \varepsilon\omega' = -6\omega, \\ \dfrac{\omega}{\varepsilon} = -\dfrac{\omega'}{6}, & \dfrac{\omega'}{\varepsilon} = \dfrac{\omega'}{6} + \omega, \\ \varepsilon = \tfrac{1}{2}(1 + i\sqrt{23}). \end{cases}$$

(¹) L'obligation de considérer, à la fois, les diverses fonctions elliptiques contraint à restreindre la variété habituelle des notations : je réserve l'emploi des indices pour caractériser les autres fonctions, qui interviendront plus loin.

La demi-période $\tilde{\omega}$ coïncide avec ω' et la formule (8) devient

$$(23)\qquad \varepsilon^2 p v = \begin{cases} p u + p\left(u - \frac{\omega'}{3}\right) + p\left(u + \frac{\omega'}{3}\right) \\ \quad + p\left(u - \frac{2\omega'}{3}\right) + p\left(u + \frac{2\omega'}{3}\right) + p(u - \omega') \\ \quad - 2p\frac{\omega'}{3} - 2p\frac{2\omega'}{3} - e'. \end{cases}$$

Posons, pour abréger (¹),

$$(24)\qquad a = p\frac{2\omega'}{3}, \qquad b = p\frac{\omega'}{3},$$

remplaçons p'' par $6p^2 - \frac{1}{2}g_2$ et déduisons de la première formule générale (17) cette équation

$$(25)\qquad \tfrac{1}{20}(\varepsilon^4 + 24)g_2 = 6a^2 + 6b^2 + 3e'^2.$$

Je prends, de plus, l'équation qu'on obtient en supposant, dans la relation (23), $u = \omega$, ce qui donne, suivant (22),

$$v = \varepsilon\omega = \omega + \omega';$$

par conséquent,

$$\varepsilon^2 e'' = e + e'' - e' + 2p\left(\omega - \frac{\omega'}{3}\right) + 2p\left(\omega - \frac{2\omega'}{3}\right) - 2a - 2b.$$

Nous poserons

$$A = \tfrac{1}{4}(\varepsilon^2 e'' + e' - e - e'') = \tfrac{1}{4}(\varepsilon^2 e'' + 2e'),$$

en sorte que la dernière équation s'écrit ainsi

$$(26)\qquad 2A + a + b = p\left(\omega - \frac{\omega'}{3}\right) + p\left(\omega - \frac{2\omega'}{3}\right).$$

Par le théorème d'addition des demi-périodes, on a, suivant les notations (24),

$$p\left(\omega - \frac{\omega'}{3}\right) = e + \frac{(e - e')(e - e'')}{b - e},$$

$$p\left(\omega - \frac{2\omega'}{3}\right) = e + \frac{(e - e')(e - e'')}{a - e},$$

$$(27)\qquad p\left(\omega - \frac{\omega'}{3}\right) + p\left(\omega - \frac{2\omega'}{3}\right) = 2e + \frac{(e - e')(e - e'')(a + b - 2e)}{(a - e)(b - e)}.$$

(¹) L'emploi des lettres a et b ne peut entraîner aucune confusion avec la notation générale (a, b, c) des formes quadratiques, sur laquelle nous n'aurons plus à revenir.

Le second membre (26) étant maintenant exprimé au moyen de a et b, il ne faut plus qu'une relation entre a et b pour éliminer ces quantités des équations (25) et (26). Cette relation est immédiatement fournie par les expressions (24) de a et b

$$a = p\,\frac{2\omega'}{3} = p\left(\omega' - \frac{\omega'}{3}\right), \qquad b = p\,\frac{\omega'}{3}.$$

On en conclut, par le théorème d'addition des demi-périodes,

$$(28) \qquad (a - e')(b - e') = (e' - e)(e - e''),$$

ce qui est la relation demandée. Je m'en sers immédiatement pour modifier le second membre (27) par le calcul suivant :

$$(a - e)(b - e) - (a - e')(b - e') = (e' - e)(a + b - e - e').$$

Ajoutant, membre à membre, avec (28), on conclut

$$(a - e)(b - e) = (e' - e)(a + b - e - e'') = (e' - e)(a + b + e').$$

La relation (27) devient donc

$$p\left(\omega - \frac{\omega'}{3}\right) + p\left(\omega - \frac{2\omega'}{3}\right) = 2e + \frac{(e'' - e)(a + b - 2e)}{a + b + e'},$$

ce qui donne, pour l'équation (26), celle-ci

$$(29) \qquad (2A - 2e + a + b)(a + b + e') + (e - e'')(a + b - 2e) = 0.$$

L'élimination de a et b entre ces trois équations (25), (28) et (29) est évidemment très facile. On peut cependant la simplifier encore par une nouvelle transformation du second membre (26), conformément au calcul suivant :

$$p\left(\omega' - \frac{\omega'}{3}\right) = p\left(\omega - \omega' + \frac{2\omega'}{3}\right) = e'' + \frac{(e'' - e)(e'' - e')}{a - e''},$$

$$p\left(\omega - \frac{2\omega'}{3}\right) = e + \frac{(e - e')(e - e'')}{a - e},$$

$$b = p\left(\omega' - \frac{2\omega'}{3}\right) = e' + \frac{(e' - e)(e' - e'')}{a - e'}.$$

Soit $f(a) = (a - e)(a - e')(a - e'')$. La somme des trois fractions, dans ces seconds membres, est $\frac{f'^2(a)}{f(a)} - \varphi(a)$, où $\varphi(a)$ désigne la *partie entière* de $\frac{f'^2(a)}{f(a)}$. Soit, pour un instant, u l'argument $\frac{2}{3}\omega'$; on a

$$f(a)=\tfrac{1}{4}\wp^2 u,\qquad f'(a)=\tfrac{1}{2}\wp''(u).$$

Pour un argument u quelconque, on a toujours

$$\frac{f'^2(u)}{f(u)}=\left(\frac{\wp'' u}{\wp' u}\right)^2=4(2\wp u+\wp 2u).$$

Pour $u=\frac{2}{3}\omega'$, $\wp u$ et $\wp 2u$ sont des quantités égales, a. Ainsi

$$\frac{f'^2(a)}{f(a)}=12a.$$

Quant à $\varphi(a)$, partie entière de $\frac{f'^2(a)}{f(a)}$ où a est supposé quelconque, c'est $9a$. La somme des trois fractions est donc égale à $3a$. Au lieu de l'égalité (27), on peut donc encore écrire celle-ci

$$\wp\left(\omega-\frac{\omega'}{3}\right)+\wp\left(\omega-\frac{2\omega'}{3}\right)+b=3a, \tag{29a}$$

moyennant laquelle l'équation (26) fournit cette autre

$$A=a-b, \tag{30}$$

que j'adjoins au système (25), (27) et (29).

Avec la notation A, j'emploie encore B et C : ainsi

$$(31)\quad\left\{\begin{aligned} A&=\frac{1}{4}(\varepsilon^2 e''+2e'),\\ B&=\frac{1}{6}\left(\frac{\varepsilon^4+24}{20}g_2-3e'^2\right),\\ C&=(e'-e)(e'-e'')=3e'^2-\frac{1}{4}g_2=2e'^2+ee''.\end{aligned}\right.$$

Les équations (25) et (27) sont les suivantes :

$$a^2+b^2=B,\qquad (a-e')(b-e')=C.$$

Avec l'équation (30), on en tire

$$(31a)\quad\left\{\begin{aligned} 2e'(a+b)&=2e'^2+B-2C-A^2=B-A^2-2e'^2-2ee',\\ (a+b)^2&=2B-A^2.\end{aligned}\right.$$

L'élimination de $(a+b)$ entre ces deux dernières conduirait à une équation du quatrième degré par rapport à l'inconnue t. Cette équation contiendrait un facteur étranger, tandis qu'en substituant $(a+b)$ et son carré dans (29), on obtient une équation du troisième degré

$$(32)\qquad A(B-A^2-2ee'')+e'(3B-2A^2+2ee''-2e'^2)=0.$$

C'est l'équation que je voulais obtenir. On y devra substituer, pour A et B, leurs expressions (31), en se souvenant qu'on a

$$-\tfrac{1}{4}g_2=ee'+e'e''+e''e=e'e''-e^2.$$

Elle devient, de la sorte, homogène et du troisième degré, en e, e', e''. Par le moyen des notations (21), on aura une équation du troisième degré en t.

Le développement de cette équation exige encore des calculs assez longs. Il convient donc d'avoir un guide et un contrôle par la connaissance préventive de quelques traits essentiels.

Remarques sur la résolvante.

La présence de ε dans A et B entraîne, pour les coefficients de l'équation, la forme complexe $\alpha+i\beta\sqrt{23}$, α et β étant des nombres entiers. Or nous connaissons l'existence d'une racine t, purement imaginaire. Il est donc naturel de prévoir, pour l'équation, la forme

$$(33)\qquad i\sqrt{23}(\alpha t^3+\beta t)+\gamma t^2+\delta=0,$$

où α, β, γ, δ seront des nombres entiers. Je donnerai, dans un instant, la preuve véritable de cette propriété. Ce qui importe le plus, c'est de savoir à quelles fonctions elliptiques singulières se rapportent les autres racines t.

D'après les éléments de la théorie des formes, il y a, outre (2, 1, 12), deux autres formes réduites, dans l'ordre improprement primitif, de déterminant -23. Ce sont les formes (4, 1, 6) et (4, -1, 6). Envisageons d'abord la première, que nous distinguerons en affectant de l'indice 1 les éléments correspondants. Il s'agit donc des fonctions elliptiques pour lesquelles on a

$$(34)\quad \left\{\begin{aligned} &\frac{4\omega'_1+\omega_1}{\omega_1}=i\sqrt{23},\\ &\varepsilon\omega_1=\omega_1+2\omega'_1,\qquad \varepsilon\omega_1=-3\omega_1,\\ &\frac{\omega_1}{\varepsilon}=-\frac{1}{3}\omega'_1,\qquad \frac{\omega'_1}{\varepsilon}=\frac{\omega'_1+3\omega_1}{6}.\end{aligned}\right.$$

L'argument ϖ de la formule (8) est ici $\omega'_1+3\omega_1$.

On formera, comme précédemment, l'équation supplémentaire, en prenant $u=\omega_1$, ce qui donne aussi $v=\omega_1$. Les lettres a et b auront les significations suivantes :

$$a_1=p_1\frac{2\omega'_1}{3},\qquad b_1=p_1\left(\frac{\omega'_1}{3}+\omega_1\right).$$

Moyennant ces conventions, on voit immédiatement qu'on obtient les mêmes équations que précédemment, sauf remplacement de e, e', e'' par e'_1, e''_1, e_1.

Notre équation du troisième degré a donc une racine t_1 définie par les égalités

$$(35)\qquad \frac{e''_1}{e'_1}=-\frac{1}{2}+t_1,\qquad \frac{e_1}{e'_1}=-\frac{1}{2}-t_1.$$

Cette racine est complexe et nous verrons même, ultérieurement, que l'on peut assigner, d'avance, son expression en fonction de la racine précédente t.

Semblablement, la forme (4, —1, 6) donne lieu à des fonctions elliptiques caractérisées par les relations

$$(36)\quad \left\{\begin{aligned} &\frac{4\omega'_2-\omega_2}{\omega_2}=i\sqrt{23},\\ &\varepsilon\omega_2=2\omega'_2,\qquad \varepsilon\omega'_2=-3\omega_2+\omega'_2,\\ &\frac{\omega_2}{\varepsilon}=\frac{\omega_2-2\omega'_2}{6},\qquad \frac{\omega'_2}{\varepsilon}=\frac{1}{2}\omega_2.\end{aligned}\right.$$

L'argument ϖ est $\omega_2-2\omega'_2$. On obtient l'équation complémentaire en prenant $u=\omega'_2$, ce qui donne $v=\omega''_2$. Les lettres a et b ont les significations suivantes

$$a_2=p_2\left(\frac{2\omega_2-4\omega'_2}{3}\right),\qquad b_2=p_2\left(\frac{\omega_2-2\omega'_2}{3}\right),$$

et l'on retrouve les équations primitives, sauf remplacement de e, e', e'' par e'_2, e_2, e''_2. Notre équation, du troisième degré, a donc la racine t_2, définie par les égalités

$$(37) \qquad \frac{e_2}{e'_2} = -\frac{1}{2} + t_2, \qquad \frac{e''_2}{e'_2} = -\frac{1}{2} - t_2.$$

En comparant les fonctions d'indice 2 et celles d'indice 1, on voit que les rapports des périodes, au signe près, ce qui est indifférent, y sont imaginaires conjugués. Les invariants absolus sont donc aussi des imaginaires conjuguées et il est manifeste que les deux rapports $e_1 : e'_1$ et $e_2 : e'_2$ sont dans ce cas. Ainsi t_1 et $-t_2$ sont des imaginaires conjuguées. Nous rappelant ce qui a été dit précédemment sur la première racine t, nous pouvons conclure que les trois quantités $\frac{t}{i}$, fournies par les trois racines t, sont l'une réelle et positive, les deux autres imaginaires conjuguées. Par là est pleinement justifiée la forme (33), prévue pour l'équation.

Voici encore un autre moyen de trouver ce même résultat. Comme on l'a vu par l'égalité (14), une même fonction elliptique admet à la fois les deux multiplicateurs ε et $1-\varepsilon$ et, pour tous deux, le nombre N n'a qu'une seule valeur. On peut donc former l'équation tout aussi bien en se servant du second multiplicateur et l'on reconnaîtra qu'il y a simplement échange entre e' et e''. Par le changement de ε en $1-\varepsilon$, c'est-à-dire par le changement du signe de $i\sqrt{23}$, la racine t se change en $-t$; il en est de même pour les autres racines. Cette circonstance exige la forme (33) de l'équation cherchée.

Pour une même fonction singulière, les deux multiplicateurs conjugués, ε et $-\varepsilon$ dans le cas de l'ordre proprement primitif, ε et $-(1-\varepsilon)$ dans l'autre cas, coexistent toujours. Ce fait général, conséquence de l'égalité (14), explique, de nouveau, pourquoi deux *formes opposées,* comme (4, 1, 6) et (4, −1, 6), donnent lieu à des invariants conjugués, avec cette conséquence, bien connue, que les invariants réels proviennent des *formes ambiguës,* comme (2, 1, 12), c'est-à-dire des formes proprement équivalentes à leurs opposées.

Une dernière observation avant de calculer notre équation. Si l'on ne savait déjà, par la théorie des formes, que l'ordre improprement primitif contient, en tout, trois classes pour le déterminant — 23, le degré 3 de l'équation nous le ferait connaître. Il est évident, en effet, que, s'il existait d'autres classes, le même calcul s'y appliquerait, entraînant seulement quelque permutation dans les accents de e, e', e''. Ces classes fourniraient donc nécessairement des racines de la même équation.

Développement de la résolvante.

Dans le développement de l'équation (32), j'utiliserai la forme démontrée (33), non pour abréger le calcul, mais seulement pour le contrôler. Soit U le premier membre

$$U = A(B - A^2 - 2ee'') + e'(3B - 2A^2 + 2ee'' - 2e'^2),$$

où l'on prendra

$$e = 1, \qquad e' = -\tfrac{1}{2} + t, \qquad e'' = -\tfrac{1}{2} - t, \qquad g_2 = 4t^2 + 3.$$

Soit aussi V le premier membre, sous la forme désirée (33),

$$V = i\sqrt{23}(\alpha t^3 + \beta t) + \gamma t^2 + \delta.$$

On doit s'attendre à ce que U diffère de V par un facteur complexe $\mu + i\nu\sqrt{23}$, et chercher à mettre ce facteur en évidence.

Au lieu de développer complètement U, il est préférable de calculer séparément U pour des valeurs particulières de t.

1° $t = \frac{1}{2}$, $e' = 0$, $e'' = -1$, $g_2 = 4$.

En se servant de la relation

$$\varepsilon^4 + 11\varepsilon^2 + 36 = 0,$$

on a

$$\begin{aligned} B &= -\tfrac{1}{30}(11\varepsilon^2 + 12), \qquad A = -\tfrac{1}{4}\varepsilon^2, \\ 2^3.3.5\,AB &= 11\varepsilon^4 + 12\varepsilon^2 = -109\,\varepsilon^2 - 2^2.3^2.11, \\ 2^6 A^3 &= -\varepsilon^6 \qquad = -5.17\varepsilon^2 - 2^2.3^2.11, \\ 2^2 ee'' A &= \varepsilon^2 \qquad = +\varepsilon^2. \end{aligned}$$

Désignant par U_1 la valeur de U correspondante, on trouve ainsi

$$2^6.3.5\,U_1 = 7.11(2^2.3^2 - \varepsilon^2), \qquad t = \tfrac{1}{2}.$$

2° $t = -\frac{1}{2}$, $e' = -1$, $e'' = 0$, $g_2 = 4$, $A = -\frac{1}{2}$.

Le calcul est extrêmement simple. Désignant par U'_1 la valeur de U, je trouve

$$2^3.3.5\,U'_1 = 7.11(9+2\varepsilon^2), \qquad t = -\tfrac{1}{2}.$$

J'en conclus

$$\frac{2^6.3.5}{7.11}(U'_1+U_1) = 3(36+5\varepsilon^2) = \tfrac{3}{2}(17+5i\sqrt{23}),$$
$$\frac{2^6.3.5}{7.11}(U'_1-U_1) = 36-17\varepsilon^2 \quad = \tfrac{1}{2}i\sqrt{23}(17+5i\sqrt{23}).$$

En posant

$$(38) \qquad 2^{10}.3.5\,U = (17+5i\sqrt{23})V,$$

j'ai, de la sorte, V_1 et V'_1 désignant les valeurs de V pour $t=\frac{1}{2}$ et $t=-\frac{1}{2}$,

$$(39) \qquad \begin{cases} V'_1+V_1 = 2^3.3.7.11. \\ V'_1-V_1 = 2^3.7.11\,i\sqrt{23}. \end{cases}$$

3° *Calcul du terme en t^3.* — Pour ce calcul, on doit prendre

$$e' = t, \qquad e'' = -t, \qquad g_2 = 4t^2.$$

Voici le calcul :

$$2^2A = (2-\varepsilon^2)t, \qquad 2.3.5\,B = -(27+11\varepsilon^2)t^2,$$
$$2^2(A+3e') = (14-\varepsilon^2)t,$$
$$2^2(A+2e') = (10-\varepsilon^2)t,$$
$$2^4A^2 \qquad = -(32+15\varepsilon^2)t^2,$$
$$2^2.3.5\,B(A+3e') = -(3^2.43+2^2.31\varepsilon^2)t^3,$$
$$-2^6A^2(A+2e') = (2^2.5.43+283\varepsilon^2)t^3,$$
$$2^6.3.5\,U = 7.19(36+17\varepsilon^2)t^3 = \frac{7.19}{2}i\sqrt{23}(17+5i\sqrt{23})t^3.$$

Suivant la notation (38), voici donc le terme en t^3 dans V :

$$V = 2^3.7.19\,i\sqrt{23}\,t^3+\ldots.$$

4° *Calcul du terme indépendant de t.* — On doit prendre

$$e' = e'' = -\tfrac{1}{2}, \qquad g_2 = 3,$$
$$2^3A = -2-\varepsilon^2, \qquad 2^3.5\,B = -17-11\varepsilon^2.$$

On trouve alors

$$
\begin{aligned}
2^3(A+3e') &= -14-\varepsilon^2,\\
2^3(A+2e') &= -10-\varepsilon^2,\\
2^6A^2 &= -32-7\varepsilon^2,\\
2^5.5B(A+3e') &= -79+5^2\varepsilon^2,\\
2^9A^2(A+2e') &= 2^2.17+5^2\varepsilon^2,\\
2^4ee''A &= 2 \quad +\varepsilon^2,\\
2^9.5U = -9(36+5\varepsilon^2) &= -\tfrac{9}{2}(17+5i\sqrt{23}).
\end{aligned}
$$

Le dernier terme de V est ainsi -3^3.

Le premier et le dernier terme ont bien la forme prévue; de plus, suivant (39), les deux valeurs V_1 et V'_1 qui correspondent à $t=\pm\frac{1}{2}$ sont conjuguées. En conséquence, V a la forme

$$V = 7i\sqrt{23}(2^3.19t^3-2\beta t)+2^2\gamma t^2-3^3$$

et les égalités (39) donnent

$$\beta = 3^2.7, \qquad \gamma = 3.317.$$

L'équation cherchée est donc enfin

$$(40)\qquad V(t) = 0 = 7i\sqrt{23}(2^3.19t^3-2.3^2.7t)+3(2^2.317t^2-3^2).$$

Les trois multiplications par $\frac{1}{2}(1+\sqrt{-23})$.

Pour résoudre l'équation (40), le changement d'inconnue, qui s'offre d'abord, est indiqué par l'égalité

$$(41)\qquad \tfrac{2}{3}\sqrt{23}\,t = iz,$$

par où l'équation devient

$$(42)\qquad 7.19z^3-317z^2+7^2.23z-23 = 0.$$

Pour la réduire à trois termes, on posera

$$(43)\qquad \frac{3}{z} = 2^5x+7^2,$$

ce qui mène à l'équation finale

$$(44)\qquad 23x^3-3.53x-7.23 = 0.$$

Comme on le verra plus loin, il y a des raisons de savoir d'avance que la racine carrée du discriminant de l'équation doit contenir $i\sqrt{23}$ comme seule irrationnalité. Il en est bien ainsi; car, R étant le discriminant, on a, pour l'équation (44),

$$R = 2^2.\left(\frac{3.53}{23}\right)^3 - 3^3.7^2,$$

$$7^2.23^3 - 2^2.53^3 = 675 = 3^3.5^2,$$

$$R = -\frac{3^6.5^2}{23^3}, \qquad \sqrt{R} = \frac{3^3.5}{23.i\sqrt{23}}.$$

Soient

$$(45) \qquad g = \sqrt[3]{\frac{7}{2}23\sqrt{23} + \frac{5}{2}3\sqrt{3}}, \qquad h = \sqrt[3]{\frac{7}{2}23\sqrt{23} - \frac{5}{2}3\sqrt{3}}$$

des racines cubiques prises dans le sens arithmétique et pour lesquelles on a

$$gh = 53.$$

La racine réelle de (44) est

$$x = \frac{1}{\sqrt{23}}(g + h).$$

Les deux autres x_1 et x_2 s'en déduisent comme on sait : pour la première, on remplace g et h par θg et $\theta^2 h$; pour l'autre, par $\theta^2 g$ et θh, et θ est une des racines cubiques imaginaires de l'unité. Afin que les indices 1 et 2 correspondent à ceux qui ont été adoptés plus haut, pour t, il y aura lieu de préciser θ. Je le ferai plus loin, et, dans les formules ci-après, je suppose, par avance, le résultat.

En posant donc

$$(46) \qquad \left\{\begin{array}{l} 7^2\sqrt{23} + 2^5(g + h) = c, \\ 7^2\sqrt{23} + 2^5(\theta g + \theta^2 h) = c_1, \\ 7^2\sqrt{23} + 2^5(\theta^2 g + \theta h) = c_2, \end{array}\right\} \qquad \theta = \frac{-1 + i\sqrt{3}}{2},$$

on pourra exprimer, par une même formule, chaque racine t en fonction de la quantité correspondante c. Les quantités e, e', e'', dont l'une est arbitraire et dont la somme est nulle, sont déterminées par la condition

$$\frac{e'-e''}{2e} = t = \frac{9i}{2c}.$$

En vertu de l'homogénéité, le choix arbitraire de e est indifférent. Je prendrai donc

$$(47) \qquad e = 2c, \qquad e' = 9i - c, \qquad e'' = -9i - c,$$

pour le cas de l'égalité (20), ou, en d'autres termes, pour la forme (2, 1, 12); puis, en permutant les accents comme il a été expliqué et comme le rappellent les égalités (35) et (37), on aura

$$(48) \qquad e'_1 = 2c_1, \qquad e''_1 = 9i - c_1, \qquad e_1 = -9i - c_1,$$

dans le cas de l'égalité (34), correspondant à la forme (4, 1, 6); puis enfin

$$(49) \qquad e'_2 = 2c_2, \qquad e_2 = 9i - c_2, \qquad e''_2 = -9i - c_2,$$

pour le cas de l'égalité (36), correspondant à la forme (4, — 1, 6).

Ces permutations des accents se rapportent seulement à la désignation arbitrairement uniforme des périodes dans les trois cas. Elle disparaît dans l'expression des invariants, que voici :

$$g_2 = 2^2.3(c^2 - 3^3), \qquad g_3 = 2^3 c(c^2 + 3^4),$$
$$\Delta = g_2^3 - 27 g_3^2 = -2^6.3^8(c^2 + 3^2)^2;$$
$$\frac{g_2^3}{3^3(c^2-3^3)^3} = \frac{g_3^2}{c^2(c^2+3^4)^2} = \frac{-\Delta}{3^8(c^2+3^2)^2} = 2^6.$$

Je vais, dès maintenant, fixer le signe de la partie imaginaire dans θ. On verra, plus loin, un moyen purement algébrique pour cet objet. Quant à présent, je vais employer les séries ϑ, formées uniformément avec la quantité $q = e^{\frac{i\pi\omega'}{\omega}}$. En posant donc

$$Q = e^{-\frac{1}{4}\pi\sqrt{23}},$$

j'aurai, pour chacun des trois cas [(20), (34), (36)],

$$q = e^{-\frac{i\pi}{2}}Q^2, \qquad q_1 = e^{-\frac{i\pi}{4}}Q, \qquad q_2 = e^{+\frac{i\pi}{4}}Q.$$

Prenons la formule (où les fonctions $\mathfrak{S}$ ont l'argument zéro)

$$\frac{e''-e'}{e-e''} = \left(\frac{\mathfrak{S}_2}{\mathfrak{S}_0}\right)^4 = 2^4 q \left(\frac{1+q^2+q^6+\ldots}{1-2q+2q^4+\ldots}\right)^4,$$

pour l'un ou l'autre des deux derniers cas. Comme Q est inférieur à $e^{-\pi} = 0,04\ldots$, les signes de la partie réelle et de la partie imaginaire sont définis par le terme $2^4 q$ du second membre

$$\frac{e''_1 - e'_1}{e_1 - e''_1} = 2^4 e^{-\frac{i\pi}{4}} Q + \ldots = 2^3\sqrt{2}(1-i)Q + \ldots.$$

Il n'y a aucune utilité à considérer l'égalité analogue avec les indices 2; elle fournirait, de part et d'autre, les quantités conjuguées des précédentes.

Suivant les expressions (48), il vient, en supposant $c_1 = \alpha + i\beta$,

$$8\sqrt{2}(1-i)Q + \ldots = \frac{3c_1 - 9i}{18i} = -\frac{1}{2} + \frac{1}{6}\beta - \frac{1}{6}i\alpha,$$

d'où résulte que β est positif. Mais, d'après (46), on a

$$i\beta = 2^4(\theta - \theta^2)(g - h).$$

Comme $(g-h)$ est positif (45), il faut effectivement choisir θ, ainsi que je l'ai fait plus haut.

Transformations du troisième ordre.

Nous possédons, dès à présent, la pleine connaissance de tous les éléments pour les trois fonctions elliptiques singulières; car les six quantités a, b, a_1, b_1, a_2, b_2 sont explicitement fournies par les équations (30) et (31 a). Nous pouvons en déduire six autres, jouant le rôle analogue à l'égard du multiplicateur conjugué. Comme on le voit par les équations générales (3) et (12), où l'on prendra $k = -\frac{1}{2}$, $k' = \frac{1}{2}$, ces quantités sont les suivantes

$$b' = \mathfrak{p}\,\frac{\omega + \omega'}{3}, \qquad b'_1 = \mathfrak{p}_1\,\frac{\omega_1 + 2\omega'_1}{3}, \qquad b'_2 = \mathfrak{p}_2\left(\frac{\omega'_2}{3} + \omega_2\right),$$

et les a ont les arguments doubles. Les formules ci-dessus montrent suffisamment que le changement du signe de i change a et b en a' et b', a_1 et b_1 en a'_2 et b'_2, a_2 et b_2 en a'_1 et b'_1.

Les six quantités b, b', b_1, b'_1, b_2, b'_2 servent de base à des transformations du sixième ordre, deux pour chaque fonction elliptique, et ces transformations changent la fonction en elle-même.

Les quantités a, a', ... peuvent servir de base à des transformations du troisième ordre. Ces dernières échangent les fonctions les unes dans les autres, comme je vais le montrer.

Désignant par ρ un facteur inconnu, posons

$$\rho\omega' = 3\omega_2, \qquad \rho\omega = -\omega'_2.$$

Les relations (11)

$$\frac{2\omega' + \omega}{\omega} = -\frac{12\omega + \omega'}{\omega'} = i\sqrt{23}$$

se changent en les suivantes

$$-\frac{6\omega_2 - \omega'_2}{\omega'_2} = \frac{4\omega'_2 - \omega_2}{\omega_2} = i\sqrt{23};$$

d'où l'on voit que le facteur ρ peut être choisi effectivement de manière à attribuer la même signification que précédemment aux lettres ω_2 et ω'_2. J'ai ici une transformation de troisième ordre, qui se figure par la relation

$$\rho^2 p_2(\rho u) = p u + p\left(u - \frac{2\omega'}{3}\right) + p\left(u + \frac{2\omega'}{3}\right) - 2p\frac{2\omega'}{3}.$$

En prenant successivement $u = \omega'$, ω, ω'', j'obtiens

$$\rho^2 e_2 = e' + 2(b - a),$$
$$\rho^2 e'_2 = e + 2p\left(\omega - \frac{2\omega'}{3}\right) - 2a,$$
$$\rho^2 e''_2 = e'' + 2p\left(\omega - \frac{\omega'}{3}\right) - 2a,$$

et l'on remarquera, en passant, que, par addition de ces trois égalités, se prouve, derechef, la relation (29a). De là, suivant les égalités (30) et (31), je conclus

$$\begin{aligned}
\rho^2 e_2 &= e' - 2A = -\tfrac{1}{2}\varepsilon^2 e'',\\
\rho^2 e'_2 &= 3e - 2a + 2\frac{(e-e')(e-e'')}{a-e},\\
\rho^2 e''_2 &= e'' + 2e - 2a + 2\frac{(e-e')(e-e'')}{b-e},\\
\rho^2(e'_2 - e''_2) &= e - e'' + 2\frac{(e-e')(e-e'')(b-a)}{(a-e)(b-e)},
\end{aligned}$$

et cette dernière, comme on l'a vu plus haut, se change ainsi

$$\rho^2(e'_2 - e''_2) = e - e'' + 2\frac{(e-e'')A}{a+b+e'} = (e-e'')\frac{a+b+e'+2A}{a+b+e'}.$$

Remettant, pour A, son expression (31), j'ai enfin

$$\frac{e_2}{e'_2 - e''_2} = -\frac{e''(a+b+2e'+\frac{1}{2}\varepsilon^2 e'')}{2(e-e'')(a+b+e')}.$$

C'est là une formule qui donne la quantité c_2 en fonction rationnelle de c, avec adjonction de ε, bien entendu. Disons, pour abréger, que nous avons trouvé $c_2 = \varphi(c)$.

Par un calcul tout pareil, en posant successivement

$$\begin{aligned}
\rho_1\omega'_1 &= 3\omega, & \rho_1\omega_1 &= -\omega - \omega,\\
\rho_2\omega'_2 &= \omega'_1 + 2\omega_1, & \rho_2\omega_2 &= -\omega'_1 + \omega_1,
\end{aligned}$$

on trouve aussi $c = \varphi(c_1)$, $c_1 = \varphi(c_2)$. En changeant le signe de i, on aurait les analogues

$$c_1 = \psi(c), \qquad c = \psi(c_2), \qquad c_2 = \psi(c_1).$$

Ces formules traduisent le caractère *abélien*, qui appartient, comme on le sait, à toutes les équations dont dépendent les fonctions elliptiques à multiplication complexe. Elles donnent la raison *a priori* de ce fait que le discriminant de l'équation est un carré, sauf le facteur -23.

Transformations du second ordre.

Je vais maintenant examiner, pour une quelconque des trois fonctions singulières, les trois transformations du second ordre :

de ces transformations, il y en a deux qui échangent les fonctions précédentes, tandis que l'autre transformation conduit à une fonction nouvelle, *correspondant à l'ordre proprement primitif*. Les six transformations, qui échangent les fonctions précédentes, sont naturellement inverses, deux à deux. Elles se distinguent, dans les formules ci-après, par l'emploi de la lettre σ pour les coefficients de proportionnalité, et cette lettre, avec ou sans accent, pourvue d'un même indice, se rapporte aux deux transformations inverses. Pour les trois autres transformations, le coefficient de proportionnalité est dénoté par la lettre τ, et les éléments des nouvelles fonctions sont indiqués par des majuscules.

Voici les formules :

$$
(50)\quad \left\{
\begin{array}{ll}
\sigma_2\omega = \omega_1, & \sigma_2\omega' = 2\omega'_1, \\
\sigma'_1\omega = \omega_2 & \sigma'_1\omega' = 2\omega'_2 - \omega_2, \\
\tau\omega = 2\Omega, & \tau\omega' = \Omega' - \Omega; \\
\sigma\omega_1 = \omega_2 - \omega'_2, & \sigma\omega'_1 = \omega_2 + \omega'_2, \\
\sigma'_2\omega_1 = 2\omega, & \sigma'_2\omega'_1 = \omega', \\
\tau_1\omega_1 = \Omega'_1, & \tau_1\omega'_1 = 2\Omega_1; \\
\sigma_1\omega_2 = 2\omega, & \sigma_1\omega'_2 = \omega' + \omega, \\
\sigma'\omega_2 = \omega_1 + \omega'_1, & \sigma'\omega'_2 = -\omega_1 + \omega'_1. \\
\tau_2\omega_2 = -\Omega'_2, & \tau_2\omega'_2 = 2\Omega_2; \\
\multicolumn{2}{c}{\sigma\sigma' = \sigma_1\sigma'_1 = \sigma_2\sigma'_2 = 2.}
\end{array}
\right.
$$

Les trois nouvelles fonctions correspondent aux trois formes réduites (1, 0, 23) et (3, ± 1,)

$$
\begin{aligned}
\Omega'^2 + 23\Omega^2 &= 0, \\
3\Omega_1'^2 - 2\Omega_1\Omega'_1 + 8\Omega_1^2 &= 0, \\
3\Omega_2'^2 + 2\Omega_2\Omega'_2 + 8\Omega_2^2 &= 0.
\end{aligned}
$$

Je considère la première de ces transformations. Elle est traduite par l'égalité

$$\sigma_2^2\,\mathrm{p}_1(\sigma_2 u) = \mathrm{p}\,u + \mathrm{p}(u - \omega') - \mathrm{p}\,\omega',$$

d'où l'on déduit, en prenant successivement, pour u, les valeurs ω, $\frac{1}{2}\omega'$, $\frac{1}{2}\omega' + \omega$,

$$
\begin{aligned}
\sigma_2^2 e_1 &= e + e'' - e' = -2e', \\
\sigma_2^2 e'_1 &= e' \pm 2\sqrt{(e' - e)(e' - e'')}, \\
\sigma_2^2 e''_1 &= e' \mp 2\sqrt{(e' - e)(e' - e'')},
\end{aligned}
$$

ce qui mène à la relation bien connue

$$(51)\qquad \pm 2\frac{\sqrt{(e'-e)(e'-e'')}}{e'} = \frac{e''_1 - e'_1}{e_1}.$$

La seconde transformation donne, de même,

$$\pm 2\frac{\sqrt{(e''-e')(e''-e)}}{e''} = \frac{e''_2 - e'_2}{e_2}.$$

Introduisant les racines t, t_1, t_2, d'après (21), (35) et (37), on a ainsi

$$(52)\qquad \begin{cases} \dfrac{4\sqrt{t(2t-3)}}{1-2t} + \dfrac{3-2t_1}{1+2t_1} = 0, \\[2ex] \dfrac{4\sqrt{t(2t+3)}}{1+2t} + \dfrac{3+2t_2}{1-2t_2} = 0. \end{cases}$$

Les quatre autres transformations analogues conduisent à des formules que l'on déduit aussi de ces dernières par la permutation circulaire des indices.

J'ai annoncé un moyen, purement algébrique, de distinguer celle des deux racines cubiques de l'unité qu'il faut désigner, dans les formules ci-dessus, par θ. Le voici. Tout d'abord, substituant, à la place de x, dans le premier membre (44), successivement les deux nombres 3 et $\frac{49}{16}$, on trouve, pour résultats, -17 et $+\dfrac{3^2.5^2.7^2.11}{2^{12}}$. La racine réelle x est ainsi connue, à moins de $\frac{1}{16}$ près, et l'on voit que c est compris entre $145\sqrt{23}$ et $147\sqrt{23}$.

Prenons l'égalité (51) qui donne

$$\frac{c_1 - 3i}{c_1 + 9i} = \mp 2\frac{\sqrt{-6i(c-3i)}}{c-9i}.$$

Vu la grandeur de c, les quantités $c - 3i$ et $c - 9i$ peuvent ici être remplacées, pour fixer les signes, par c lui-même; et l'on a sensiblement

$$(53)\qquad \frac{c_1 - 3i}{c_1 + 9i} = \mp 2\sqrt{\frac{3}{c}}(1-i).$$

Si l'on pose $c_2 = \alpha + i\beta$, on a (46)

$$\alpha = 7^2\sqrt{23} - 2^4(g+h) = \sqrt{23}\,(7^2 - 2^4 x),$$

quantité positive, x étant inférieur à $\frac{49}{16}$. Par conséquent, dans

$$\frac{c_1 - 3i}{c_1 + 9i} = \frac{\alpha + i(\beta - 3)}{\alpha + i(\beta + 9)} = \frac{\alpha^2 + \beta^2 - 27 + 6\beta - 12i\alpha}{\alpha^2 + (\beta + 9)^2},$$

la partie imaginaire est négative, d'où l'on voit déjà qu'il faut prendre le signe *plus* devant le second membre (53). On doit donc avoir

$$\alpha^2 + \beta^2 - 27 + 6\beta > 0.$$

Or, en remplaçant t par $\frac{9}{2}\frac{i}{c}$ dans l'équation (40), on trouve

$$cc_1c_2 = 3^3 . 7 . 19\sqrt{23}.$$

D'après la grandeur de c, il en résulte $c_1 c_2 < 3^3$, c'est-à-dire

$$\alpha^2 + \beta^2 - 27 < 0.$$

En conséquence, β est positif. C'est à quoi j'étais parvenu précédemment, pour en déduire la détermination précise de θ.

Ainsi qu'on l'a vu par les transformations du troisième ordre, t_1 et t_2 s'expriment rationnellement en fonction de t, sauf adjonction de ε. Les deux quantités $\sqrt{\frac{2t \pm 3}{t}}$ peuvent donc être exprimées de la même manière; c'est ce que je vais chercher à faire. Soient

$$s = \sqrt{\frac{2t - 3}{t}}, \qquad s_1 = \sqrt{\frac{2t_1 - 3}{t_1}}, \qquad s_2 = \sqrt{\frac{2t_2 - 3}{t_2}},$$

ces racines carrées étant prises avec les signes que leur attribuent la première égalité (52) et ses analogues. Recourant à l'équation (40), dont t, t_1, t_2 sont les racines, j'ai

(54) $$(ss_1s_2)^2 = 8\frac{V(\frac{3}{2})}{V(0)}.$$

D'ailleurs, par l'égalité (52),

$$s = \frac{(\frac{3}{2} - t_1)(\frac{1}{2} - t_1)}{2t(-\frac{1}{2} - t_1)}$$

et ses analogues, multipliées membre à membre, j'ai aussi

$$ss_1 s_2 = -\frac{1}{8}\frac{V(\frac{3}{2})V(\frac{1}{2})}{V(0)V(-\frac{1}{2})};$$

par conséquent,

$$ss_1 s_2 = -2^6 \frac{V(-\frac{1}{2})}{V(\frac{1}{2})}.$$

Les équations (39) nous offrent, calculées déjà sous la dénomination de V_1 et V'_1, les quantités $V(\pm\frac{1}{2})$, savoir

$$V(\pm\tfrac{1}{2}) = 2^2.7.11(3 \mp i\sqrt{23}).$$

Il en résulte

$$ss_1 s_2 = -2^6 \frac{3+i\sqrt{23}}{3-i\sqrt{23}} = -2(3+i\sqrt{23})^2 = 2^2(7-3i\sqrt{23}).$$

Une vérification s'offre naturellement par le calcul direct de $V(\frac{3}{2})$ qui, d'après (54), donne

$$(ss_1 s_2)^2 = -2^5(79+3.7i\sqrt{23}) = 2^4(7-3i\sqrt{23})^2.$$

De la même égalité (52) je tire encore le résultat suivant

$$(55)\qquad \frac{1}{4}\sum\frac{1-2t}{st} = \sum\left(1-\frac{4}{3-2t_1}\right) = 3-2\frac{V'(\frac{3}{2})}{V(\frac{3}{2})},$$

où V' désigne la dérivée de V, et où le signe sommatoire s'applique aux trois racines. Par un calcul direct, on a

$$V'(\tfrac{3}{2}) = 2^2.3^2(317+5^2.7i\sqrt{23}),$$

quantité qui doit être divisée par $V(\frac{3}{2})$. Le calcul précédent a donné $V(\frac{3}{2})$ sous la forme

$$V(\tfrac{3}{2}) = -\frac{3^3}{2}(3+i\sqrt{23})^4 = -\frac{2^{19}.3^3}{(3-i\sqrt{23})^4}.$$

La division s'effectue donc de la manière la plus simple, en multipliant successivement par $3 - i\sqrt{23}$,

$$\begin{aligned}
(317 + 5^2.7i\sqrt{23})(3 - i\sqrt{23}) &= 2^4(311 + 13i\sqrt{23}),\\
(311 + 13i\sqrt{23})(3 - i\sqrt{23}) &= 2^4(7.11 - 17i\sqrt{23}),\\
(7.11 - 17i\sqrt{23})(3 - i\sqrt{23}) &= -2^5(5 + 2^2 i\sqrt{23}),\\
(5 + 2^2 i\sqrt{23})(3 - i\sqrt{23}) &= 107 + 7i\sqrt{23};
\end{aligned}$$

$$\frac{V'(\frac{3}{2})}{V(\frac{3}{2})} = \frac{1}{2^4.3}(107 + 7i\sqrt{23}),$$

$$3 - 2\frac{V'(\frac{3}{2})}{V(\frac{3}{2})} = -\frac{7}{2^3.3}(5 + i\sqrt{23}).$$

D'après l'expression de s, on a, d'autre part,

$$\frac{1 - 2t}{st} = -\frac{s^2 + 4}{3s}.$$

J'ai donc ce résultat, que j'avais en vue d'obtenir,

$$\sum\left(s + \frac{4}{s}\right) = \frac{7}{2}(5 + i\sqrt{23}).$$

Soit maintenant

$$(56) \qquad s^3 - Ns^2 + Ms - 2^2(7 - 3i\sqrt{23}) = 0$$

l'équation dont s, s_1, s_2 sont les racines. La précédente relation donne

$$(57) \qquad N + \frac{M}{7 - 3i\sqrt{23}} = \frac{7}{2}(5 + i\sqrt{23}).$$

Ce sont ces deux coefficients M et N dont la détermination fournira l'expression, que je cherche, de s en fonction rationnelle de t. On peut tirer encore de l'égalité (52) deux autres équations du premier degré entre M et N par le moyen suivant. Elle donne immédiatement

$$4\sum\frac{st}{1 - 2t} = 3 + 2\frac{V'(-\frac{1}{2})}{V(-\frac{1}{2})}.$$

D'ailleurs,

$$\sum\frac{st}{1 - 2t} = -3\sum\frac{s}{s^2 + 4} = -\frac{3}{2}\sum\left(\frac{1}{s + 2i} + \frac{1}{s - 2i}\right).$$

En désignant par $F(s)$ le premier membre (56), on a, de la sorte,

$$\frac{F'(2i)}{F(2i)}+\frac{F'(-2i)}{F(-2i)}=\frac{1}{2}+\frac{1}{3}\frac{V''(-\frac{1}{2})}{V(-\frac{1}{2})}.$$

Pour revenir de l'équation (56) à l'équation en t, il faut chasser l'irrationnelle s. On a donc identiquement

$$(58)\qquad F(s)\,F(-s)=\frac{\lambda}{t^3}V(t),$$

où λ est un facteur constant, s et t étant deux variables liées par la relation

$$s^2=\frac{2t-3}{t}.$$

En différentiant, je conclus

$$\frac{(2-s^2)^2}{6s}\left[\frac{F'(s)}{F(s)}-\frac{F'(-s)}{F(-s)}\right]=\frac{V'(t)}{V(t)}-\frac{3}{t},$$

puis, en prenant $s=2i$,

$$\frac{F'(2i)}{F(2i)}-\frac{F'(-2i)}{F(-2i)}=\frac{i}{3}\frac{V'(\frac{1}{2})}{V(\frac{1}{2})}-2i.$$

La connaissance des deux quantités $\frac{F'(\pm 2i)}{F(\pm 2i)}$ procure les deux équations du premier degré dont j'ai parlé. Me contentant d'avoir indiqué ce moyen, je vais en employer un autre, encore fondé sur la relation (58). Substituant dans $V(t)$ l'expression $t=\frac{3}{2-s^2}$, on a l'équation

$$s^6-2.3s^4-2^3.157s^2+2^5.79-2.7i\sqrt{23}(7s^4-2^2.7s^2-2^4.3)=0,$$

dont le premier membre doit reproduire

$$-F(s)\,F(-s)=s^2(s^2+M)^2-[Ns^2+2^2(7-3i\sqrt{23})]^2.$$

De là deux équations

$$(59)\qquad 2M-N^2=-2(3+7^2i\sqrt{23}),$$

$$(60)\qquad \begin{cases} M^2-2^3(7-3i\sqrt{23})N=-2^3(157-7^2i\sqrt{23}) \\ \qquad\qquad =-2^2(7-3i\sqrt{23})(5.7+i\sqrt{23}). \end{cases}$$

Entre cette dernière et l'équation (57) éliminant N, j'obtiens

$$M^2 + 8M = 2^3.3i\sqrt{23}(7 - 3i\sqrt{23}),$$

équation du second degré donnant les deux racines

$$M = -4 \pm 2(3.7 + i\sqrt{23}).$$

Une seule convient, que l'on distingue immédiatement comme devant, par l'équation (59), fournir, pour N^2, un carré parfait. On trouve ainsi

$$M = 2(19 + i\sqrt{23}), \qquad N = 17 + 3i\sqrt{23},$$
$$F(s) = s^3 - 17s^2 + 2.19s - 2^2.7 - i\sqrt{23}(3s^2 - 2s - 2^2.3):$$

tel est le premier membre de l'équation cherchée.

Si, de même, on pose

$$\sqrt{\frac{2t+3}{t}} = s', \qquad \sqrt{\frac{2t_1+3}{t_1}} = s'_1, \qquad \sqrt{\frac{2t_2+3}{t_2}} = s'_2,$$

ces quantités sont les racines de l'équation $\Phi(s') = 0$, dont le premier membre est conjugué du précédent,

$$\Phi(s') = s'^3 - 17s'^2 + 2.19s' - 2^2.7 + i\sqrt{23}(3s'^2 - 2s' - 2^2.3).$$

Par là sont exprimés, comme on le voulait, s et s' en fonction de t. On a, en effet,

$$(61) \qquad s = \frac{Ns^2 + 2^2(7 - 3i\sqrt{23})}{s^2 + M},$$

égalité où l'on mettra, au second membre, $\frac{2t-3}{t}$ à la place de s^2. Pour s', on prendra la relation analogue où l'on mettra $\frac{2t+3}{t}$ à la place de s'^2.

C'est en vue d'effectuer complètement les trois dernières transformations du second ordre que j'ai calculé F et Φ. J'arrive à ces transformations.

Les trois fonctions de l'ordre proprement primitif.

Aux périodes 2Ω, $2\Omega'$, définies par les relations (50),

$$\tau\omega = 2\Omega, \qquad \tau\omega' = \Omega' - \Omega,$$

correspond une nouvelle fonction Pu, dont je dénote les éléments par des lettres majuscules. La transformation conduit, par le même calcul que plus haut, à la relation suivante, analogue de l'égalité (51),

$$\pm 2\,\frac{\sqrt{(e-e')(e-e'')}}{e} = \frac{E-E'}{E''}.$$

Le premier membre est, en valeur absolue, égal à

$$\sqrt{(3-2t)(3+2t)},$$

quantité réelle, puisque t est purement imaginaire. D'après la nature de la fonction P, dont les invariants doivent être réels et le discriminant positif, les trois quantités E, E'', E' doivent être réelles, rangées ainsi en ordre décroissant; de plus, le rapport $\Omega' : i\Omega$ étant supérieur à l'unité, E'' est négatif, et l'on aura

$$(62) \qquad \frac{E-E'}{E''} = \sqrt{9-4t^2} = itss';$$

le signe est ainsi choisi, parce que s et s' sont des quantités conjuguées, comme il résulte du calcul précédent, et que it est réel et négatif.

Ayant obtenu s et s' en fonction rationnelle de t, nous avons donc, sous la même forme, les éléments nouveaux. Mais il faut réduire leur expression à la forme la plus simple, et, pour ce but, je vais exprimer tss' par une fraction du premier degré. Soit

$$tss' = \frac{H}{G}$$

la fraction cherchée. Ayant mis la relation (61) et son analogue sous la forme

$$s = \frac{S}{T}, \qquad s' = \frac{S'}{T'},$$

on conclura que l'égalité

$$\frac{tSS'}{TT'} - \frac{H}{G} = 0$$

a lieu en vertu de l'équation $V = 0$. Le premier membre est donc divisible par V, et doit avoir la forme $\frac{KV}{TT'G}$. De là,

$$\frac{tSS'G - KV}{TT'} = H, \tag{63}$$

ce qui doit être une identité. Il s'agit donc de trouver les deux polynômes du premier degré G et K par la condition que le numérateur soit seulement du troisième degré au lieu du quatrième, qu'il soit en outre divisible par TT'. Le quotient, du premier degré, sera le binôme H.

En substituant dans l'égalité (61), on a d'abord

$$\begin{aligned}
S &= t[Ns^2 + 2^2(7 - 3i\sqrt{23})] = 2.31t - 3.17 - 3(2t+3)i\sqrt{23},\\
T &= t(s^2 + M) = 2^3.5t - 3 + 2it\sqrt{23},\\
S' &= 2.31t + 3.17 - 3(2t-3)i\sqrt{23},\\
T' &= 2^3.5t + 3 - 2it\sqrt{23},\\
V &= (2t-3)T^2 - tS^2 = -(2t+3)T'^2 + tS'^2.
\end{aligned}$$

Pour $T = 0$, on a ainsi

$$V = -tS^2;$$

on doit donc avoir

$$S'G + KS \equiv 0 \quad (\text{div. } T) \tag{64}$$

et, semblablement,

$$SG - KS' \equiv 0 \quad (\text{div. } T'). \tag{65}$$

Au moyen des égalités

$$\begin{aligned}
T + T' &= 2^4.5t,\\
(2^2.5 - i\sqrt{23})T - (2^2.5 + i\sqrt{23})T' &= -2^3.3.5,
\end{aligned}$$

on peut exprimer S et S', sous forme linéaire et homogène, en T et T'; on trouve ainsi

$$\begin{aligned}
S &= (11 + i\sqrt{23})T - 2(3 + i\sqrt{23})T',\\
S' &= -2(3 - i\sqrt{23})T + (11 - i\sqrt{23})T'.
\end{aligned}$$

Par là, les deux conditions (64) et (65) deviennent

$$\begin{aligned}
(11 - i\sqrt{23})G - 2(3 + i\sqrt{23})K &\equiv 0 \quad (\text{div. } T),\\
(11 + i\sqrt{23})G + 2(3 - i\sqrt{23})K &\equiv 0 \quad (\text{div. } T').
\end{aligned}$$

Si donc on pose

$$G = \gamma T + \gamma' T', \qquad K = kT + k'T',$$

on obtient les conditions

$$(11 - i\sqrt{23})\gamma' - 2(3 + i\sqrt{23})k' = 0,$$
$$(11 + i\sqrt{23})\gamma + 2(3 - i\sqrt{23})k = 0.$$

En exprimant enfin que le terme du quatrième degré disparaît dans le numérateur (63), on trouve la dernière équation

$$2^3.73\,[(20 + i\sqrt{23})\gamma + (20 - i\sqrt{23})\gamma']$$
$$= 7.19\,i\sqrt{23}\,[(20 + i\sqrt{23})k + (20 - i\sqrt{23})k'].$$

Les équations précédentes fournissent

$$2^5 k' = (5 - 7i\sqrt{23})\gamma', \qquad 2^5 k = -(5 + 7i\sqrt{23})\gamma.$$

Substituant dans la dernière et prenant arbitrairement un cceffi-cient de proportionnalité, je trouve

$$\gamma = \tfrac{1}{2}(3.11 + 5i\sqrt{23}), \qquad \gamma' = \tfrac{1}{2}(-3.11 + 5i\sqrt{23}),$$
$$k = 2(5 - 2i\sqrt{23}), \qquad k' = 2(5 + 2i\sqrt{23});$$

d'où résulte

$$G = -3^2.11 + 2.7.19\,it\sqrt{23},$$
$$K = 2^3(2.73\,t + 3i\sqrt{23}).$$

Il reste à trouver H. A cet effet, je prends $t = \frac{3}{2}$, ce qui donne

$$V = -tS^2,$$

et, par conséquent,

$$TT'H = \tfrac{3}{2}S(S'G + SK).$$

Pour $t = \frac{3}{2}$, nous avons

$$S = 2.3(7 - 3i\sqrt{23}), \qquad S' = 2^4.3^2,$$
$$K = 2^3.3(73 + i\sqrt{23}),$$
$$G = 3(-3.11 + 7.19\,i\sqrt{23}),$$
$$S'G + SK = 2^4.3^2(481 + 11.17\,i\sqrt{23}).$$

D'autre part,

$$T = 3(19 + i\sqrt{23}) = \tfrac{3}{8}(5 - i\sqrt{23})(3 + i\sqrt{23}),$$
$$T' = 3(21 - i\sqrt{23}) = \tfrac{3}{4}(5 - 3i\sqrt{23})(3 + i\sqrt{23}),$$
$$TT' = -\frac{3^2}{2}(11 + 5i\sqrt{23})(3 + i\sqrt{23})^2,$$
$$\tfrac{3}{2}S = 3^2(7 - 3i\sqrt{23}) = -\frac{3^2}{2}(3 + i\sqrt{23})^2.$$

Il vient donc

$$(11 + 5i\sqrt{23})H = 2^4.3^2(481 + 11.17i\sqrt{23})$$

ou finalement

$$H = 2^3.3^2(7.11 - i\sqrt{23}) \qquad (t = \tfrac{3}{2}).$$

Le changement du signe de t et de $\sqrt{23}$ laisse inaltérés V et G, change K en $-$K, échange T et $-$T', ainsi que S et $-$S'; ce changement a donc pour effet de reproduire H, changé de signe. On a donc aussi

$$H = -2^3.3^2(7.11 + i\sqrt{23}) \qquad (t = -\tfrac{3}{2}).$$

Par conséquent, pour t quelconque,

$$H = 2^3.3(2.7.11\,t - 3i\sqrt{23}).$$

Comme vérification de ce calcul, prenons $t = 0$, ce qui donne

$$\left.\begin{aligned} -KV &= 2^3.3^4 i\sqrt{23}, \\ TT'H &= 2^3.3^4 i\sqrt{23}, \end{aligned}\right\} \; t = 0.$$

J'ai donc la formule cherchée, savoir

$$tss' = \frac{H}{G} = -\frac{2^3.3(2.7.11\,t - 3i\sqrt{23})}{3^2.11 - 2.7.19\,it\sqrt{23}}.$$

Mettant $t = \dfrac{9i}{2c}$, on la change en la suivante :

$$(66) \qquad tss' = \frac{2^3(c\sqrt{23} - 3.7.11)i}{11c + 7.19\sqrt{23}}.$$

Remplaçant enfin c par son expression (46), j'en déduis, suivant (62),

$$\frac{E - E'}{-8E''} = \frac{4 + (g+h)\sqrt{23}}{21\sqrt{23} + 11(g+h)}. \tag{67}$$

Prenant arbitrairement un coefficient de proportion, je poserai donc

$$\left\{\begin{aligned} E &= 21\sqrt{23} + 32 + (8\sqrt{23} + 11)(g+h), \\ E' &= 21\sqrt{23} - 32 - (8\sqrt{23} - 11)(g+h), \\ E'' &= -42\sqrt{23} - 22(g+h). \end{aligned}\right. \tag{68}$$

Pour les deux autres fonctions P_1 et P_2, les formules seront analogues, $g+h$ étant remplacé par $\theta g + \theta^2 h$ ou $\theta^2 g + \theta h$. Par les égalités (50), il est manifeste que, dans ces formules, E'' est remplacé par E'_1 ou E'_2. Mais il reste à savoir dans quel ordre E et E' sont remplacés par E_1 et E''_1 ou E_2 et E''_2. Pour ce but, supposant, dans le second membre (67), $g+h$ remplacé par $\theta g + \theta^2 h$, multiplions les deux termes par le conjugué du dénominateur, ce qui donne

$$[4 + (\theta g + \theta^2 h)\sqrt{23}][21\sqrt{23} + 11(\theta^2 g + \theta h)].$$

La partie imaginaire de ce produit est

$$(21.23 - 4.11)(g-h)\frac{i\sqrt{3}}{2};$$

le coefficient de i est positif. L'échange de $E - E'$ en $\pm(E_1 - E''_1)$ doit donc être fait de manière que, dans

$$\mp\frac{E_1 - E''_1}{E'_1},$$

la partie imaginaire soit positive. En employant les séries $\mathfrak{I}$, on trouve, pour la partie principale,

$$\frac{E_1 - E''_1}{E'_1} = -\tfrac{3}{16} e^{-\frac{i\pi}{3}} e^{\frac{\pi\sqrt{23}}{3}}, \qquad \left(\frac{\Omega'_1}{\Omega_1} = \frac{1 + i\sqrt{23}}{3}\right);$$

les autres termes sont sans influence sur le signe de la partie imaginaire : c'est le signe *plus*. C'est donc E''_1 qui remplace E. Quant à la fonction P_2, ses éléments sont conjugués des précédents. Ainsi, en passant aux fonctions P_1 ou P_2, on doit, dans les formules (68), remplacer $g+h$ par $\theta g+\theta^2 h$ ou par $\theta^2 g+\theta h$ et, en même temps E, E', E'' par E''_1, E_1, E'_1 ou par E''_2, E_2, E'_2.

Ainsi est pleinement achevée la solution du problème proposé.

Comparaison avec les résultats antérieurs.

Soit posé

$$y=\frac{(e-e')(e-e'')}{(e'-e'')^2}=\frac{9-4t^2}{16t^2}. \tag{69}$$

Prenons $V(t)\,V(-t)$, puis remplaçons t^2 par son expression en y, savoir

$$t^2=\frac{9}{4}\,\frac{1}{1+4y}.$$

Nous obtenons ainsi, pour y, l'équation

$$(4y+1)(y-79)^2+7^2.23(7y-3)^2=0,$$

qui, étant développée, se réduit à

$$\left(\frac{y}{16}\right)^3+853\left(\frac{y}{16}\right)^2-22\left(\frac{y}{16}\right)+1=0.$$

C'est l'équation donnée, par le R. P. Joubert, dans les *Comptes rendus* de 1860 (1er semestre, p. 912). Sa résolution suffit, bien entendu, pour définir explicitement les fonctions cherchées, puisque l'invariant absolu est rationnel en t^2. D'une manière générale, pour toute fonction elliptique, on a

$$\left\{\begin{aligned}\rho^2 g_2&=2^2.3(1+y)(1+4y),\\ \rho^3 g_3&=2^2(y-2)(1+4y)^2,\\ \rho^6\Delta&=2^4.3^6y^2(1+4y)^3,\end{aligned}\right. \tag{70}$$

en désignant par ρ un coefficient d'homogénéité, dont l'expression est

$$\rho=\frac{3\sqrt{1+4y}}{e'-e''}=\frac{9e}{(e'-e'')^2}.$$

Ce coefficient ρ peut être pris *ad libitum;* aussi les invariants sont-ils définis par la seule quantité y, ou par t^2. Mais, pour avoir les quantités e, e', e'', sans nouvelle irrationnelle, il faut connaître t.

Semblablement, à l'égard des trois fonctions répondant à l'ordre proprement primitif, la connaissance de y suffit aussi pour définir les invariants. Effectivement, en prenant la transformation du second ordre qui fait passer de p à P, ainsi que la transformation inverse, on a les deux relations

$$\pm 2\frac{\sqrt{(e-e')(e-e'')}}{e} = \frac{E-E'}{E''}, \qquad \pm 2\frac{\sqrt{(E''-E)(E''-E')}}{E''} = \frac{e'-e''}{e},$$

et, en posant encore

$$Y = \frac{(E''-E)(E''-E')}{(E-E')^2},$$

on en déduit la relation, bien connue,

$$16yY = 1.$$

Prenant maintenant les formules (70) y mettant des lettres majuscules, au lieu de g_2, g_3, y, ..., puis remplaçant Y par $\frac{1}{16y}$ et y par son expression en fonction de c^2, on trouve

$$\begin{aligned} \lambda^2 G_2 &= 3(4c^2+27), \\ \lambda^3 G_3 &= c(8c^2+81), \\ \lambda^6 \Delta &= 3^6(c^2+9); \end{aligned}$$

le coefficient λ a l'expression suivante

$$\lambda = \frac{81E''}{4c(E''-E)(E''-E')}.$$

II.

Parties aliquotes de périodes; leur répartition en groupes, quand le diviseur est un nombre premier.

Dans ce qui va suivre, les arguments seront toujours envisagés *à des périodes près :* deux arguments, quand ils diffèrent entre eux par une période, seront donc considérés comme un seul et même argument.

Par la notation w_n on désignera une $n^{\text{ième}}$ partie de période *effective;* c'est-à-dire que nw_n est une période et qu'il n'existe pas, en même temps, un autre entier m, inférieur à n, rendant mw_n égal à une période. Quand n est un nombre premier, cette dernière restriction est superflue.

Dans ce paragraphe, nous supposerons n un nombre premier.

Les arguments w_n sont compris dans la formule générale

$$(1) \qquad w_n = \frac{2p\omega + 2p'\omega'}{n} = (p, p'),$$

où l'on doit mettre pour p et p' les entiers depuis zéro jusqu'à $n-1$, en exceptant la combinaison $p = 0$, $p' = 0$. Le nombre des arguments w_n est donc $n^2 - 1$; leur somme est une période

$$\sum w_n = \frac{n(n-1)}{2}(2\omega + 2\omega').$$

Le produit de w_n par un des entiers $1, 2, \ldots (n-1)$ est encore un argument w_n. Prenant donc l'un quelconque des arguments w_n, on peut former, avec lui, le groupe (w_n) composé des arguments

$$w_n, \quad 2w_n, \quad 3w_n, \quad \ldots, \quad (n-1)w_n.$$

Si l'on avait pris, au lieu de w_n, l'un quelconque mw_n des arguments du groupe, on retrouverait ce même groupe; car les nombres $m, 2m, \ldots, (n-1)m$ reproduisent $1, 2, \ldots, n-1$ à des multiples près de n.

Soit maintenant ϖ'_n un autre argument étranger à ce groupe; on formera, avec lui, un autre groupe ϖ'_n, composé des arguments

$$\varpi'_n, \quad 2\varpi'_n, \quad \ldots, \quad (n-1)\varpi'_n :$$

ce dernier est entièrement différent du précédent. En effet, comme on l'a montré pour le précédent, il se conserve, si, au lieu de ϖ'_n, on prend pour le former un quelconque des arguments $m\varpi'_n$. Si donc un de ces arguments appartenait au premier groupe, tous les arguments appartiendraient aussi à ce groupe, ce qui est contre l'hypothèse.

En poursuivant de même, on voit les n^2-1 arguments ϖ_n se répartir en groupes, dont chacun contient $n-1$ arguments. Le nombre de ces groupes est ainsi $n+1$.

Au moyen de la formule (1), on peut faire aisément la distinction des groupes. Pour avoir des résultats d'une forme générale, il convient d'admettre que les nombres p et p' sont déterminés à des multiples près de n.

Deux arguments (p, p') et (r, r') appartenant au même groupe sont caractérisés par la condition

$$pr' - p'r \equiv 0 \pmod{n}. \tag{2}$$

Cette égalité a effectivement lieu si l'on a pris r et r' égaux à mp et mp'. Inversement, la congruence ayant lieu, soit

$$pr' - p'r = \mu n; \tag{3}$$

on en conclut

$$p(r' + \nu' n) - p'(r + \nu n) = n(\mu + p\nu' - p'\nu).$$

On peut trouver ν et ν' par l'égalité

$$p\nu' - p'\nu + \mu = 0;$$

car, si p et p' ont un facteur commun, ce facteur, d'après (3), appartient aussi à μ. Cela étant, $r + \nu n$ et $r' + \nu' n$ sont proportionnels à p et p'; ce qu'il fallait prouver.

Supposons maintenant un argument (r, r') qui n'appartienne pas au groupe de (p, p'), en sorte que la congruence (2) n'ait pas lieu. On pourra trouver un entier m par la condition

$$m(pr'-p'r)\equiv 1 \pmod{n}.$$

On voit donc qu'il y a, dans chaque groupe, un argument (r, r') caractérisé par la condition

$$pr'-p'r\equiv 1 \pmod{n}. \tag{4}$$

On peut donc figurer les divers groupes comme il suit par le premier argument de chacun d'eux, en supposant que r et r' constituent une des solutions de la congruence (4) :

$$(p,p'),\quad (r,r'),\quad (r+p,\ r'+p'),\quad (r+2p,\ r'+2p'),\quad \ldots.$$

Dans cette figuration, le premier argument, dans chaque groupe, dépend essentiellement du choix de (p, p').

Il est permis, sans restriction, de supposer p et p' premiers entre eux ; car, en prenant pour ν tous les entiers, on reproduit, au moyen des nombres $p+\nu n$, tous les entiers, à des multiples près de p'. Il existe donc des nombres $p+\nu n$, premiers avec p'.

Ayant ainsi choisi p et p' premiers entre eux, on peut, au lieu de la congruence (4), prendre l'équation

$$pr'-p'r=1 \tag{5}$$

pour définir le premier argument du groupe suivant.

Soit posé maintenant

$$\left\{\begin{aligned} p\omega+p'\omega' &= \varpi,\\ r\omega+r'\omega' &= \varpi'. \end{aligned}\right. \tag{6}$$

Les groupes sont ainsi figurés

$$\frac{2\varpi}{n},\quad \frac{2\varpi'}{n},\quad \frac{2\varpi'}{n}+\frac{2\varpi}{n},\quad \frac{2\varpi'}{n}+\frac{4\varpi}{n},\quad \ldots,\quad \frac{2\varpi'}{n}+\frac{2(n-1)\varpi}{n}. \tag{7}$$

D'après (5) et (6), 2ϖ et $2\varpi'$ forment une paire de périodes équivalentes à 2ω et $2\omega'$, ou *primitives*. La figuration (7) des divers groupes est donc telle que le premier argument du premier groupe est un quelconque des n^2-1 arguments ϖ_n. Le second groupe est arbitraire aussi; mais le premier argument est déterminé dans ce groupe.

Tous les autres groupes sont ensuite déterminés complètement, quant à leur ordre et quant à l'ordre des arguments dans chacun d'eux.

Dans cette figuration (7), on peut représenter le premier argument de chaque groupe ainsi

$$(8) \qquad (1,0),\ (0,1),\ (1,1),\ (2,1),\ (3,1),\ \ldots,\ (n-1,1).$$

Le choix du couple de périodes $2\tilde{\omega}$, $2\tilde{\omega}'$ influe seulement sur l'ordre des groupes.

Cas où le diviseur est une puissance d'un nombre premier.

Soit a un nombre premier et supposons $n = a^{\alpha}$. Pour que w_n, donné par la formule (1), soit une $n^{\text{ième}}$ partie de période, il faut et il suffit que l'un, au moins, des nombres p et p' soit premier avec a. Le nombre des w_n est donc

$$n^2 - 1 - \left[\left(\frac{n}{a}\right)^2 - 1\right] = n^2\left(1 - \frac{1}{a^2}\right).$$

Cela étant, le produit mw_n sera de cette même nature, si m n'est pas divisible par a. En prenant m dans la suite $1, 2, \ldots n-1$, il faut donc excepter les nombres $a, 2a, 3a, \ldots (a^{\alpha-1}-1)a$. Il reste donc $a^{\alpha} - 1 - (a^{\alpha-1} - 1)$ nombres m. Soit posé

$$n = a^{\alpha}, \qquad \varphi(n) = a^{\alpha} - a^{\alpha-1} = n\left(1 - \frac{1}{a}\right).$$

En raisonnant comme au paragraphe précédent, on voit se séparer les arguments w_n en groupes, dont chacun contient des arguments en nombre $\varphi(n)$. Le nombre total des groupes est donc

$$\mathrm{T}(n) = \frac{n^2\left(1 - \frac{1}{a^2}\right)}{n\left(1 - \frac{1}{a}\right)} = n\left(1 + \frac{1}{a}\right).$$

Deux arguments (p, p') et (r, r') appartenant au même groupe sont encore caractérisés par la condition (2). La preuve est la même qu'au paragraphe précédent. Dans la démonstration, il faut observer que, si p et p' ont un facteur commun, ce facteur est premier avec n par hypothèse. Cette observation est nécessaire pour établir qu'un facteur commun à p et p' appartient aussi à μ.

Que l'on envisage ensuite les arguments (r, r') pour lesquels $pr' - rp'$ est premier avec n, et l'on est conduit à la considération de $n+1$ groupes

$$(p, p'), \quad (r, r'), \quad (r+p, r'+p'), \quad (r+2p, r'+2p'), \quad \ldots.$$

Mais il en existe d'autres, car $pr' - rp'$ peut être non divisible par n, sans être cependant premier avec n; c'est ce qui arrive si $pr' - rp'$ est divisible par a, ou a^2, ... sans l'être par a^α.

Soit donc $pr' - rp'$ divisible par a^k, sans l'être par a^{k+1}. On pourra déterminer m par la condition

$$m(pr' - rp') \equiv a^k \pmod{a^\alpha}.$$

Mais, tandis que précédemment il existait un seul nombre m (aux multiples près de n), il en existe maintenant plusieurs. Soit, en effet,

$$m'(pr' - rp') \equiv a^k \pmod{a^\alpha};$$

on en conclut

$$(m - m')(pr' - rp') \equiv 0 \pmod{a^\alpha}.$$

Puisque $pr' - rp'$ contient le facteur a^k, $m - m'$ est assujetti seulement à contenir le facteur $a^{\alpha-k}$; les diverses solutions sont donc

$$m, \quad m + a^{\alpha-k}, \quad m + 2a^{\alpha-k}, \quad \ldots, \quad m + (a^k - 1)a^{\alpha-k}.$$

Ainsi, dans un même groupe, il y a plusieurs arguments (r, r') caractérisés par la condition

$$pr' - rp' \equiv a^k \pmod{n}, \tag{9}$$

et le nombre de ces arguments est égal à a^k.

Si l'on prenait donc toutes les solutions (r, r') de la congruence (9), à des multiples près de n, pour former autant de groupes, chaque groupe serait répété un nombre de fois égal à a^k. Cherchons à éviter cet écueil. Soient les deux arguments (r_1, r'_1) et (r_2, r'_2), obtenus en posant

$$r_1 = r + \nu_1 p, \qquad r'_1 = r' + \nu_1 p'.$$
$$r_2 = r + \nu_2 p, \qquad r'_2 = r' + \nu_2 p'.$$

Pour que ces deux arguments appartiennent à des groupes différents, il faut et il suffit que $r_1 r'_2 - r_2 r'_1$ ne soit pas divisible par n. Or on a

$$r_1 r'_2 - r_2 r'_1 = (\nu_1 - \nu_2)(pr' - rp') \equiv (\nu_1 - \nu_2) a^k \pmod{n}.$$

Il est donc nécessaire et suffisant de prendre les nombres $\nu_1, \nu_2, \ldots$ à des multiples près de $a^{\alpha-k}$, par exemple dans la suite $0, 1, 2, \ldots, a^{\alpha-k} - 1$.

En outre, comme $pr'_1 - r_1 p' \equiv a^k$, on voit que, si r_1 est divisible par a, r'_1 le sera également, et (r_1, r'_1) ne sera pas un $n^{\text{ième}}$ de période effective. On doit donc exclure les valeurs de la suite précédente, en nombre $a^{\alpha-k-1}$, pour lesquels $r + \nu_1 p$ serait divisible par a.

Ainsi, pour chaque exposant $k = 1, 2, \ldots, \alpha - 1$, ayant pris une solution (r, r') de la congruence (9), on aura les groupes distincts ci-après

$$(r, r'), \quad \ldots, \quad (r + \nu p, r' + \nu p'), \quad \ldots \quad \left\{ \begin{array}{l} \nu < a^{\alpha-k} \\ r + \nu p \gtrless 0 \pmod{a}. \end{array} \right.$$

Le nombre des groupes pour l'exposant k est ainsi $a^{\alpha-k} - a^{\alpha-k+1}$; pour l'ensemble des exposants k, ce sera

$$(a^{\alpha-1} - a^{\alpha-2}) + (a^{\alpha-2} - a^{\alpha-3}) + \ldots + (a - 1) = a^{\alpha-1} - 1.$$

En y joignant les groupes ci-dessus, en nombre $a^\alpha + 1$, on retrouve le nombre $a^\alpha + a^{\alpha-1} = T(n)$ des groupes, tel qu'on l'a vu précédemment.

En rapportant les arguments aux deux périodes arbitraires 2ϖ et $2\varpi'$, on aura, outre les groupes (8), ceux-ci

$$(1, a^k), \quad (2, a^k), \quad \ldots, \quad (\lambda, a^k), \quad \ldots,$$

où λ est successivement égal à tous les nombres premiers avec a, inférieurs à $a^{\alpha-k}$. Ce sont donc les arguments

$$\frac{2\lambda\varpi}{a^\alpha} + \frac{2\varpi'}{a^{\alpha-k}},$$

où λ, premier avec a, est inférieur à $a^{\alpha-k}$.

Cas où le diviseur est quelconque.

Pour que ϖ_n, donné par la formule (1), soit une $n^{\text{ième}}$ partie de période, il faut et il suffit que p, p' et n aient pour plus grand commun diviseur l'unité. Un groupe est formé avec les produits d'un argument ϖ_n par les nombres premiers à n et inférieurs à n.

Soit n décomposé en ses facteurs premiers, a, b, c, ...

$$n = a^{\alpha} b^{\beta} c^{\gamma} \ldots.$$

Chaque fraction $\frac{p}{n}$ ou $\frac{p'}{n}$ peut être décomposée ainsi :

$$\frac{p}{n} = \frac{p_1}{a^h} + \frac{p_2}{b^k} + \frac{p_3}{c^l} + \ldots,$$
$$\frac{p'}{n} = \frac{p'_1}{a^{h'}} + \frac{p'_2}{b^{k'}} + \frac{p'_3}{c^{l'}} + \ldots,$$

chacune des fractions partielles étant réduite à sa plus simple expression. De cette manière, ϖ_n apparaît comme la somme de divers arguments

$$\frac{2p_1\omega}{a^h} + \frac{2p'_1\omega'}{a^{h'}}, \quad \frac{2p_2\omega}{b^k} + \frac{2p'_2\omega}{b^{k'}}, \quad \ldots.$$

Pour que ϖ_n soit une $n^{\text{ième}}$ partie de période, il faut et il suffit que l'un des exposants h, h' soit égal à α, l'un des exposants k, k' égal à β, ... Ainsi ϖ_n est la somme de divers arguments ϖ_{n_1}, ϖ_{n_2}, ..., n_1, n_2, ... étant des puissances de nombres premiers

$$n_1 = a^{\alpha}, \quad n_2 = b^{\beta}, \quad n_3 = c^{\gamma}, \quad \ldots.$$

Prenons pour ϖ_{n_1} le premier argument d'un groupe; pour ϖ_{n_2} le premier argument d'un groupe, etc., cela de toutes les manières. Nous aurons ainsi des arguments ϖ_n appartenant à des groupes différents; car la condition

$$pr' - rp' \equiv 0 \pmod{n},$$

se décompose en

$$p_1 r'_1 - r_1 p'_1 \equiv 0 \pmod{n_1},$$
$$p_2 r'_2 - r_2 p'_2 \equiv 0 \pmod{n_2},$$

dont une, au moins, n'a pas lieu d'après l'hypothèse. D'après cela :

1° Le nombre des groupes est

$$T(n) = T(n_1)\,T(n_2)\ldots = n\left(1+\frac{1}{a}\right)\left(1+\frac{1}{b}\right)\cdots.$$

2° Le nombre des termes du groupe est

$$\varphi(n) = \varphi(n_1)\,\varphi(n_2)\ldots = n\left(1-\frac{1}{a}\right)\left(1-\frac{1}{b}\right)\cdots.$$

3° Le nombre total des w_n est

$$\varphi(n)\,T(n) = n^2\left(1-\frac{1}{a^2}\right)\left(1-\frac{1}{b^2}\right)\cdots.$$

La fonction $\varphi(n)$ est bien connue en Arithmétique, comme dénombrant les nombres premiers à n et inférieurs à n.

Groupes composés.

A l'ensemble des arguments w_n on a souvent besoin d'adjoindre les divers arguments w_δ, où δ est l'un quelconque des diviseurs de n. L'ensemble de tous ces arguments compose celui des $n^{\text{ièmes}}$ parties de périodes effectives ou non, dont le nombre est n^2, si l'on y comprend l'argument zéro, correspondant à $\delta = 1$. De là résulte l'égalité arithmétique

$$\Sigma\,\varphi(\delta)\,T(\delta) = n^2,$$

où δ est successivement égal aux divers diviseurs de n, y compris n et l'unité.

Semblablement, si au groupe (w_n) on adjoint les produits des w_n par les nombres non premiers avec n, on obtient un groupe composé qui contient des $n^{\text{ièmes}}$ parties de période non effectives, des w_δ, $w_{\delta'}$, ... Pour obtenir un argument w_δ, il faut multiplier par un nombre $m_1\frac{n}{\delta}$, où m_1 est premier avec δ. Pour que cet argument soit obtenu une seule fois, il faut que m_1 soit inférieur à δ, de telle sorte que $\frac{m_1 n}{\delta}$ soit inférieur à n. Du reste on obtient des arguments tous différents entre eux quand on multiplie w_n

par les nombres 1, 2, ..., $n-1$. De là

$$\Sigma \varphi(\delta) = n,$$

relation arithmétique bien connue.

Mais, si l'on prend ainsi pour chaque premier argument ϖ_n le groupe composé, les arguments ϖ_δ se trouvent, dans l'ensemble, répétés plusieurs fois. Dans l'ensemble des $T(n)$ groupes, il y a $T(n)\varphi(\delta)$ arguments ϖ_δ. Comme le nombre des argument ϖ_δ distincts est seulement $T(\delta)\varphi(\delta)$, on voit que chacun d'eux est répété un nombre de fois égal à

$$N_\delta = \frac{T(n)}{T(\delta)} = \frac{n}{\delta}\left(1+\frac{1}{a'}\right)\left(1+\frac{1}{b'}\right)\cdots,$$

a', b', ... étant les facteurs premiers qui entrent dans n sans entrer dans δ.

Soit, par exemple, $n = 120 = 2^3.3.5$, $T(n) = 288$. Les ϖ_2 ou demi-périodes sont répétées chacune 96 fois, les ϖ_3 72 fois, les ϖ_5 48 fois, les ϖ_{10} 16 fois, etc.

Groupes cycliques.

Au lieu de multiplier un argument ϖ_n par les $\varphi(n)$ nombres premiers à n, on peut le multiplier par les puissances d'un tel nombre. On forme ainsi le *groupe cyclique*

$$\varpi_n, \quad \mu\varpi_n, \quad \mu^2\varpi_n, \quad \ldots, \quad \mu^{k-1}\varpi_n,$$

comprenant des termes dont le nombre k est marqué par le plus petit exposant k (hormis zéro) qui satisfait à la condition

$$\mu^k \equiv 1 \pmod n.$$

On sait, par le théorème de Fermat, que cet exposant k est égal à $\varphi(n)$ ou à un diviseur de $\varphi(n)$. Si μ peut être choisi de telle sorte qu'on ait $k = \varphi(n)$, le groupe ainsi formé ne diffère pas, sauf par l'ordre des termes, du groupe défini précédemment. Celui-ci est donc cyclique. Soit, au contraire, $k < \varphi(n)$; les $\varphi(n)$ arguments se répartiront en $\frac{\varphi(n)}{k}$ groupes cycliques; et l'ensemble de tous les arguments ϖ_n formera $T(n)\frac{\varphi(n)}{k} = T_1(n)$ groupes cycliques.

Théorème général sur les fonctions cycliques.

Arrivons maintenant aux conséquences algébriques de la répartition en groupes. Nous devons d'abord rappeler que les fonctions p, pour toutes les $n^{\text{ièmes}}$ parties de périodes, effectives ou non, sont les racines d'un polynôme $\psi_n(u)$, entier par rapport à l'inconnue $x = pu$, ou bien $\frac{\psi_n(u)}{p'u}$ si n est pair. Dans ce polynôme, le terme du plus haut degré en x est purement numérique, les autres entiers en g_2 et g_3, et l'homogénéité y est respectée. Quand n est un nombre composé, ce polynôme est décomposable en facteurs

$$\psi_n(u) = \Pi\theta_\delta,$$

dont chacun, θ_δ, a pour racines les fonctions p des arguments ϖ_δ, δ étant un diviseur de n. Chacun de ces facteurs θ_δ a aussi les mêmes caractères algébriques que ψ_n; le premier coefficient est numérique, et les autres sont entiers en g_2 et g_3. Supposons en effet qu'il en soit ainsi pour tout nombre composé de ν facteurs premiers égaux ou inégaux, et soit n un nombre comprenant $\nu+1$ facteurs premiers. Les diviseurs de n, autres que n lui-même, ont moins de $\nu+1$ facteurs; donc tous les θ_δ, où $\delta < n$, ont les caractères énoncés. Mais on a

$$\psi_n = \theta_n \Pi\theta_\delta,$$

et le quotient de ψ_n par $\Pi\theta_\delta$, qui est un polynôme entier, aura les mêmes caractères.

On doit observer en outre que les ϖ_n (sauf l'unique cas $n = 2$) sont deux à deux égaux et de signe contraire; car ϖ_n et $-\varpi_n$ sont en même temps des $n^{\text{ièmes}}$ parties de périodes, et sont distinctes, l'équation $\varpi_n \equiv -\varpi_n$ exigeant $2\varpi_n \equiv 0$, ou $\varpi_n =$ demi-période. Les fonctions $p\varpi_n$ sont donc en nombre $\frac{1}{2}\varphi(n)T(n)$.

Ainsi *les quantités $x = p\varpi_n$ sont les racines d'un polynôme $\theta_n(x)$, de degré $\frac{1}{2}\varphi(n)T(n)$, dont le premier coefficient est numérique et dont les coefficients sont entiers en g_2 et g_3.*

COROLLAIRE. — *Les sommes de leurs puissances semblables (à exposant entier et positif) sont des fonctions entières de g_2 et de g_3.*

Nous appellerons *fonction cyclique* toute fonction rationnelle des symboles p et p' appliqués aux arguments d'un groupe cyclique et en outre symétrique par rapport à ces arguments, et ne contenant aucune irrationnelle. Une telle fonction F a seulement $T_1(n)$ valeurs. Elle dépend algébriquement de g_2 et g_3 : elle doit donc être racine d'une équation de degré $T_1(n)$, à coefficients rationnels. Voici comment on peut, en effet, le prouver.

Soit ϖ l'un des arguments du cycle. Tous les autres sont des multiples entiers de ϖ; toutes les fonctions p et p' de ces arguments sont donc exprimables rationnellement par $p\varpi$ et $p'\varpi$. On a donc

$$F = A + B\,p'\varpi, \tag{10}$$

A et B étant rationnels en $p\varpi$. Mais la fonction, étant symétrique, ne change pas quand on y remplace ϖ par un autre argument du groupe. On a donc, en désignant par F_1, F_2, ... la même fonction avec les autres arguments et par ν le nombre des arguments,

$$F = \frac{1}{\nu}\left(F + F_1 + \ldots + F_{\nu-1}\right).$$

Ainsi l'on peut mettre F sous la forme d'une somme de ν fonctions, chacune d'un seul argument. La somme des fonctions F pour les divers groupes devient ainsi la somme de $\varphi(n)\,T(n)$ fonctions, dont chacune contient un seul argument, et tous les arguments ϖ_n s'y trouvent. Ainsi la somme des fonctions F pour tous les groupes est égale à $\frac{1}{\nu}\,\Sigma A$, cette somme appliquée à tous les arguments ϖ_n; car la somme $\Sigma B p'\varpi$ est nulle, les arguments étant deux à deux égaux et de signe opposé. Donc enfin $\Sigma F = \frac{2}{\nu}\,\Sigma A$, cette somme appliquée à toutes les racines x de θ_n. C'est une fonction symétrique des racines de θ_n; elle peut donc s'exprimer rationnellement par les coefficients de ce polynôme, qui sont eux-mêmes rationnels en g_2 et g_3.

Ce qu'on vient de dire pour F s'applique aussi bien à son carré, son cube, etc.; donc ΣF^m est rationnellement exprimable en g_2 et g_3. C. Q. F. D.

Ainsi *toute fonction cyclique est racine d'une équation algébrique, dont le degré est égal au nombre des cycles, et dont les coefficients sont rationnels en g_2 et g_3.*

On vient de reconnaître que dans ΣF la partie impaire $B\wp'w$ disparaît. Cette partie peut être écartée avant la transformation. En effet, F, exprimé sous sa forme primitive par les divers arguments, aura un dénominateur ne contenant que des symboles $\wp$. Or l'expression de $\wp mw$ ne contient que $\wp w$; en la différentiant, on voit que $\wp' mw$ est le produit de $\wp' w$ par une fonction de $\wp w$. Un produit de k facteurs $\wp'$ donne lieu à une fonction rationnelle de $\wp w$, multipliée par $(\wp' w)^k$; ce dernier facteur est lui-même une fonction rationnelle de $\wp w$ si k est pair; mais il restera un facteur $\wp' w$ si k est impair. On devra donc distinguer les parties paires, comprenant un nombre pair de facteurs $\wp'$, et les parties impaires; ces dernières disparaissent de la somme.

Par exemple, soit

$$F = \wp' v\, \wp' v_1\, \wp' v_2 \ldots, \tag{11}$$

$v, v_1, v_2, \ldots$ étant des arguments du groupe cyclique.

Si le nombre des facteurs est impair, toutes les sommes de puissances impaires seront nulles : l'équation en F manquera de tous les termes de rang pair.

Théorème sur les fonctions cycliques entières.

Une fonction cyclique est *entière* quand le dénominateur, réduit à une fonction entière des symboles $\wp$ seulement, est purement numérique.

Telle est la fonction (11). Le théorème qui les concerne consiste en ce que *l'équation $\Phi = 0$ dont dépend une fonction cyclique entière a ses coefficients entiers en g_2 et g_3, le premier coefficient étant numérique.* C'est la même propriété que pour les fonctions θ_n.

En effet, les coefficients de l'équation $\theta_n = 0$ étant entiers en g_2 et g_3, et le premier d'entre eux purement numérique, les racines $\wp(w_n)$ de cette équation restent finies pour toutes les valeurs finies de g_2 et de g_3. Or les sommes des puissances semblables des racines de $\Phi = 0$, et par suite les coefficients de cette équation, sont des fonctions entières des quantités $p(w_n)$. Donc ces coefficients resteront finis, quels que soient g_2 et g_3, et seront entiers par rapport à ces quantités.

Sur le calcul de la fonction θ_n.

Les séries à double entrée fournissent un moyen de calculer les sommes des puissances semblables des symboles p pour le groupe complet des arguments w_n. Prenons le développement (10) de la page 369 du Tome I

$$p^{(\mu)}u = (-1)^{\mu}(\mu+1)! \sum_{w} \frac{1}{(u-w)^{\mu+2}},$$

et mettons-y pour u l'argument

$$u = \frac{2p\omega + 2p'\omega'}{n}.$$

On trouve, pour le terme général sous le signe sommatoire,

$$\frac{n^{\mu+2}}{(2r\omega + 2r'\omega')^{\mu+2}} \qquad (r = p - mn, \qquad r' = p' - m'n).$$

Ainsi r et r' prennent toutes les valeurs congrues à p et p' suivant le diviseur n.

Si l'on prend les $n^2 - 1$ arguments u qui sont des $n^{\text{ièmes}}$ de périodes effectives ou non, la somme des $n^2 - 1$ séries analogues contiendra tous les termes où r, r' ne sont pas à la fois multiples de n. Pour avoir toutes les périodes, il y manque les termes

$$\sum \frac{n^{\mu+2}}{(2rn\omega + 2r'n\omega')^{\mu+2}} = \sum \frac{1}{w^{\mu+2}}.$$

On a donc

$$\sum p^{(\mu)} w = (-1)^{\mu}(\mu+1)!(n^{\mu+2} - 1) \sum \frac{1}{w^{\mu+2}}.$$

Cette somme est nulle si μ est impair. En supposant μ pair $= 2\nu$ et

$$pu = \frac{1}{u^2} + c_2 u^2 + c_3 u^4 + \ldots + c_\lambda u^{2\lambda-2} + \ldots,$$

on a (t. I, p. 366)

$$(2\nu+1)\sum \frac{1}{w^{2\nu+2}} = c_{\nu+1}.$$

Ainsi, en observant que chaque fonction $\wp$ a été obtenue deux fois

$$(12)\qquad \sum \wp^{2\nu}(u) = \tfrac{1}{2}.2\nu!(n^{2\nu+2}-1)c_{\nu+1}.$$

Soient posés, pour le nombre n décomposé en ses facteurs premiers

$$n = a^{\alpha} b^{\beta} c^{\gamma}\ldots,$$

$$\varphi_{\mu}(n) = n^{\mu}\left(1-\frac{1}{a^{\mu}}\right)\left(1-\frac{1}{b^{\mu}}\right)\left(1-\frac{1}{c^{\mu}}\right)\cdots.$$

Si l'on fait la somme pour les arguments w_n seuls, on aura

$$(13)\qquad \sum \wp^{2\nu}(w_n) = \tfrac{1}{2}.2\nu!\,\varphi_{2\nu+2}(n)c_{\nu+1}.$$

Effectivement : 1° la fonction φ_{μ} jouit de la propriété qu'appliquée à tous les diviseurs de n, y compris 1 et n, elle donne

$$(14)\qquad \sum \varphi_{\mu}(\delta) = n^{\mu}.$$

Pour le prouver, il suffit d'observer que $\varphi_{\mu}(\delta)$ peut s'obtenir ainsi. Prenons les diverses suites

$$\begin{array}{llll}
a^{\mu\alpha}\left(1-\frac{1}{a^{\mu}}\right), & a^{\mu(\alpha-1)}\left(1-\frac{1}{a^{\mu}}\right), \quad \ldots, & a^{\mu}\left(1-\frac{1}{a^{\mu}}\right), & 1,\\
b^{\mu\beta}\left(1-\frac{1}{b^{\mu}}\right), & b^{\mu(\beta-1)}\left(1-\frac{1}{b^{\mu}}\right), \quad \ldots, & b^{\mu}\left(1-\frac{1}{b^{\mu}}\right), & 1,\\
c^{\mu\gamma}\left(1-\frac{1}{c^{\mu}}\right), & c^{\mu(\gamma-1)}\left(1-\frac{1}{c^{\mu}}\right), \quad \ldots, & c^{\mu}\left(1-\frac{1}{c^{\mu}}\right), & 1,\\
\ldots\ldots & \ldots\ldots & \ldots\ldots & \ldots
\end{array}$$

et formons le produit obtenu en prenant un facteur dans chacune des lignes. Ce sera un des termes $\varphi_{\mu}(\delta)$. On a tous les $\varphi_{\mu}(\delta)$ en prenant toutes les combinaisons analogues. Donc $\Sigma\varphi_{\mu}(\delta)$ s'obtient en faisant la somme des termes de la première ligne, de la deuxième ligne, de la troisième, etc. et multipliant entre elles ces sommes. Donc le produit sera $a^{\mu\alpha} b^{\mu\beta} c^{\mu\gamma}\ldots = n^{\mu}$.

C. Q. F. D.

2° Supposons l'égalité (13) prouvée pour tout nombre n_1 ayant k facteurs différents ou non, et supposons que n ait un facteur de plus. On a, dans l'égalité (12),

$$\sum p^{2\nu}(u) = \sum p^{2\nu}(w_n) + \sum p^{2\nu}(w_\delta) + \ldots,$$

où $\delta, \delta', \ldots$ sont les diviseurs de n, *sauf* n *et l'unité*. Pour tous ces diviseurs, le nombre des facteurs ne surpassant pas k, l'égalité (13) est supposée exacte. D'après la relation (14), on en conclura la relation (13) pour n. Elle est prouvée pour le cas où n est premier, car alors les relations (12) et (13) coïncident; elle est donc généralement prouvée.

Par cette relation, nous connaissons l'expression des sommes symétriques formées avec les dérivées d'ordre pair des $p(w_n)$. On passera de là aux sommes de puissances semblables par les formules de décomposition des puissances de p en éléments simples (t. I, p. 203). On en conclura

$$\sum (p w_n)^2 = \frac{1}{12}(2\varphi_4 c_2 + \tfrac{1}{2}\varphi_2 g_2) = \frac{1}{12}\left(\frac{1}{10}\varphi_4 + \frac{1}{2}\varphi_2\right) g_2,$$

$$\sum (p w_n)^3 = \frac{1}{20}\left[\frac{4!}{12}\varphi_6 c_3 + \varphi_2 g_3\right] = \frac{1}{20}\left(\frac{1}{14}\varphi_6 + \varphi_2\right) g_3,$$

$$\begin{aligned}\sum (p w_n)^4 &= \frac{1}{280}\left[\frac{6!}{36}\varphi_8 c_4 + \frac{14}{3}2\varphi_4 c_2 g_2 + \frac{25}{12}\varphi_2 g_2^2\right]\\ &= \frac{1}{280}\left[\frac{1}{60}\varphi_8 + \frac{7}{15}\varphi_4 + \frac{25}{12}\varphi_2\right] g_2^2.\end{aligned}$$

Voici une formule générale pour ces sommes.

Soit

$$(1 + c_2 u^4 + c_3 u^6 + c_4 u^8 + \ldots)^{m+1} = 1 + A_2 u^4 + A_3 u^6 + \ldots + A_p u^{2p} + \ldots$$

On a

$$(pu)^{m+1} = \frac{1}{u^{2m+2}} + \frac{A_2}{u^{2m-2}} + \ldots + \frac{A_p}{u^{2m-2p+2}} + \ldots + \frac{A_m}{u^2} + A_{m+1}, + \ldots$$

On a d'ailleurs généralement

$$p^{(2\lambda-2)} u = \frac{(2\lambda-1)!}{u^{2\lambda}} + (2\lambda-2)!\, c_\lambda + \ldots.$$

Par conséquent

$$(pu)^{m+1}=\sum_{p=0}^{p=m}\frac{A_p[p^{2(m-p)}-(2m-2p)!\,c_{m-p+1}]}{(2m-2p+1)!}+A_{m+1}.$$

Telle est la formule de décomposition en éléments simples, obtenue suivant les règles usuelles. On en conclut

$$2\sum(p\,w_n)^{m+1}=\sum_{p=0}^{p=m-1}\frac{A_p[\varphi_{2m-2p+2}-\varphi_2]}{2m-2p+1}\,c_{m-p+1}+A_{m+1}\varphi_2.$$

Pour $m=4$, on a

$$A_0=1,\qquad A_2=5c_2,\qquad A_3=5c_3,$$
$$A_4=5c_4+10c_2^2,\qquad A_5=5c_5+20c_2c_3\qquad\ldots,$$
$$c_2=\frac{g_2}{20},\qquad c_3=\frac{g_3}{28},\qquad c_4=\frac{g_2^2}{2^4.3.5^2},\qquad c_5=\frac{3g_2g_3}{2^4.5.7.11};$$
$$\sum(p\,w_n)^5=\frac{g_2g_3}{2^2.3.5}\left(\frac{\varphi_{10}}{2^3.7.11}+\frac{3\varphi_6}{2^3.7}+\frac{5\varphi_4}{2^3.7}+\varphi_2\right).$$

Pour $m=5$,

$$2\sum(p\,w_n)^6=\frac{c_6}{11}(\varphi_{12}-\varphi_2)+\frac{6c_2c_4}{7}(\varphi_8-\varphi_2)+\frac{6c_3^2}{5}(\varphi_6-\varphi_2)+\frac{6c_2c_4+15c_2^3}{3}(\varphi_4-\varphi_2)$$
$$+(6c_6+30c_2c_4+15c_3^2+20c_2^3)\varphi_2.$$

Mais la séparation des termes est déjà très laborieuse.

Calcul de quelques fonctions symétriques.

Soit $s_1=\sum p\,w_n$ appliqué à un groupe de $\varphi(n)$ termes.

Pour les divers groupes, on a manifestement

$$\sum s_1=0,\qquad \sum s_1^2=\alpha g_2,\qquad \sum s_1^3=\beta g_3,$$
$$\sum s_1^4=\gamma g_2^2,\qquad \sum s_1^5=\delta g_2g_3,\qquad \ldots\ldots\ldots\ldots$$

et il faut calculer les coefficients numériques α, β, ..., on voit que jusqu'à $\sum s_1^5$, inclusivement, il y a un seul coefficient, qu'on peut donc calculer en supposant $\Delta = 0$.

A cet effet, nous ferons ω' infini. Il y a alors un seul groupe où les arguments ne soient pas infinis; ce sera $\frac{2\omega}{n}, \frac{4\omega}{n}, \ldots$.

On a alors, en général,

$$\wp u = \frac{1}{u^2} + \sum_{p=1}^{p=\infty} \frac{1}{(u \pm 2p\omega)^2} - \frac{1}{2\omega^2} \sum_{p=1}^{p=\infty} \frac{1}{p^2}.$$

Pour tous les groupes, sauf le premier,

$$\wp w_n = -\frac{1}{2\omega^2} \sum \frac{1}{p^2},$$

tandis que, pour le premier groupe,

$$\wp \frac{2k\omega}{n} = \frac{n^2}{4k^2\omega^2} + \frac{1}{4\omega^2} \sum \frac{n^2}{(k \pm pn)^2} - \frac{1}{2\omega^2} \sum \frac{1}{p^2}.$$

Soit $\frac{1}{2\omega^2} \sum \frac{1}{p^2} = A$. Pour évaluer s_1 pour le premier groupe, nous savons qu'on a

$$\sum s_1 = 0,$$

c'est-à-dire

$$s_1 - [T(n) - 1]\varphi(n)A = 0.$$

Soit maintenant à calculer $\sum s_1^2$. Cette somme se compose : 1° du s_1^2 du premier groupe; 2° de ceux des autres groupes, pour chacun desquels on a $s_1 = -\varphi(n)A$.

La somme de ces s_1^2 sera

$$[(Tn) - 1]\varphi(n)^2 A^2;$$

donc

$$\begin{aligned}\sum s_2^1 &= [T(n) - 1]^2 \varphi(n)^2 A^2 + [T(n) - 1]\varphi(n)^2 A^2 \\ &= T(n)[T(n) - 1]\varphi(n)^2 A^2.\end{aligned}$$

Semblablement

$$\sum s_1^3 = [T(n)-1]^3\varphi(n)^3 A^3 - [T(n)-1]\varphi(n)^3 A^3$$
$$= \{[T(n)-1]^3 - T(n)+1\}\varphi(n)^3 A^3,$$
$$\sum s_1^4 = \{[T(n)-1]^4 + T(n)-1\}\varphi(n)^4 A^4,$$
$$\sum s_1^5 = \{[T(n)-1]^5 - T(n)+1\}\varphi(n)^5 A^5,$$

....

Telles sont les expressions auxquelles les sommes se réduisent pour ω' infini. Il reste à évaluer A. Or, par le développement de dégénérescence, on a

$$\left(\frac{\pi}{\sin \pi u}\right)^2 = \frac{1}{u^2} + \sum_{p=1}^{p=\infty} \frac{1}{(p \pm u)^2}$$
$$= \frac{1}{u^2} + 2\sum \frac{1}{p^2} + 6u^2 \sum \frac{1}{p^4} + 10 u^4 \sum \frac{1}{p^6} + \ldots$$
$$= \frac{1}{u^2} + \frac{\pi^2}{3} + \frac{\pi^4}{15} u^2 + \frac{2\pi^6}{189} u^4 + \ldots$$

et, par conséquent,

$$\sum \frac{1}{p^2} = \frac{\pi^2}{6}, \qquad \sum \frac{1}{p^4} = \frac{\pi^4}{2.3^2.5}, \qquad \sum \frac{1}{p^6} = \frac{\pi^6}{3^3.5.7},$$
$$\left(\sum \frac{1}{p^2}\right)^2 = \frac{5}{2} \sum \frac{1}{p^4}.$$

Mais on a

$$g_2 = \frac{2.60}{2^4 \omega^4} \sum \frac{1}{p^4} = \frac{15}{2\omega^4} \sum \frac{1}{p^4},$$
$$A^2 = \frac{1}{4\omega^4}\left(\sum \frac{1}{p^2}\right)^2 = \frac{5}{8\omega^4} \sum \frac{1}{p^4} = \frac{1}{2^2}\frac{g_2}{3};$$

donc

$$\sum s_1^2 = T(n)[T(n)-1]\varphi(n)^2 \frac{g_2}{12}.$$

On aura ensuite

$$A^3 = \frac{1}{2^3}\left(\frac{g_2}{3}\right)^{\frac{3}{2}} = \frac{1}{2^3} g_3,$$

$$\sum s_1^3 = \{[T(n)-1]^3 - T(n)+1\}\varphi(n)^3 \frac{g_3}{2^3},$$

$$\sum s_1^4 = \{[T(n)-1]^4 + T(n)-1\}\varphi(n)^4 \frac{g_2^2}{2^4.3^2},$$

$$\sum s_1^5 = \{[T(n)-1]^5 - T(n)+1\}\varphi(n)^5 \frac{g_2 g_3}{2^5.3},$$

$$\sum s_1^6 = \{[T(n)-1]^6 + T(n)-1\}\varphi(n)^6 \left(\frac{g_3}{3}\right)^2 + \lambda\,(^*)\Delta,$$

$$\sum s_1^7 = \{[T(n)-1]^7 - T(n)+1\}\varphi(n)^7 \frac{g_2^2 g_3}{2^7.3^2},$$

....

Au lieu des groupes des ϖ_n, si l'on prend les *groupes composés*, on aura à remplacer simplement $\varphi(n)$ par $n-1$.

Dans le cas d'un nombre premier, on a

$$\varphi(n) = n-1, \qquad T(n)-1 = n,$$

$$\sum s_1^2 = n(n+1)(n-1)^2 \frac{g_2}{12},$$

$$\sum s_1^3 = n(n^2-1)(n-1)^3 \frac{g_3}{8},$$

$$\sum s_1^4 = n(n^3+1)(n-1)^4 \left(\frac{g_2}{12}\right)^2,$$

$$\sum s_1^5 = n(n^4-1)(n-1)^5 \frac{g_2}{12}\frac{g_3}{8},$$

$$\sum s_1^6 = n(n^5+1)(n-1)^6 \left(\frac{g_3}{8}\right)^2 + \lambda\Delta,$$

$$\sum s_1^7 = n(n^6-1)(n-1)^7 \left(\frac{g_2}{12}\right)^2 \frac{g_3}{8}.$$

Soit

$$s^T + p_2 s^{T-2} + p_3 s^{T-3} + p_4 s^{T-4} + \ldots = 0 \tag{15}$$

(*) λ inconnu.

l'équation dont s_1 est racine; on aura

$$p_2 = -\frac{1}{2}\sum s_1^2 = -\frac{n(n+1)(n-1)^2}{2}\frac{g_2}{12},$$

$$p_3 = -\frac{1}{3}\sum s_1^3 = -\frac{n(n^2-1)(n-1)^3}{3}\frac{g_3}{8},$$

$$p_4 = \frac{1}{8}\left(\sum s_1^2\right)^2 - \sum s_1^4$$

$$= \frac{1}{8}\left(\frac{g_2}{12}\right)^4 [n^2(n+1)^2(n-1)^4 - 2n(n^3+1)(n-1)^4]$$

$$= -\frac{1}{8}\left(\frac{g_2}{12}\right)^4 n(n+1)(n-1)^5(n-2),$$

$$p_5 = \frac{1}{6}\sum s_1^2 \sum s_1^3 - \frac{1}{5}\sum s_1^5$$

$$= \frac{1}{30}\frac{g_2}{12}\frac{g_3}{8}[5n^2(n+1)(n^2-1) - 6n(n^4-1)](n-1)^5$$

$$= -\frac{1}{30}\frac{g_2}{12}\frac{g_3}{8} n(n-1)(n+1)^6(n-2)(n-3),$$

....

On peut de même calculer les autres fonctions symétriques, aux multiples près de Δ.

Parlons toujours des groupes simples, et considérons les $s_2 = \Sigma(p\omega_n)^2$. Dans tout groupe autre que le premier, on a $s_2 = \varphi_1 A^2$. Donc la somme des s_2 correspondants sera

$$(T-1)\varphi_1 A^2 = (\varphi_2 - \varphi_1)A^2,$$

et le s_2 du premier groupe sera donné par l'équation

$$s_2 + (\varphi_2 - \varphi_1)A^2 = \Sigma s_2 = 2\Sigma(p\omega_n)^2,$$

la dernière somme étant étendue à tous les $p\omega_n$ distincts.

Mais on a trouvé (page 208)

$$\Sigma(p\omega_n)^2 = \tfrac{1}{12}\left(\tfrac{1}{10}\varphi_4 + \tfrac{1}{2}\varphi_2\right)g_2 = \left(\tfrac{1}{10}\varphi_4 + \tfrac{1}{2}\varphi_2\right)A^2.$$

Donc, pour le premier groupe,

$$s_2 = \left(\tfrac{1}{5}\varphi_4 + \varphi_1\right)A^2,$$

$$s_1 s_2 = (T-1)\varphi_1 A\left(\tfrac{1}{5}\varphi_4 + \varphi_1\right)A^2;$$

pour chacun des T — 1 autres groupes,

$$s_1 s_2 = \varphi_1^3 A^3.$$

Donc

$$\Sigma s_1 s_2 = \frac{1}{5}(T-1)\varphi_1 \varphi_4 \frac{g^3}{8}.$$

Semblablement

$$s_1^2 s_2 = (T-1)^2 \varphi_1^2 A^2 (\tfrac{1}{5}\varphi_4 + \varphi_1) A^2 \text{ (premier groupe)},$$
$$= \varphi_1^3 A_4 \text{ (autres groupes)};$$
$$\Sigma s_1^2 s_2 = (T-1)^2 \varphi_1^2 (\tfrac{1}{5}\varphi_4 + \varphi_1) A^4 + (T-1)\varphi_1^3 A^4$$
$$= (T-1)\varphi_1^2 \left[(T-1)\frac{\varphi_4}{5} + \varphi_2\right]\left(\frac{g}{12}\right)^2;$$

et de même

$$\Sigma s_1^3 s_2 = (T-1)\varphi_1^3 \{\tfrac{1}{5}(T-1)^2 \varphi_4 + [(T-1)^2 - 1]\varphi_1\} \frac{g_2}{12}\frac{g_3}{8},$$
$$\Sigma s_2^2 = \{(\tfrac{1}{5}\varphi_4 + \varphi_1)^2 + (T-1)\varphi_1^2\}\left(\frac{g_2}{12}\right)^2$$
$$= (\tfrac{1}{25}\varphi_4 + \tfrac{2}{5}\varphi_4\varphi_1 + \varphi_1\varphi_2)\left(\frac{g_2}{12}\right)^2.$$

Les résultats trouvés suffisent déjà pour former l'équation (15), lorsque $n = 3$. Ainsi, que l'on prenne l'équation

$$(s - 3k)(s+k)^3 = s^4 - 6k^2 s^2 - 8k^3 s - 3k^4,$$

qu'on y remplace k par $2A$, puis s par $2\wp$, on aura $2^4\psi_4$. En mettant A au lieu de k et $\wp$ au lieu de s, on aura ψ_4 ; k^2 devra être remplacé par $\frac{g^2}{12}$, k^3 par $\frac{g_3}{8}$, k^4 par $\left(\frac{g^2}{12}\right)^2$, et il viendra

$$\wp^4 - \tfrac{1}{2} g_2 \wp^2 - g_3 \wp - \tfrac{1}{48} g_2^2 = 0.$$

Pour $n = 5$, il y a un coefficient non connu. On pourra écrire

$$(s - 5k)(s+k)^5 + 2^6 \alpha\Delta = 0;$$

k devra être remplacé par $4A$ et s par $2t$, où $t = \wp\frac{2\omega}{5} + \wp\frac{4\omega}{5}$. On aura ainsi

$$(t - 10A)(t + 2A)^5 + \alpha\Delta = 0$$

où, symboliquement, $A^2 = \frac{g_2}{12}$, $A^3 = \frac{g_3}{8}$, $A^4 = \left(\frac{g_2}{12}\right)^2$, $A^5 = \frac{g_2}{12}\frac{g_3}{8}$, $A^6 = \left(\frac{g_2}{12}\right)^3$ par exemple.

Il s'agit de déterminer le coefficient α.

Dans ce but, nous prendrons le cas $g_2 = 0$, $g_3 = 1$, qui offre des simplifications considérables. Le dernier terme s'y réduira à -27α. Connaissant ce dernier terme, nous en déduirons α.

Pour $g_2 = 0$, $g_3 = 1$, on a

$$\begin{aligned}
\psi_2 &= -p' = \sqrt{4p^3 - 1},\\
\psi_3 &= 3p(p^3 - 1),\\
\psi_4 &= p'(-2p^6 + 10p^3 + 1),\\
\psi_5 &= (4p^3 - 1)^2(2p^6 - 10p^3 - 1) - 27p^3(p^3 - 1)^3,\\
&= 5(p^{12} - 19p^9 - 3p^6 + 5p^3 - \tfrac{1}{5}).
\end{aligned}$$

Il y a donc quatre quantités $\left(p\,\frac{2\bar{\omega}}{6}\right)^3 = x$ racines de l'équation

$$x^4 - 19x^3 - 3x^2 + 5x - \tfrac{1}{5} = 0.$$

On a

$$pu + p2u = 3pu - \frac{\psi_3}{\psi_2^2} = p(u)\,\frac{9p^3u + 1}{4p^3u - 1}.$$

Le carré du produit des racines t est donc

$$\prod p \prod \frac{5p^3 + 1}{4p^3 - 1}$$

appliqué à tous les p racines de $\psi_5 = 0$, c'est-à-dire

$$-\tfrac{1}{5}\left(\prod \frac{5x + 1}{4x - 1}\right)^3$$

appliqué aux racines x de l'équation

$$F(x) = (4x - 1)^2(2x^2 - 10x - 1) - 27x(x - 1)^3.$$

Le carré en question est donc

$$-\tfrac{1}{5}\left[\frac{F(-\frac{1}{5})}{F(\frac{1}{4})}\,(\tfrac{5}{4})^4\right]^3.$$

Mais

$$5^4 F(-\tfrac{1}{5}) = (4+5)^2(2+10.5-5^2) - 27(1+5)^3 = -5.3^6$$
$$4^4 F(\tfrac{1}{4}) = -27(1-4)^3 = 3^6.$$

On a donc $-\frac{1}{5}(-5)^3$ ou 5^2 pour le carré demandé. Et maintenant le produit lui-même est-il $+5$ ou -5? On a la racine $p\frac{2\omega_2}{5} + p\frac{4\omega_2}{5}$ réelle et positive, $p\frac{2\omega'_2}{5} + p\frac{4\omega'_2}{5}$ réelle et négative, et les autres imaginaires et conjuguées deux à deux. Le produit est donc négatif; donc le dernier terme de l'équation en t est -5. Ainsi

$$-27\alpha = -5, \qquad \alpha = \tfrac{5}{27}$$

et

$$(t - 10A)(t + 2A)^5 + \tfrac{5}{27}\Delta = 0,$$

en posant symboliquement $A^6 = \left(\frac{g_2}{12}\right)^3$.

Il est à remarquer que le dernier terme, après développement, ne contient plus g_2.

C'est, en effet,

$$-\frac{2^5.10}{(2^2.3)^3}g_2^3 + \frac{5}{3^3}(g_2^3 - 27g_3^2) = -5g_3^2.$$

D'après le développement

$$(x-5)(x+1)^5 = x^6 - 15x^4 - 40x^3 - 45x^2 - 24x - 5,$$

on aura l'équation

$$t^6 - 15.2^2\frac{g_2}{12}t^4 - 40.2^3\frac{g_3}{8}t^3 - 45.2^4\left(\frac{g_2}{12}\right)^2 t^2$$
$$- 24.2^5\frac{g_2}{12}\frac{g_3}{8}t - 5.2^6\left(\frac{g_3}{2^3}\right)^2 = 0$$

ou

$$t^6 - 5g_2t^4 - 40g_3t^2 - 5g_2^2t^2 - 8g_2g_3t - 5g_3^2 = 0.$$

(Brioschi, *Comptes rendus*, t. LXXIX, p. 1069.)

....

Considérons l'expression

$$f\left(\frac{2\varpi}{n}\right) = \frac{e^{\frac{2\eta\varpi}{n^2}}}{\sigma\frac{2\varpi}{n}}.$$

C'est une fonction algébrique de $\wp \frac{2\tilde{\omega}}{n}$, g^2, g_3. Pour le prouver, que l'on prenne

$$\psi_{n\pm 1} u = \frac{\sigma(n \pm 1)u}{(\sigma u)^{(n\pm 1)^2}}$$

et qu'on y fasse $u = \frac{2\tilde{\omega}}{n}$, on a

$$\sigma(n \pm 1)u = \sigma\left(2\tilde{\omega} \pm \frac{2\tilde{\omega}}{n}\right) = \pm e^{2\tilde{\eta}\left(\tilde{\omega} \pm \frac{2\tilde{\omega}}{n}\right)} \sigma \frac{2\tilde{\omega}}{n} = \pm e^{2\tilde{\eta}\tilde{\omega}\frac{n\pm 2}{n}} \sigma \frac{2\tilde{\omega}}{n},$$

$$\psi_{n\pm 1}\left(\frac{2\tilde{\omega}}{n}\right) = \pm \left[\frac{e^{\frac{2\tilde{\eta}\tilde{\omega}}{n^2}}}{\sigma \frac{2\tilde{\omega}}{n}}\right]^{n(n\pm 2)}.$$

Ainsi, les puissances $n(n+2)$ et $n(n-2)$ de $f \frac{2\tilde{\omega}}{n}$ sont des fonctions entières. Par leur quotient, on conclut que la puissance $4n$ est rationnelle.

Prenons, d'autre part, $\psi'_n(u)$ pour $u = \frac{2\tilde{\omega}}{n}$; on a

$$\psi'_n\left(\frac{2\tilde{\omega}}{n}\right) = \lim_{h=0} \frac{1}{h\left(\sigma \frac{2\tilde{\omega}}{n}\right)^{n^2}} \sigma\left[n\left(\frac{2\tilde{\omega}}{n} + h\right)\right] = \pm n \left[\frac{e^{\frac{2\tilde{\eta}\tilde{\omega}}{n^2}}}{\sigma \frac{2\tilde{\omega}}{n}}\right]^{n^2}.$$

La puissance n^2 étant ainsi rationnelle, on voit maintenant que la puissance $2n$ l'est aussi, en $\wp \frac{2\tilde{\omega}}{n}$ et $\wp' \frac{2\tilde{\omega}}{n}$. Quant à $\wp'$, on voit, par le changement du signe de $\tilde{\omega}$, qu'il n'y entre point. C'est ce qu'on voit aussi par cette considération, que ψ_{n+1} et ψ'_n contiennent en même temps ou ne contiennent pas le facteur $\wp'$.

Il est donc établi que f^{2n} est une fonction rationnelle de $\wp \frac{2\tilde{\omega}}{n}$, de g_2 et de g_3. On pourrait prouver que le dénominateur (réduit à être indépendant de $\wp \frac{2\tilde{\omega}}{n}$ par le moyen de $\psi_n = 0$) se réduit à une puissance du discriminant; mais ce n'est pas utile. Ce qui importe, c'est que cette fonction rationnelle ne devient infinie pour aucune valeur des invariants g_2 et g_3; cela résulte immédiatement de ce que $f^{n(n+2)} = \psi_{n+1}$ est un polynôme entier en g_2, g_3, $\wp \frac{2\tilde{\omega}}{n}$, $\wp' \frac{2\tilde{\omega}}{n}$, et que, d'autre part, $\wp \frac{2\tilde{\omega}}{n}$ et $\wp' \frac{2\tilde{\omega}}{n}$ ne deviennent jamais infinis.

L'expression f^{2n} restant toujours finie, les fonctions cycliques correspondantes sont racines d'équations à coefficients entiers.

(Le rapprochement avec la combinaison particulière $\frac{e^{\frac{1}{2}\eta\omega}}{\sigma\omega}$, relativement au cas $n = 2$, doit être fait.)

[On peut aussi employer la fonction analogue à $\frac{\sigma_1 u}{\sigma u}$, savoir

$$\left[\frac{\sigma\left(\frac{2\bar{\omega}}{n} - u\right) e^{\frac{2\bar{\eta} u}{n}}}{\sigma\frac{2\bar{\omega}}{n}\,\sigma u}\right]^n = a_0 + a_1 p u + a_2 p' u + \ldots + a_{n-1} p^{n-1} u.$$

Par l'analyse employée au Tome I, on voit que les coefficients a sont des fonctions entières de $p\,\frac{2\bar{\omega}}{n}$ et $p'\,\frac{2\bar{\omega}}{n}$ avec un dénominateur commun $\psi_{n-1}\left(\frac{2\bar{\omega}}{n}\right)$. En prenant la dérivée $n^{\text{ième}}$ et faisant $u = \frac{2\bar{\omega}}{n}$, on aura

$$\left[\frac{e^{\frac{4\bar{\eta}\bar{\omega}}{n^2}}}{\sigma^2\left(\frac{2\bar{\omega}}{n}\right)}\right]^n$$

ou f^{2n} exprimé rationnellement, avec le dénominateur $\psi_{n-1}\left(\frac{2\bar{\omega}}{n}\right)$, comme nous l'avons aussi par le quotient $\frac{\psi'_n}{\psi_{n-1}}$.]

La fonction cyclique que l'on envisage, c'est le produit des fonctions f (ou un demi-produit) pour un groupe simple, composé ou cyclique. La puissance $2n$ de ce produit est une fonction rationnelle cyclique ; mais on va reconnaître tout de suite que des puissances, d'exposant indépendant de n, le sont aussi.

A cet effet, s'il s'agit d'un groupe cyclique quelconque w, αw, $\alpha^2 w$, ..., on devra considérer

$$\psi_\alpha(w) = \frac{\sigma\alpha w}{(\sigma w)^{\alpha^2}} = \frac{\sigma\alpha w\, e^{-\frac{\alpha^2\bar{\eta}\bar{\omega}}{n^2}}}{\left(\sigma w\, e^{-\frac{2\bar{\eta}\bar{\omega}}{n^2}}\right)^\alpha} = \frac{[f(w)]^{\alpha^2}}{f(\alpha w)}.$$

Changeant successivement w en αw, $\alpha^2 w$, ... et faisant le produit, on aura

$$\psi_\alpha(w)\,\psi_\alpha(\alpha w)\ldots = [f(w) f(\alpha w)\ldots]^{\alpha^2-1}.$$

Mais ces cycles spéciaux ne doivent pas nous arrêter, et nous devons surtout considérer le groupe simple et le groupe composé.

Dans l'un et l'autre cas, il suffit de considérer

$$\psi_p w = \frac{(fw)^{p^2}}{fpw},$$

où p est premier avec n, et de faire le produit

$$\prod_\alpha \psi_p \alpha w = \left[\prod_\alpha f(\alpha w)\right]^{p^2-1}.$$

On reconnaît ainsi que la puissance p^2-1 est une fonction entière.

Il convient de s'arrêter ici quelque peu.

Soit n impair et non multiple de 3 ; on pourra prendre successivement $p=2$ et $p=6$, par exemple;

$$[\Pi f(\alpha w)]^3 \quad \text{et} \quad [\Pi f(\alpha w)]^{35}$$

sont fonctions entières et

$$\Pi f(\alpha w) = \frac{(\Pi^3)^{12}}{\Pi^{35}} = \frac{(\Pi \psi_2)^{12}}{\Pi \psi_6}$$

est rationnel.

Ainsi $\prod_\alpha f(\alpha w)$ est une fonction cyclique pour $n = 6l \pm 1$.

(C'est ce qu'on peut prouver aussi, avec Kiepert, par la formule

$$\wp w - \wp 2w = \frac{\sigma 3w}{(\sigma w \sigma 2w)^2} = \frac{f(2w)^2 f(w)}{f(3w)},$$

qui donne dans ce cas, 2 et 3 étant premiers avec n,

$$\prod(\wp \alpha w - \wp 2\alpha w) = \pm\left[\prod f(\alpha w)\right]^2.$$

Mais chaque facteur est double au premier membre; donc $\prod f(\alpha w)$ est lui-même entier et rationnel.)

Soit $n = 6l+3$. On peut prendre $p=2$, et $\left[\prod f(\alpha w)\right]^3$ sera entier et rationnel.

Si $n = 6l \pm 2$, alors on pourra prendre $p=3$, et

$$\left(\prod f\right)^8 = \prod \psi_3.$$

Mais $\prod\psi_3$ est lui-même un carré, en sorte que $\left(\prod f\right)^4$ est une fonction cyclique.

Si $n=6l$, p^2-1 est divisible par 24; $\left(\prod f\right)^{12}$ est une fonction cyclique.

Les mêmes choses ont lieu pour le groupe composé.

En vue d'établir l'équation à laquelle satisfait la fonction $F=\prod f$, examinons l'expression de cette fonction en produit, en partant de la formule de la page 216, et supposons qu'il s'agisse du groupe composé.

En admettant que $\frac{2k\omega}{n}+\frac{2k'\omega'}{n}$ soit un argument du groupe, on aura les autres par la substitution de λk, $\lambda k'$ à k et k', λ étant successivement $1, 2, \ldots, n-1$, et l'on pourra prendre $k'=1$ (si toutefois k' n'est pas nul).

On aura ainsi

$$\frac{1}{F_k}=\prod_{\lambda=1}^{\lambda=n-1}\frac{1}{f\left(\frac{2k\lambda\omega}{n}+\frac{2\lambda\omega'}{n}\right)}$$

$$=\prod_{\lambda=1}^{\lambda=n-1}\left\{\frac{\frac{\omega i}{\pi}e^{\frac{k\lambda i\pi}{n}\left(\frac{\lambda}{n}-1\right)}q^{\frac{\lambda}{n}\left(\frac{\lambda}{n}-1\right)}\left(1-e^{\frac{2k\lambda i\pi}{n}}q^{\frac{2\lambda}{n}}\right)}{\prod_p\frac{1-e^{\frac{2k\lambda i\pi}{n}}q^{2p+\frac{2\lambda}{n}}}{1-q^{2p}}\prod_p\frac{1-e^{-\frac{2k\lambda i\pi}{n}}q^{2p-\frac{2\lambda}{n}}}{1-q^{2p}}}\right\}$$

Mais

$$\prod_{\lambda=1}^{\lambda=n-1}e^{\frac{k\lambda i\pi}{n}\left(\frac{\lambda}{n}-1\right)}=e^{\frac{ki\pi}{n^2}\sum_{\lambda=1}^{\lambda=n-1}\lambda(\lambda-n)}=e^{-\frac{ki\pi(n^2-1)}{6n}},$$

car

$$\sum\lambda(\lambda-n)=\sum[\lambda(\lambda-1)-(n-1)\lambda]$$
$$=\frac{n(n-1)(n-2)}{3}-(n-1)\frac{n(n-1)}{2}=-\frac{n(n^2-1)}{6}.$$

De même

$$\prod_\lambda q^{\frac{\lambda}{n}\left(\frac{\lambda}{n}-1\right)}=q^{\frac{\Sigma\lambda(\lambda-n)}{n^2}}=q^{-\frac{n^2-1}{6n}}.$$

En posant pour abréger $e^{\frac{2k i\pi}{n}} q^{\frac{2}{n}} = Q$, on aura

$$\prod_\lambda \left(1 - e^{\frac{2k\lambda i\pi}{n}} q^{\frac{2\lambda}{n}}\right) = (1-Q)(1-Q^2)\ldots(1-Q^{n-1}).$$

D'autre part,

$$1 - e^{\frac{2k\lambda i\pi}{n}} q^{2p+\frac{2\lambda}{n}} = 1 - \left(e^{\frac{2ki\pi}{n}} q^{\frac{2}{n}}\right)^{pn+\lambda};$$

d'où

$$\prod_{p=1}^{p=\infty} \prod_{\lambda=1}^{\lambda=n-1} \left(1 - e^{\frac{2k\lambda i\pi}{n}} q^{2p+\frac{2\lambda}{n}}\right) = \prod_{p=1}^{p=\infty} \prod_{\lambda=1}^{\lambda=n-1} (1 - Q^{pn+\lambda})$$

$$= \frac{\prod_{m=n}^{m=\infty} (1-Q^m)}{\prod_{p=1}^{p=\infty} 1 - Q^{np}} = \frac{\prod_{m=n}^{m=\infty} (1-Q^m)}{\prod_{p=1}^{p=\infty} (1-q^{2p})}.$$

On trouve de même

$$\prod_p \prod_\lambda \left(1 - e^{-\frac{2k\lambda i\pi}{n}} q^{2p-\frac{2\lambda}{n}}\right) = \prod_{p=1}^{p=\infty} \prod_{\lambda=1}^{\lambda=n-1} (1 - Q^{np-\lambda}) = \frac{\prod_{m=1}^{m=\infty} (1-Q^m)}{\prod_{p=1}^{p=\infty} (1-q^{2p})}.$$

Réunissant ces résultats, il vient

$$\frac{1}{F_k} = \left(\frac{\omega i}{\pi}\right)^{n-1} e^{-\frac{k i\pi(n^2-1)}{6n}} q^{-\frac{n^2-1}{6n}} \frac{\prod_1^\infty (1-Q^m)^2}{\prod_1^\infty (1-q^{2p})^{2n}}.$$

Le groupe ∞, qui correspond à $u = \frac{2\omega}{n}$, donne un autre résultat; il faut poser $k' = 0$, $k = \lambda$. Il vient

$$\frac{1}{F_\infty} = \prod_{\lambda=1}^{\lambda=n-1} \left[\frac{\omega i}{\pi} e^{-\frac{\lambda i\pi}{n}} \left(1 - e^{\frac{2\lambda i\pi}{n}}\right) \prod_{p=1}^{p=\infty} \frac{1 - e^{\frac{2\lambda i\pi}{n}} q^{2p}}{1-q^{2p}} \prod_{p=1}^{p=\infty} \frac{1 - e^{-\frac{2\lambda i\pi}{n}} q^{2p}}{1-q^{2p}}\right]$$

Le produit des facteurs $i e^{-\frac{\lambda i\pi}{n}}$ est $i^{n-1} e^{-\frac{n-1}{2} i\pi = 1}$. Celui des facteurs $1 - e^{\frac{2\lambda i\pi}{n}}$ est n. Celui des facteurs $1 - e^{\frac{2\lambda i\pi}{n}} q^{2p}$ (par rapport à λ) est $\frac{1-q^{2np}}{1-q^{2p}}$. De même pour celui des facteurs $1-e^{-\frac{2\lambda i\pi}{n}}q^{2p}$. On a donc

$$\frac{1}{F_\infty}=\left(\frac{\omega}{\pi}\right)^{n-1}n\prod_{p=1}^{p=\infty}\frac{(1-q^{2pn})^2}{(1-q^{2p})^{2n}}.$$

Les circonstances relatives au cas $q=0$ s'offrent ici sous un autre aspect que pour la fonction $\Sigma\mathfrak{p}\omega_n$; F_∞ reste fini, et F_0, F_1, ..., F_{n-1} sont nuls.

Avant tout, examinons le produit $F_0F_1\ldots F_\infty$. Les divers facteurs $1-Q^p$ donnent pour $k=0, 1, \ldots, n-1$ le produit $1-q^{2p}$, quand p est premier avec n; mais, si p est multiple de n, tel que np', c'est $(1-q^{2p'})^n$.

Le produit $\prod(1-q^{2p})$, où p est premier avec n, peut s'écrire

$$\frac{\prod_1^\infty(1-q^{2p})}{\prod_1^\infty(1-q^{2pn})}.$$

On a donc

$$\frac{1}{F_0F_1\ldots F_{n-1}}=\frac{\left(\frac{\omega i}{\pi}\right)^{n(n-1)}e^{-\frac{i\pi(n+1)(n-1)^2}{12}}q^{-\frac{n^2-1}{6}}}{\prod(1-q^{2pn})^2(1-q^{2p})^{2n^2-2n-2}},$$

et, en multipliant par $\frac{1}{F_\infty}$,

$$\frac{1}{F_0F_1\ldots F_{n-1}F_\infty}=\frac{\left(\frac{\omega}{\pi}\right)^{n^2-1}i^{n(n-1)}e^{-\frac{i\pi(n+1)(n-1)^2}{12}}q^{-\frac{n^2-1}{6}}n}{\prod(1-q^{2p})^{2(n^2-1)}}$$

$$=ni^{n(n-1)}e^{-\frac{i\pi(n+1)(n-1)^2}{12}}\left\{\frac{\left(\frac{\omega}{\pi}\right)^{\frac{3}{2}}q^{-\frac{1}{4}}}{\prod(1-q^{2p})^3}\right\}^{\frac{2(n^2-1)}{3}}$$

$$=ni^{n(n-1)}e^{-i\pi\frac{(n+1)(n-1)^2}{12}}\left(\frac{1}{\sqrt[8]{\Delta}}\right)^{\frac{2(n^2-1)}{3}}$$

[t. I, p. 402, formule (29)].

Si $n > 3$ et non divisible par 3, $\frac{(n+1)(n-1)^2}{12}$ est toujours entier et pair, et $i^{n(n-1)} = (-1)^{\frac{n-1}{2}}$. On a alors

$$\prod F = \frac{(-1)^{\frac{n-1}{2}}}{n} \Delta^{\frac{n^2-1}{12}}.$$

Au cas où $n = 2$,

$$\frac{1}{\Pi F} = 2 e^{\frac{i\pi}{4}} \Delta^{-\frac{1}{4}} \qquad \text{ou} \qquad U U' U'' = e^{\frac{i\pi}{4}} \Delta^{-\frac{1}{4}},$$

ce qui est d'accord avec I (p. 194), et avec la remarque ci-dessus, que F^4 est une fonction cyclique.

Au cas $n = 3$, $\frac{1}{\Pi F} = 3 e^{-\frac{2i\pi}{3}} \Delta^{-\frac{2}{3}}$; c'est F^3 qui est cyclique.

La nature de F fait prévoir l'absence de certains termes dans l'équation

$$F^{n+1} + \alpha_1 F^n + \alpha_2 F^{n-1} + \ldots + \alpha_n F + \alpha_{n+1} = 0,$$

où déjà nous connaissons $\alpha_{n+1} = \frac{(-1)^{\frac{n-1}{2}}}{n} \Delta^{\frac{n^2-1}{12}}$.

F est du poids $\frac{1}{2}(n-1)$, en sorte que α_k est du poids $\frac{k(n-1)}{2}$, c'est-à-dire que α_k est du degré $\frac{k(n-1)}{2}$, g_2 et g_3 étant des degrés 2 et 3.

Si dans α_k entre le facteur Δ, c'est avec un exposant m au plus égal à

$$\frac{1}{6} \frac{k(n-1)}{2}.$$

D'autre part, α_k contenant les produits k à k des F, chacun de ses termes contient au moins $k-1$ facteurs $F_0, F_1, \ldots, F_{n-1}$, dont chacun a le facteur $q^{\frac{n^2-1}{6n}}$. Donc α_k a le facteur q avec un exposant $\mu \gtreqless \frac{(k-1)(n^2-1)}{6n}$, et, par conséquent, le facteur Δ avec l'exposant

$$\frac{1}{2} \mu \gtreqless \frac{(k-1)(n^2-1)}{12n}.$$

On a donc, si α_k n'est pas nul,

$$\frac{(k-1)(n^2-1)}{12n} \lesseqgtr m \lesseqgtr \frac{k(n-1)}{12}.$$

Par exemple, pour $n = 5$,

	$\frac{(k-1)(n^2-1)}{12n}$.	$\frac{k(n-1)}{12}$.	
$k = 1$	0	$\frac{1}{3}$	Un terme cg_2.
$k = 2$	$\frac{2}{5}$	$\frac{2}{3}$	Le terme manque, puisqu'il n'y a pas d'entier entre $\frac{2}{5}$ et $\frac{2}{3}$.
$k = 3$	$\frac{4}{5}$	1	Un terme $c\Delta$.
$k = 4$	$\frac{6}{5}$	$\frac{4}{3}$	Manque.
$k = 5$	$\frac{8}{5}$	$\frac{5}{3}$	Manque.
$k = 6$	2	2	Un terme en Δ^2.

L'équation a donc quatre termes

$$F^6 + cg_2 F^5 + c'\Delta F^3 + \tfrac{1}{5}\Delta^2 = 0.$$

Pour donner de suite une idée du calcul, cherchons c et c'. Pour le premier, $-cg_2$ est la valeur de F_∞ quand on a $q = 0$. Ainsi

$$-cg_2 = \left(\frac{\pi}{\omega}\right)^4 \frac{1}{5}.$$

Mais

$$g_2 = \frac{4}{3}\left(\frac{\pi}{2\omega}\right)^4 = \frac{1}{12}\left(\frac{\pi}{\omega}\right)^4;$$

donc $c = -\frac{12}{5}$.

Pour c', le terme en q^2 ne peut provenir que de $-F_\infty \Sigma F_h F_k$; car les produits $F_h F_k F_l$ contiennent q avec un exposant au moins égal à $3\,\frac{n^2-1}{6n} = \frac{12}{5}$. Or on a

$$\frac{1}{F_h F_k} = \left(\frac{\omega}{\pi}\right)^8 e^{-(h+k)\frac{4i\pi}{5}} q^{-\frac{8}{5}} \left[1 - 2\left(e^{\frac{2hi\pi}{5}} + e^{\frac{2ki\pi}{5}}\right) q^{\frac{2}{5}} + \ldots\right]$$

$$F_h F_k = \left(\frac{\pi}{\omega}\right)^8 e^{(h+k)\frac{4i\pi}{5}} q^{\frac{8}{5}} \left[1 + 2\left(e^{\frac{2hi\pi}{5}} + e^{\frac{2ki\pi}{5}}\right) q^{\frac{2}{5}} + \ldots\right].$$

En appelant α, β deux racines de $x^5 - 1 = 0$, on a

$$\Sigma e^{(h+k)\frac{4i\pi}{5}} = \Sigma\alpha\beta = 0,$$

$$\Sigma e^{(h+k)\frac{4i\pi}{5}}\left(e^{\frac{2hi\pi}{5}} + e^{\frac{2ki\pi}{5}}\right) = \Sigma\alpha^2\beta^2(\alpha+\beta) = \Sigma\alpha^3\Sigma\alpha^2 - \Sigma\alpha^5 = -5.$$

Donc

$$\Sigma F_h F_k = -\left(\frac{\pi}{\omega}\right)^8 [10q^2 + \ldots].$$

D'ailleurs

$$F_\infty = \left(\frac{\pi}{\omega}\right)^4 [\tfrac{1}{3} + \ldots].$$

Donc

$$F_\infty \Sigma F_h F_k = -2\left(\frac{\pi}{\omega}\right)^{12} q^2 + \ldots.$$

D'ailleurs

$$\Delta = \left(\frac{\pi}{\omega}\right)^{12} [q^2 + \ldots].$$

Donc $c' = 2$, et l'équation cherchée sera

$$F^6 - \tfrac{12}{5} g_2 F^5 + 2\Delta F^3 + \tfrac{1}{5}\Delta^2 = 0.$$

On verra plus loin comment on peut passer de l'équation en t (page 216) à celle-ci, comment aussi on forme l'équation du second degré qui, t ou F étant connu, donne $\wp\frac{2\bar\omega}{5}$ et $\wp\frac{4\bar\omega}{5}$.

Pour $n = 7$:

	$(k-1)\frac{n^2-1}{12n}$.	$\frac{k(n-1)}{12}$.	Forme des coefficients
$k = 1$.........	0	$\frac{1}{2}$	$c_1 g_3$
$k = 2$.........	$\frac{4}{7}$	1	$c_2 \Delta$
$k = 3$.........	$\frac{8}{7}$	$\frac{3}{2}$	0
$k = 4$.........	$\frac{12}{7}$	2	$c_4 \Delta^2$
$k = 5$.........	$\frac{16}{7}$	$\frac{5}{2}$	0
$k = 6$.........	$\frac{20}{7}$	3	$c_5 \Delta^3$
$k = 7$.........	$\frac{24}{7}$	$\frac{7}{2}$	0
$k = 8$.........	$\frac{28}{7}$	4	$c_6 \Delta^4$

$$F_\infty = \left(\frac{\pi}{\omega}\right)^6 \cdot \frac{1}{7}, \qquad g_3 = \frac{1}{6^3}\left(\frac{\pi}{\omega}\right)^6, \qquad c_1 = -\frac{6^3}{7},$$

....

III.

Fragments relatifs à la transformation.

Au Tome I, page 323, on a trouvé les résultats suivants :

y étant une fonction homogène, de degré p, des variables u, ω, ω', si l'on pose

$$u = 2\omega v, \qquad \Omega = \frac{i\pi\omega'}{\omega}, \qquad \eta\omega' - \eta'\omega = \frac{i\pi}{2},$$

$$z = e^{-2\eta\omega v^2}(\Delta\omega^{12})^{\frac{2p+1}{24}} \frac{y}{\omega^p},$$

l'équation

$$\text{(A)} \qquad \frac{\partial^2 y}{\partial u^2} - Dy + \tfrac{1}{12} g_2 u^2 y = 0$$

a pour transformée

$$\text{(B)} \qquad \frac{\partial^2 z}{\partial v^2} + 4\pi^2 \frac{\partial z}{\partial \Omega} = 0.$$

Soit, pour un instant, $z = y\varphi(v)$. Changeons u en nu, par conséquent v en nv. Si $y = f(v)$ est solution de (A), alors $Y = f(nv)$ est solution de

$$\text{(A')} \qquad \frac{\partial^2 Y}{\partial u^2} - n^2 DY + \tfrac{1}{12} g_2 n^4 u^2 Y = 0.$$

D'autre part, $z = f(v)\varphi(v)$ étant solution de (B),

$$Z = f(nv)\varphi(nv)$$

sera solution de

$$\text{(B')} \qquad \frac{\partial^2 Z}{\partial v^2} + 4n^2\pi^2 \frac{\partial Z}{\partial \Omega} = 0.$$

Donc, en posant

$$Z = Y\varphi(nv),$$

on transforme (A') en (B'). Au lieu de n^2, Y, Z, mettons ν, y, z, et nous voyons que l'équation

$$\text{(1)} \qquad \frac{\partial^2 y}{\partial u^2} - \nu Dy + \tfrac{1}{12} g_2 \nu^2 u^2 y$$

se transforme en

$$\frac{\partial^2 z}{\partial v^2} + 4\nu\pi^2 \frac{\partial z}{\partial \Omega} = 0 \tag{2}$$

quand on pose

$$u = 2\omega v, \qquad \Omega = \frac{i\pi\omega'}{\omega}, \qquad \eta\omega' - \eta'\omega = \frac{i\pi}{2},$$

$$z = e^{-2\nu\eta\omega v^2}(\Delta\omega^{12})^{\frac{2p+1}{24}}\omega^{-p}y,$$

y étant homogène et de degré p.

Pour cette équation (1), on a vu (t. I, p. 328) qu'en posant

$$t = \frac{y}{(\sigma u)^\nu}$$

et prenant $x = \wp u$, avec g_2 et g_3 pour variables, on a la transformée

$$\wp'^2 \frac{\partial^2 t}{\partial x^2} - \left[(4\nu - 6)x^2 - (4\nu - 3)\frac{g_2}{6}\right]\frac{\partial t}{\partial x} - \nu D t + \nu(\nu - 1)xt = 0. \tag{3}$$

Cette équation (3) est, en somme, une transformée de l'équation (2), obtenue en posant

$$t = \omega^p e^{2\nu\eta\omega v^2}(\Delta\omega^{12})^{-\frac{2p+1}{24}}(\sigma u)^{-\nu}z.$$

La lettre p désigne un nombre arbitraire, qui n'apparaît pas dans l'équation (3), et qu'on peut prendre égal à zéro, si l'on veut. Cela apparaît d'ailleurs dans le résultat, qu'on peut écrire

$$t = e^{2\nu\eta\omega v^2}(\Delta\omega^{12})^{-\frac{1}{24}}(\sigma u)^{-\nu}z\Delta^{-\frac{p}{12}}.$$

Comme l'opération D, faite sur Δ, donne zéro pour résultat, le facteur $\Delta^{-\frac{p}{12}}$ joue dans l'équation (3) le même rôle qu'un coefficient constant. On doit donc écrire simplement

$$t = e^{2\nu\eta\omega v^2}(\Delta\omega^{12})^{-\frac{1}{24}}(\sigma u)^{-\nu}z. \tag{4}$$

Si, dans le premier membre de (3), on substitue x^s, on obtient les termes suivants :

$$\left.\begin{array}{l}4s(s-1)\\ -(4\nu-6)s\\ +\nu(\nu-1)\end{array}\right| x^{s+1} - g_2 s(s-1) \left.\begin{array}{l} \\ +(4\nu-3)\frac{g_2}{6}s \\ \end{array}\right| x^{s-1} - g_3 s(s-1)x^{s-2}$$

$$\begin{aligned}&= (2s-\nu)(2s-\nu+1)x^{s+1} + s(4\nu-6s+3)\frac{g_2}{6}x^{s-1}\\ &\qquad - s(s-1)g_3 x^{s-2} = \varphi(s).\end{aligned}$$

Soit s un nombre entier, et substituons le polynôme

$$P = Ax^s + A_1 x^{s-1} + \ldots + A_{s-1}x + A_s,$$

où les A seront des fonctions de g_2 et g_3. Le résultat sera

$$\begin{aligned}&A\,\varphi(s) + A_1\,\varphi(s-1) + \ldots + A_{s-1}\,\varphi(1) + A_s\,\varphi(0)\\ &\quad - \nu x^s DA - \nu x^{s-1}DA_1 - \ldots - \nu x DA_{s-1} - \nu DA_s.\end{aligned}$$

Le coefficient de x^{s-k} dans le résultat se compose des parties suivantes :

$$\left.\begin{array}{l}A_{k+1}(2s-2k-2-\nu)(2s-2k-1-\nu)\\ +A_{k-1}(s-k+1)(4\nu-6s+6k-3)\frac{g_2}{6}\\ -A_{k-2}(s-k+2)(s-k+1)g_3 - \nu DA_k\end{array}\right\} = \psi(k).$$

Le polynôme P satisfera à l'équation, si l'on a $\psi(k) = 0$ pour les valeurs $k = -1, 0, 1, \ldots, s$.

Pour $k = -1$, on a

$$\psi(-1) = A(2s-\nu)(2s-\nu+1).$$

Ainsi les seules valeurs possibles de s sont $\frac{\nu}{2}$ ou $\frac{\nu-1}{2}$.

Le nombre ν étant supposé entier, prenons pour s celle de ces deux valeurs qui est entière; on aura ces autres équations

$$(5)\quad\begin{cases} 0 = \psi(0) & = A_1(2s-2-\nu)(2s-1-\nu) - \nu DA, \\ 0 = \psi(1) & = A_2(2s-4-\nu)(2s-3-\nu) + As(4\nu-6s+3)\frac{g_2}{6} - \nu DA_1, \\ \dots\dots & \dots\dots \\ 0 = \psi(s-1) & = A_s\nu(\nu-1) + A_{s-2}.2(4\nu-9)\frac{g_2}{6} - 6A_{s-3}g_3 - \nu DA_{s-1}, \\ 0 = \psi(s) & = A_{s-1}(4\nu-3)\frac{g_2}{6} - 2A_{s-2}g_3 - \nu DA_s. \end{cases}$$

Il y a, comme on voit, $s+1$ équations, et il n'est pas permis de prendre A *ad libitum*. Mais de la première on peut tirer A_1, DA_1, D^2A_1, ..., D^sA_1, linéairement exprimés par DA, D^2A, ..., $D^{s+1}A$; puis de la seconde A_2, DA_2, ..., $D^{s-1}A_2$, exprimés de même, etc., jusqu'à l'avant-dernière, qui donnera A_s et DA_s. Substituant ces valeurs dans la dernière équation, on aura une équation $\Phi = 0$, linéaire en A, DA, ..., $D^{s+1}A$. Si A est pris parmi les solutions de cette équation, on aura ainsi un polynôme P.

L'équation $\Phi = 0$ apparaît comme étant aux dérivées partielles, avec les variables g_2 et g_3; mais, vu l'homogénéité, elle se réduit à une équation différentielle. Pour effectuer cette réduction, en supposant A homogène, on remplacera A par une inconnue homogène et de degré zéro, en multipliant A par une puissance de g_2 ou de g_3, ou mieux du discriminant, et l'on prendra pour variable J, suivant la formule de la page 313 du Tome I. C'est donc une équation différentielle et linéaire, d'ordre $s+1$, qui fournira l'inconnue A. Ou bien encore, on peut envisager l'ensemble (5) comme un système d'équations différentielles linéaires, avec $s+1$ inconnues et $s+1$ équations.

Pour le moment, on se contentera d'observer un cas particulier, celui où ν est le carré d'un entier impair, $\nu = n^2$. Nous savons qu'on a la solution $P = \psi_n(u)$, polynôme entier de degré $s = \frac{n^2-1}{2}$, et dont le premier coefficient A est une constante. En ce cas, on le voit, l'équation $\Phi = 0$ manque nécessairement du terme en A.

A la page 329, Tome I, on a transformé l'équation (3) en prenant pour inconnue

$$t_1 = \frac{t}{p'u}.$$

La transformée est alors

$$(3^a)\quad \left\{ \begin{aligned} & p'^2 \frac{\partial^2 t_1}{\partial x^2} - \left[(4\nu - 18)x^2 - (4\nu - 9)\frac{g_2}{6} \right] \frac{\partial t_1}{\partial x} \\ & \qquad - \nu D t_1 + (\nu - 3)(\nu - 4) x t_1 = 0. \end{aligned} \right.$$

Si l'on substitue x^r dans le premier membre, on trouve

$$(2r - \nu + 3)(2r - \nu + 2)x^{s+1} + r(4\nu - 6r - 3)\frac{g_2}{6} x^{r-1} - r(r-1) g_3 x^{r-2},$$

en sorte qu'on a, pour le coefficient de x^{r-k}, dans le résultat de la substitution du polynôme,

$$Q = B x^r + B_1 x^{r-1} + \ldots + B_{r-1} x + B_r,$$

$$\left. \begin{aligned} & B_{k+1}(2r - 2k + 1 - \nu)(2r - 2k + 2 - \nu) \\ & + B_{k-1}(r - k + 1)(4\nu - 6r + 6k - 9)\frac{g_2}{6} \\ & - B_{k-2}(r - k + 2)(r - k + 1) g_3 - \nu D B_k \end{aligned} \right\} = \psi_1(k).$$

Les résultats sont tout semblables aux précédents, sauf que la condition

$$\psi_1(-1) = B(2r - \nu + 3)(2r - \nu + 4) = 0$$

donne

$$r = \frac{\nu - 3}{2} \quad \text{ou} \quad \frac{\nu - 4}{2}.$$

Ayant ainsi choisi r, on a un système de $r + 1$ équations différentielles linéaires avec autant d'inconnues pour déterminer les coefficients du polynôme Q.

Le cas particulier où ν est le carré d'un entier pair donne lieu à cette observation, qu'il y a une solution où B est une constante.

En résumé, on a :

$$\text{Si } \nu \text{ est pair} \ldots\ldots \left\{ \begin{aligned} & \frac{\nu}{2} + 1 \text{ polynômes P,} \\ & \frac{\nu - 4}{2} + 1 \text{ polynômes Q;} \end{aligned} \right.$$

$$\text{Si } \nu \text{ est impair} \ldots \left\{ \begin{aligned} & \frac{\nu - 1}{2} + 1 \text{ polynômes P,} \\ & \frac{\nu - 3}{2} + 1 \text{ polynômes Q.} \end{aligned} \right.$$

On a donc, dans tous les cas, ν solutions de l'équation (3), *de l'une des deux formes* $F(x)$ *ou* $F(x)\sqrt{4x^3 - g_2 x - g_3}$.

Premier exemple : $\nu = 2$.

On a $s = 1$,

$$A_1 - DA = 0, \qquad \tfrac{5}{6} g_2 A - 2 DA_1 = 0.$$

Or on a (t. I, p. 313), en supposant A homogène de degré zéro,

$$DA = 4\sqrt{3}\,\Delta^{\frac{1}{6}}(J-1)^{\frac{1}{2}} J^{\frac{2}{3}} \frac{dA}{dJ}.$$

Posons

$$A_1 = 4\sqrt{3}\,\Delta^{\frac{1}{6}}(J-1)^{\frac{1}{2}} J^{\frac{2}{3}} B;$$

il viendra d'abord

$$\frac{dA}{dJ} = B;$$

puis, B étant aussi de degré zéro,

$$DA_1 = \left[4\sqrt{3}\,\Delta^{\frac{1}{6}}(J-1)^{\frac{1}{2}} J^{\frac{2}{3}}\right]^2 \left\{ \frac{dB}{dJ} + B\left[\frac{1}{2(J-1)} + \frac{2}{3J}\right]\right\}.$$

En remplaçant g_2 par $(\Delta J)^{\frac{1}{3}}$, on a

$$\frac{dB}{dJ} + B\left(\frac{1}{2(J-1)} + \frac{2}{3J}\right) = \frac{5}{2^6 . 3^2 J(J-1)} A;$$

de là l'équation

$$\frac{d^2 A}{dJ^2} + \frac{dA}{dJ}\left[\frac{1}{2(J-1)} + \frac{2}{3J}\right) - \frac{5}{2^6 . 3^2 J(J-1)} A = 0.$$

C'est précisément le type (*Réduction des équations différentielles*, p. 48) d'équations hypergéométriques

$$\frac{d^2 A}{dJ^2} + \left(\frac{R_0}{J} + \frac{R_1}{J-1}\right)\frac{dA}{dJ} + \frac{C}{J(J-1)} A = 0,$$

avec

$$R_0 = 1 - \frac{1}{n}, \qquad R_1 = 1 - \frac{1}{m}, \qquad C = \frac{1}{M}\left(\frac{1}{M} - \frac{1}{p}\right)$$

intégrables algébriquement (ici $n = 2$, $m = 3$, $p = 4$, $M = 24$).
La solution consiste à poser

$$J = \frac{(\rho^8 + 14\rho^4 + 1)^3}{2^2 . 3^3 \rho^4 (\rho^4 - 1)^4},$$

et l'intégrale générale est

$$A = \frac{1}{\rho^{\frac{1}{6}} (\rho^4 - 1)^{\frac{1}{6}}} (c\rho + c'),$$

c et c' étant des constantes arbitraires.

Dans une étude approfondie, il y aurait lieu d'examiner l'expression de ρ en fonction de J, le rôle du groupe fini, etc. Nous nous contenterons, pour le moment, d'un aperçu, fondé sur le calcul.

Si l'on pose

$$Y = \rho^4 - 2i\sqrt{3}\rho^2 + 1, \qquad Z = \rho^4 + 2i\sqrt{3}\rho^2 + 1,$$

on a

$$\rho^8 + 14\rho^4 + 1 = YZ, \qquad 12i\sqrt{3}\rho^2(\rho^4 - 1)^2 = Z^3 - Y^3,$$

de sorte qu'on a

$$J = \frac{-4Y^3Z^3}{(Z^3 - Y^3)^2}, \qquad 1 - J = \left(\frac{Z^3 + Y^3}{Z^3 - Y^3}\right)^2;$$

d'où résulte

$$\frac{Z^3 + Y^3}{Z^3 - Y^3} = \sqrt{1 - J}, \qquad \frac{Z}{Y} = \left(\frac{\sqrt{1 - J} + 1}{\sqrt{1 - J} - 1}\right)^{\frac{1}{3}}.$$

Par là on aura une équation du second degré en ρ^2.

Or il est visible que ceci revient à résoudre l'équation

$$4s^3 - g_2 s - g_3 = 0.$$

Par la formule de Cardan, en désignant par θ une racine cubique de l'unité, on a

$$e_\alpha = -\tfrac{1}{2}\sqrt[6]{-27\Delta}\left[\ (\sqrt{1 - J} + 1)^{\frac{1}{3}} + \ (\sqrt{1 - J} - 1)^{\frac{1}{3}}\right],$$

$$e_\beta = -\tfrac{1}{2}\sqrt[6]{-27\Delta}\left[\theta\ (\sqrt{1 - J} + 1)^{\frac{1}{3}} + \theta^2(\sqrt{1 - J} - 1)^{\frac{1}{3}}\right],$$

$$e_\gamma = -\tfrac{1}{2}\sqrt[6]{-27\Delta}\left[\theta^2(\sqrt{1 - J} + 1)^{\frac{1}{3}} + \theta\ (\sqrt{1 - J} - 1)^{\frac{1}{3}}\right].$$

Soit

$$(\sqrt{1-J}+1)^{\frac{1}{3}}=M, \qquad (\sqrt{1-J}-1)^{\frac{1}{3}}=N.$$

On a ainsi

$$\frac{e_\alpha}{M+N}=\frac{e_\beta}{\theta M+\theta^2 N}=\frac{e_\gamma}{\theta^2 M+\theta N}=\frac{e_\alpha+\theta e_\beta+\theta^2 e_\gamma}{3N}=\frac{e_\alpha+\theta^2 e_\beta+\theta e_\gamma}{3M},$$

$$\frac{Z}{Y}=\frac{M}{N}=\frac{e_\alpha+\theta^2 e_\beta+\theta e_\gamma}{e_\alpha+\theta e_\beta+\theta^2 e_\gamma},$$

$$\frac{Z+Y}{Z-Y}=\frac{2e_\alpha-e_\beta-e_\gamma}{(\theta-\theta^2)(e_\gamma-e_\beta)}=\frac{3e_\alpha}{i\sqrt{3}(e_\gamma-e_\beta)}=\frac{\rho^4+1}{2i\sqrt{3}\rho^2},$$

d'où

$$\rho^4-\frac{6e_\alpha}{e_\gamma-e_\beta}\rho^2+1=0.$$

$$\rho^2=\frac{3e_\alpha+2\sqrt{(e_\alpha-e_\beta)(e_\alpha-e_\gamma)}}{e_\gamma-e_\beta},$$

$$\frac{1}{\rho^2}=\frac{3e_\gamma-2\sqrt{(e_\alpha-e_\beta)(e_\alpha-e_\gamma)}}{e_\gamma-e_\beta},$$

$$\rho(\rho^4-1)=\rho^3\left(\rho^2-\frac{1}{\rho^2}\right)=\rho^3\,\frac{4\sqrt{(e_\alpha-e_\beta)(e_\alpha-e_\gamma)}}{e_\gamma-e_\beta},$$

$$=2\rho^3\,\frac{2\sqrt{(e_\alpha-e_\beta)(e_\alpha-e_\gamma)(e_\beta-e_\gamma)}}{(e_\gamma-e_\beta)^{\frac{3}{2}}}=2\rho^3(e_\gamma-e_\beta)^{-\frac{3}{2}}\Delta^{\frac{1}{4}};$$

$$\left[\frac{1}{2}\rho(\rho^4-1)\right]^{-\frac{1}{6}}=\rho^{-\frac{1}{2}}(e_\gamma-e_\beta)^{\frac{1}{4}}\Delta^{-\frac{1}{24}}$$

$$=\Delta^{-\frac{1}{24}}\left(\frac{e_\gamma-e_\beta}{\rho^2}\right)^{\frac{1}{4}}=\Delta^{-\frac{1}{24}}\left[3e_\alpha-2\sqrt{(e_\alpha-e_\beta)(e_\alpha-e_\gamma)}\right]^{\frac{1}{4}}.$$

Voici donc une valeur de A (où l'on peut négliger le facteur $\Delta^{-\frac{1}{24}}$)

$$A_\alpha=\left[3e_\alpha-2\sqrt{(e_\alpha-e_\beta)(e_\alpha-e_\gamma)}\right]^{\frac{1}{4}}.$$

Une autre valeur sera $A\rho$.

Comme on a

$$\rho^4=\frac{3e_\alpha+2\sqrt{\ldots}}{3e_\alpha-2\sqrt{\ldots}},$$

d'où

$$\rho = \left(\frac{3e_\alpha + 2\sqrt{\ldots}}{3e_\alpha - 2\sqrt{\ldots}}\right)^{\frac{1}{4}},$$

cette seconde solution sera

$$A'_\alpha = \left[3e_\alpha + 2\sqrt{(e_\alpha - e_\beta)(e_\alpha - e_\gamma)}\right]^{\frac{1}{4}}.$$

Il est intéressant de voir directement comment les combinaisons linéaires de A_α et de A'_α donnent A_β, A'_β, A_γ, A'_γ. Pour cela, simplifions d'abord. On a

$$3e_\alpha - 2\sqrt{(e_\alpha - e_\beta)(e_\alpha - e_\gamma)} = 2\,p\frac{\omega_\alpha}{2} + p\,\omega_\alpha$$

$$= p\frac{\omega_\alpha}{2} + p\,\omega_\alpha + p\left(\omega_\alpha - \frac{\omega_\alpha}{2}\right) = \left(\frac{1}{2}\,\frac{p'\frac{\omega_\alpha}{2}}{p\frac{\omega_\alpha}{2} - e_\alpha}\right)^2.$$

Suivant donc les méthodes des pages 51 et suivantes du Tome Ier,

$$A_\alpha = (c + ib)^{\frac{1}{2}}, \qquad A'_\alpha = (c - ib)^{\frac{1}{2}}.$$

Par conséquent,

$$c + ib = A_\alpha^2, \qquad c - ib = A'^2_\alpha,$$

$$c = \frac{1}{2}(A_\alpha^2 + A'^2_\alpha), \qquad ib = \frac{1}{2}(A_\alpha^2 - A'^2_\alpha),$$

$$ia = A_\alpha A'_\alpha.$$

Par conséquent,

$$c \pm ia = \frac{1}{2}(A_\alpha \pm A'_\alpha)^2,$$

$$i(b \pm ia) = \frac{1}{2}(A_\alpha \pm iA'_\alpha)^2,$$

c'est-à-dire

$$A_\beta, A'_\beta = \frac{i}{\sqrt{2}}(A_\alpha \pm A'_\alpha).$$

$$A_\gamma, A'_\gamma = \frac{1}{\sqrt{2}}(A_\alpha \pm iA'_\alpha).$$

En prenant $A = (c + ib)^{\frac{1}{2}}$, on a

$$\frac{2\,\mathrm{D}A}{A} = \frac{\mathrm{D}c + i\mathrm{D}b}{c + ib} = \frac{c\,\dfrac{\mathrm{D}c}{c} + ib\,\dfrac{\mathrm{D}b}{b}}{c + ib},$$

$$c = \sqrt{e_\alpha - e_\beta}, \qquad \frac{\mathrm{D}c}{c} = -2e_\gamma,$$

$$b = \sqrt{e_\gamma - e_\alpha}, \qquad \frac{\mathrm{D}b}{b} = -2e_\beta,$$

$$\frac{\mathrm{D}A}{A} = \frac{-ce_\gamma - ibe_\beta}{c + ib} = -\frac{1}{3}\,\frac{c(b^2 - a^2) + ib(a^2 - c^2)}{c + ib}$$

$$= -\frac{1}{3}\,\frac{c^3 - 2ic^2b + 2cb^2 - ib^3}{c + ib} = -\frac{1}{3}(c^2 - 3ibc - b^2)$$

$$= -\frac{1}{3}(3e_\alpha - 3ibc) = -(e_\alpha - ibc).$$

De sorte que l'on a six polynômes, dont voici un

$$\mathrm{P} = (c + ib)^{\frac{1}{2}}\,[x - (e_\alpha - ibc)],$$

et qui sont tous exprimables par deux d'entre eux.

La liaison avec la division des périodes par 4 apparaît ici par le calcul *a posteriori*. La théorie devra la faire apparaître *a priori*.

Deuxième exemple : $\nu = 3$.

Il y a d'abord la solution $t_1 = 1$, par conséquent $t = p'u$.

Il existe aussi des polynômes t de degré $s = 1$, déterminés par les équations

$$\mathrm{D}A = 2A_1, \qquad \mathrm{D}A_1 = \frac{1}{2}g_2 A.$$

Le calcul est le même que précédemment, le même aussi qu'à la page 313 (t. I). Pour le recommencer sous une forme plus générale, soient

$$\mathrm{D}X = Y, \qquad \mathrm{D}Y = mg_2X.$$

On posera

$$Y = 4\sqrt{3}\,\Delta^{\frac{1}{6}}(J - 1)^{\frac{1}{2}}\,J^{\frac{2}{3}}\,Z,$$

ce qui donne

$$\frac{dX}{dJ} = Z.$$

On aura ensuite, Z étant de degré zéro en même temps que X,

$$\begin{aligned} DY &= \left\{ 4\sqrt{3}\,\Delta^{\frac{1}{6}}(J-1)^{\frac{1}{2}}J^{\frac{2}{3}} \right\}^2 \left\{ \frac{dZ}{dJ} + \frac{Z}{2(J-1)} + \frac{2Z}{3J} \right\} \\ &= 2^4.3(J-1)\,J(J\Delta)^{\frac{1}{3}} \left\{ \frac{dZ}{dJ} + \frac{Z}{2(J-1)} + \frac{2Z}{3J} \right\} \\ &= mg_2X = m(J\Delta)^{\frac{1}{3}}X; \end{aligned}$$

$$\frac{dZ}{dJ} + \frac{Z}{2(J-1)} + \frac{2Z}{3J} = \frac{mX}{2^4.3J(J-1)};$$

$$\frac{d^2X}{dJ^2} + \left[\frac{1}{2(J-1)} + \frac{2}{3J}\right]\frac{dX}{dJ} - \frac{m}{2^4.3}\frac{X}{J(J-1)} = 0.$$

Nous avons déjà vu : 1° le cas $D\omega = -2\eta$, $D\eta = \frac{1}{6}g_2\omega$, ce qui, en posant $Y = -2\eta$, donne $m = -\frac{1}{3}$;

2° Celui correspondant à $\nu = 2$, qui donne $m = \frac{5}{12}$.

Actuellement, en posant $A = 2X$, nous aurons $m = 1$,

$$\frac{d^2A}{dJ^2} + \left[\frac{1}{2(J-1)} + \frac{2}{3J}\right]\frac{dA}{dJ} - \frac{1}{2^4.3.J(J-1)}A = 0,$$

ou bien

$$\frac{d^2A}{dJ^2} + \left(\frac{R_0}{J} + \frac{R_1}{J-1}\right)\frac{dA}{dJ} + \frac{C}{J(J-1)}A = 0,$$

avec

$$R_0 = 1 - \frac{1}{3}, \qquad R_1 = 1 - \frac{1}{2}, \qquad C = \frac{1}{12}\left(\frac{1}{12} - \frac{1}{3}\right).$$

C'est encore un cas *algébriquement intégrable*.

Troisième exemple : $\nu = 4$.

Ici encore, nous avons un polynôme $t_1 = 1$, répondant à $t = p'u = -\psi_2$; puis trois polynômes t du second degré, ce qui va mener à une équation du troisième ordre.

Puisque $\nu = 4$, $s = 2$, on aura

$$\begin{aligned} 2DA &= A_1, \\ 2DA_1 &= 6A_2 + \frac{7}{6}g_2A, \\ 2DA_2 &= \frac{13}{12}g_2A_1 - g_3A. \end{aligned}$$

En général, si l'on a

$$\begin{aligned} DX &= Y \\ DY &= Z + \alpha g_2 X, \\ DZ &= \quad\quad \beta g_2 Y + \gamma g_3 X, \end{aligned}$$

on posera

$$\begin{aligned} Y &= 4\sqrt{3}\,\Delta^{\frac{1}{6}}(J-1)^{\frac{1}{2}} J^{\frac{2}{3}} y = \Lambda y \\ Z &= \Lambda^2 z\,; \end{aligned}$$

il viendra, suivant les calculs précédents,

$$\frac{dX}{dJ} = y,$$

$$\frac{dy}{dJ} + \left(\frac{1}{2(J-1)} + \frac{2}{3J}\right) y = z + \frac{\alpha X}{2^4 . 3 . J(J-1)},$$

puis

$$\Lambda^3\left(\frac{dz}{dJ} + \frac{2\,d\Lambda}{\Lambda\,dJ} z\right) = \beta g_2 \Lambda y + \gamma g_3 X;$$

mais

$$\frac{g_2}{\Lambda^2} = \frac{1}{2^4 . 3(J-1)J}, \qquad \frac{g_3}{\Lambda^3} = \frac{1}{2^6 . 3^3 . (J-1)J^2};$$

donc

$$\frac{dz}{dJ} + 2\left[\frac{1}{2(J-1)} + \frac{2}{3J}\right] z = \frac{\beta y}{2^4 . 3(J-1)J} + \frac{\gamma X}{2^6 . 3^3 (J-1) J^2}.$$

Sans éliminer, voyons les exposants auxquels X appartient aux points singuliers :

1° Pour le point $J = 0$, on pose $X = J^s + \lambda J^{s+1} + \ldots$, d'où l'on déduit

$$y = s J^{s-1} + \ldots, \qquad z = s(s - \tfrac{1}{3}) J^{s-2} + \ldots.$$

Substituant dans la dernière équation, et égalant à zéro le coefficient du terme en J^{s-3}, il vient

$$0 = s(s - \tfrac{1}{3})(s-2) + 2s(s - \tfrac{1}{3})\tfrac{2}{3} = s(s - \tfrac{1}{3})(s - \tfrac{2}{3}).$$

Les exposants sont donc 0, $\frac{1}{3}$, $\frac{2}{3}$;

2° Pour le point $J = 1$, on pose $X = (J-1)^s + \ldots$, d'où

$$y = s(J-1)^{s-1}, \qquad z = s(s - \tfrac{1}{2})(J-1)^{s-2},$$

et la deuxième équation donne

$$s(s - \tfrac{1}{2})(s-1) = 0.$$

On a donc les exposants 0, $\frac{1}{2}$, 1, si la condition subsidiaire (nécessaire pour la disparition des logarithmes dans l'intégrale relative à l'exposant zéro) est satisfaite.

Or, si l'on pose

$$X = 1 + \lambda(J-1)^2 + \ldots,$$

on aura

$$y = 2\lambda(J-1) + \ldots, \qquad z = -\frac{\alpha}{2^4.3(J-1)} + \ldots,$$

et en substituant ces valeurs dans la dernière équation, le terme en $(J-1)^{-2}$ a son coefficient identiquement nul. La condition subsidiaire est donc remplie.

3° Pour $J = \infty$, posons

$$X = J^s + \lambda J^{s-1} + \ldots,$$

d'où

$$y = sJ^{s-1} + \ldots$$

$$z = \left[s(s-1) + \frac{7}{6}s - \frac{\alpha}{2^4.3}\right]J^{s-2} + \ldots = \left(s^2 + \frac{1}{6}s - \frac{\alpha}{2^4.3}\right)J^{s-2} + \ldots$$

et, d'après la dernière équation

$$\left(s^2 + \frac{1}{6}s - \frac{\alpha}{2^4.3}\right)\left(s + \frac{1}{3}\right) = \frac{\beta s}{2^4.3} + \frac{\gamma}{2^6.3^3}$$

ou

$$s^3 + \frac{1}{2}s^2 + \frac{1}{6}\left(\frac{1}{3} - \frac{\alpha+\beta}{8}\right)s - \frac{1}{2^4.3^2}\left(\alpha + \frac{1}{12}\gamma\right) = 0.$$

Dans le cas actuel, en faisant

$$A_1 = 2Y, \qquad A_2 = \frac{2}{3}Z,$$

on a

$$DA = Y,$$

$$DY = Z + \frac{7}{24}g_2 A,$$

$$DZ = \frac{13}{8}g_2 Y - \frac{3}{4}g_3 A.$$

Donc

$$\alpha = \frac{7}{24}, \qquad \beta = \frac{13}{8}, \qquad \gamma = -\frac{3}{4},$$

$$\frac{1}{3} - \frac{\alpha+\beta}{8} = \frac{3}{32}, \qquad \alpha + \frac{1}{12}\gamma = \frac{11}{48},$$

et la dernière équation en s devient

$$s^3 + \frac{1}{2} s^2 + \frac{1}{2^6} s - \frac{11}{2^8 . 3^3} = 0,$$

dont les racines sont

$$-\frac{11}{24}, \quad -\frac{2}{24}, \quad \frac{1}{24},$$

présentant les différences $\frac{3}{8}$, $\frac{1}{2}$, en sorte que l'intégrale algébrique n'est pas connue.

Quatrième exemple : $\nu = 5$.

$$s = 2, \qquad r = 1.$$

Trois polynômes t, deux polynômes t_1.

Pour les polynômes t, on a

$$6A_1 - 5\,DA = 0,$$

$$20A_2 + \frac{2.11}{6} g_2 A - 5\,DA_1 = 0,$$

$$\frac{17}{6} g_2 A_1 - 2g_3 A - 5\,DA_2 = 0.$$

Posant

$$A = X, \qquad A_1 = \frac{5}{6}Y, \qquad A_2 = \frac{5}{24}Z,$$

on obtient

$$DX = Y,$$

$$DY = Z + \frac{2.11}{5^2} g_2 X,$$

$$DZ = \frac{2.17}{3.5} g_2 Y - \frac{2^4.3}{5^2} g_3 X,$$

$$\alpha = \frac{2.11}{5^2}, \qquad \beta = \frac{2.17}{3.5}, \qquad \gamma = -\frac{2^4.3}{5^2},$$

$$\frac{\alpha+\beta}{8} = \frac{59}{2.3.5^2}, \qquad \frac{1}{3} - \frac{\alpha+\beta}{8} = -\frac{3}{2.5^2}, \qquad \alpha + \frac{1}{12}\gamma = \frac{2.3^2}{5^2},$$

$$s^3 + \frac{1}{2}s^2 - \frac{1}{2^2.5^2} s - \frac{1}{2^3.5^2} = 0,$$

équation dont les racines sont

$$-\frac{1}{2}, \quad -\frac{1}{10}, \quad \frac{1}{10} \quad \text{ou} \quad -\frac{1}{2} + \left\{ 0, \ \frac{2}{5}, \ \frac{3}{5}. \right.$$

L'équation est donc intégrable par les fonctions de l'*icosaèdre*.

Pour les polynômes t_1, on a $r = 1$, $\nu = 5$,

$$2B_1 - 5DB = 0, \qquad \frac{11}{6} g_2 B - 5DB_1 = 0.$$

Si l'on fait

$$B_1 = \frac{5}{2} Y,$$

on a

$$DB = Y, \qquad DY = \frac{11}{3.5^2} g_2 B.$$

Ce sont les équations de la page 235, avec

$$m = \frac{11}{3.5^2},$$

d'où

$$-\frac{m}{2^4.3} = -\frac{11}{(2^2.3.5)^2} = \frac{1}{2^2.3.5}\left[\frac{1}{2^2.3.5} - \frac{1}{5}\right].$$

On arrive ainsi à l'équation type de l'icosaèdre,

Cinquième exemple : $\nu = 6$, $r = 1$,

$$6B_1 - 6DB = 0, \qquad \frac{5}{2} g_2 B - 6DB_1 = 0.$$

Ici

$$m = \frac{5}{12},$$

$$\frac{-m}{2^4.3} = \frac{-5}{2^6.3^2} = \frac{1}{24}\left(\frac{1}{24} - \frac{1}{4}\right),$$

et l'on arrive à la même équation que pour $\nu = 2$.

Lien avec la théorie de la transformation.

Les fonctions P sont paires ; les fonctions $Q\wp' u$ sont impaires.

Les fonctions

$$z = e^{-\nu\eta \frac{u^2}{2\omega}} (\sigma u)^\nu (\Delta\omega^{12})^{\frac{1}{24}} t$$

sont paires ou impaires.

1° Si ν est impair et $t = \mathrm{P}$, z est impair, et l'on a

$$\mathrm{P} = \mathrm{A}x^{\frac{\nu-1}{2}} + \ldots = \mathrm{A}u^{1-\nu} + \ldots,$$
$$z = \mathrm{A}u + \ldots \qquad [\text{au facteur } (\Delta\omega^{12})^{\frac{1}{24}} \text{ près}].$$

2° Si ν est pair et $t = \mathrm{Q}\bar{\wp}'u$, z est impair,

$$\mathrm{Q} = \quad \mathrm{B}x^{\frac{\nu-4}{2}} + \ldots = \mathrm{B}u^{4-\nu} + \ldots,$$
$$z = -2\mathrm{B}u + \ldots \qquad (\text{au même facteur près}).$$

3° Si ν est impair et $t = \mathrm{Q}\bar{\wp}'u$, z est pair,

$$\mathrm{Q} = \quad \mathrm{B}x^{\frac{\nu-3}{2}} + \ldots = \mathrm{B}u^{3-\nu} + \ldots,$$
$$z = -2\mathrm{B} \quad + \ldots \qquad (\text{au même facteur près}).$$

4° Si ν est pair et $t = \mathrm{P}$, z est pair,

$$\mathrm{P} = \mathrm{A}x^{\frac{\nu}{2}} + \ldots = \mathrm{A}u^{-\nu} + \ldots,$$
$$z = \mathrm{A} + \ldots \qquad (\text{au même facteur près}).$$

Dans les deux cas où la fonction est impaire, on a ainsi une fonction z impaire, ayant les racines $2m\omega + 2m'\omega'$. En outre, le facteur $e^{-\nu\eta\frac{u^2}{2\omega}}$ a le multiplicateur $e^{-2\nu\eta(u+\omega)}$, et $(\sigma u)^\nu$ le multiplicateur $(-1)^\nu e^{2\nu\eta(u+\omega)}$; on a donc

$$z(v+1) = -z(v), \qquad \text{si } \nu \text{ impair},$$
$$z(v+1) = \quad z(v), \qquad \text{si } \nu \text{ pair}.$$

En conséquence, on aura

$$(\nu \text{ impair}), \qquad z(v) = \alpha_1 \sin v\pi + \alpha_3 \sin 3v\pi + \ldots.$$
$$(\nu \text{ pair}), \qquad z(v) = \alpha_2 \sin 2v\pi + \alpha_4 \sin 4v\pi + \ldots.$$

Pour le premier cas (ν impair), soit

$$\bar{q} = e^{\frac{i\pi\omega'}{\nu\omega}}, \qquad \bar{\Omega} = \frac{i\pi\omega'}{\nu\omega} = \frac{\Omega}{\nu};$$

l'équation (2) montre que l'on a (t. I, p. 325)

$$\alpha_{2n+1} = c_{2n+1}\,\bar{q}^{\left(\frac{2n+1}{2}\right)^2}.$$

Maintenant l'on doit avoir $z = 0$ pour $u = 2\omega'$, c'est-à-dire

$$v = \frac{\omega'}{\omega}, \qquad \sin(2n+1)v\pi = \frac{1}{2i}\left[\overline{q}^{-\nu(2n+1)} - \overline{q}^{\nu(2n+1)}\right].$$

Ceci ne détermine pas entièrement les rapports des coefficients. Mais P contient des arbitraires linéairement, et, si l'on en dispose de manière que z soit nul pour $u = \frac{2\omega'}{\nu}$, alors on trouve

$$z = k\vartheta_1\left(v, q^{\frac{1}{\nu}}\right),$$

k étant numérique, sauf un facteur d'homogénéité.

Pour l'homogénéité, P étant de degré 1, il faut mettre

$$t = \omega e^{2\nu\eta\omega v^2}(\Delta\omega^{12})^{-\frac{1}{8}}(\sigma u)^{-\nu} z.$$

Conséquemment

$$k\vartheta_1\left(v, q^{\frac{1}{\nu}}\right) = e^{-2\nu\eta\omega v^2}(\Delta\omega^{12})^{\frac{1}{8}}(\sigma u)^{\nu}\frac{P}{\omega}.$$

D'autre part,

$$\vartheta_1\left(v, q^{\frac{1}{\nu}}\right) = e^{-2\overline{\eta}\omega v^2}(\overline{\Delta}\omega^{12})^{\frac{1}{8}}\overline{\sigma}(u),$$

où $\overline{\Delta}$ et $\overline{\sigma}$ s'appliquent aux périodes 2ω, $\frac{2\omega'}{\nu}$.

Le premier coefficient de P est donc (en faisant $u = 0$)

$$A = \left(\frac{\overline{\Delta}}{\Delta}\right)^{\frac{1}{8}}.$$

Telle est l'expression très remarquable des solutions de l'équation différentielle.

On devra discuter, examiner s'il y a le nombre voulu d'intégrales. Mais en tout cas on devra prévoir que, dans les cas où $\left(\frac{\overline{\Delta}}{\Delta}\right)^{\frac{1}{8}}$ ne pourrait fournir toutes les intégrales, l'équation différentielle est réductible.

La fonction z a aussi les racines

$$u = \frac{4\omega'}{\nu}, \quad \frac{6\omega'}{\nu}, \quad \dots, \quad \frac{(\nu-1)\omega'}{\nu};$$

donc

$$P = \left(\frac{\overline{\Delta}}{\Delta}\right)^{\frac{1}{8}} \left(pu - p\frac{2\omega'}{\nu}\right)\left(pu - p\frac{4\omega'}{\nu}\right)\cdots\left[pu - p\frac{(\nu-1)\omega'}{\nu}\right],$$

Les séries à double entrée donnent le point de départ le plus simple pour la théorie de la transformation.

Considérons les quantités

$$\frac{2\varpi'}{\nu}, \quad \frac{4\varpi'}{\nu}, \quad \ldots, \quad \frac{2(\nu-1)\varpi'}{\nu}$$

et désignons-les par α. Soit

$$w = 2m\varpi + 2m'\varpi'.$$

On a

$$\begin{aligned} u - \alpha - w &= u - \frac{2\rho\varpi'}{\nu} - 2m\varpi - 2m'\varpi' \\ &= u - 2m\varpi - \frac{2(m'\nu+\rho)}{\nu}\varpi' \\ &= u - 2m\varpi - 2n'\frac{\varpi}{\nu}. \end{aligned}$$

Soient $\overline{p}'u$, $\overline{p}''u$, ... les fonctions où les périodes sont 2ϖ et $\frac{2\varpi}{\nu}$, on a évidemment

$$\begin{aligned} \overline{p}'u &= p'u + \sum_\alpha p'(u-\alpha), \\ \overline{p}''u &= p''u + \sum_\alpha p''(u-\alpha), \\ &\ldots\ldots\ldots\ldots\ldots\ldots \end{aligned}$$

Pour $\overline{p}u$, il faut quelque précautions :

$$\overline{p}u - pu = \sum\left[\frac{1}{(u-\alpha)^2} - \frac{1}{\alpha^2}\right] + \sum\sum\left[\frac{1}{(u-\alpha-w)^2} - \frac{1}{(\alpha+w)^2}\right],$$

$$p(u-\alpha) = \frac{1}{(u-\alpha)^2} + \sum\left[\frac{1}{(u-\alpha-w)^2} - \frac{1}{w^2}\right],$$

$$\begin{aligned} \overline{p}u - pu - \sum p(u-\alpha) &= -\sum\frac{1}{\alpha^2} + \sum\sum\left[\frac{1}{w^2} - \frac{1}{(\alpha+w)^2}\right] \\ &= -\sum p\alpha. \end{aligned}$$

Donc

$$\bar{p}u = pu + \sum p(u-\alpha) - \sum p\alpha,$$

ce qui résulte d'ailleurs de l'intégration des formules précédentes.

On a aussi cette conséquence $\Sigma \bar{p}'\alpha = 0$.

Semblablement,

$$\bar{\zeta}u = \zeta u + \Sigma\zeta(u-\alpha) + u\Sigma p\alpha + \Sigma\zeta\alpha,$$
$$\bar{\sigma}u = \sigma u \,\Pi\, \sigma(u-\alpha) e^{\frac{1}{2}u^2\Sigma p\alpha + u\zeta\alpha} \frac{(-1)^\nu}{\Pi\sigma\alpha}.$$

$\bar{p}u$ étant fonction rationnelle de pu, il en est autant de $\bar{p}u - \bar{p}v$, dont les racines donnent immédiatement

$$\bar{p}u - \bar{p}v = (pu - pv)\prod \frac{pu - p(v-\alpha)}{pu - p\alpha}.$$

Soit d'abord ν impair. A la période $2\bar{\omega}'$ près, les quantités α sont deux à deux égales et de signe opposé.

Soit $2\bar{\omega}$ la période formant avec $2\bar{\omega}'$ un *couple primitif*, et soient e_λ, e_ν, e_μ les valeurs des quantités $p\bar{\omega}$, $p\bar{\omega}'$, $p(\bar{\omega}+\bar{\omega}')$; $\bar{e}_\lambda$, $\bar{e}_\nu$, $\bar{e}_\mu$ celles des quantités

$$\bar{p}\bar{\omega}, \qquad \bar{p}\frac{\bar{\omega}'}{\nu} = \bar{p}\bar{\omega}', \qquad p\left(\bar{\omega} + \frac{\bar{\omega}'}{\nu}\right) = (\bar{p}\bar{\omega} + \bar{\omega}').$$

Posant dans la formule précédente $\nu = \omega$, et remarquant que les quantités $p(\bar{\omega} - \alpha)$ sont deux à deux égales $\left[\text{car } p\left(\bar{\omega} + \frac{2k\bar{\omega}'}{\nu}\right)\right.$ est égal à $\left.p\left(\bar{\omega} + 2\frac{(\nu-k)\bar{\omega}'}{\nu}\right)\right]$, de même que les quantités $p\alpha$, il vient

$$\bar{p}u - \bar{e}_\lambda = (pu - e_\lambda)\prod\left[\frac{pu - p(\bar{\omega} - \beta)}{pu - p\beta}\right]^2,$$
$$\beta = \frac{2\bar{\omega}'}{\nu}, \qquad \frac{4\bar{\omega}'}{\nu}, \qquad \ldots, \qquad \frac{(\nu-1)\bar{\omega}'}{\nu}.$$

Posant $\nu = \bar{\omega}'$, et remarquant que les quantités $p(\omega' - \alpha)$ sont de la forme $p\left(\frac{s\omega'}{\nu}\right)$, s étant impair, et égales deux à deux, il vient

$$\bar{p}u - \bar{e}_\nu = (pu - e_\nu)\prod\left(\frac{pu - p\frac{s\omega'}{\nu}}{pu - p\beta}\right)^2,$$
$$s = 1, 3, \ldots, \nu - 2.$$

Enfin, en posant $v = \tilde{\omega} + \tilde{\omega}'$, on trouve de même

$$\bar{p}u - \bar{e}_\mu = (pu - e_\mu)\prod\left[\frac{pu - p\left(\tilde{\omega} + \frac{s\tilde{\omega}'}{\nu}\right)}{pu - p\beta}\right]^2.$$

Multipliant et extrayant la racine carrée, il vient

$$\bar{p}'u = p'u\,\Pi_1\,\Pi_1\,\Pi_3,$$

et, de même,

$$\frac{\bar{\sigma}_\lambda u}{\bar{\sigma} u} = \frac{\sigma_\lambda u}{\sigma u}\Pi_1,$$
$$\frac{\bar{\sigma}_\nu u}{\bar{\sigma} u} = \frac{\sigma_\nu u}{\sigma u}\Pi_2,$$
$$\frac{\bar{\sigma}_\mu u}{\bar{\sigma} u} = \frac{\sigma_\mu u}{\sigma u}\Pi_3.$$

En supposant $u = \tilde{\omega}$, $v = \tilde{\omega} + \tilde{\omega}'$, on aura

$$\frac{\bar{e}_\lambda - \bar{e}_\mu}{e_\lambda - e_\mu} = \prod\frac{e_\lambda - p(\tilde{\omega} + \tilde{\omega}' - \alpha)}{e_\lambda - p\alpha},$$

et, en supposant $u = \tilde{\omega}$, $v = \tilde{\omega}'$,

$$\frac{\bar{e}_\lambda - \bar{e}_\nu}{e_\lambda - e_\nu} = \prod\frac{e_\lambda - p(\tilde{\omega}' - \alpha)}{e_\lambda - p\alpha}.$$

Multipliant, et utilisant la formule

$$(e_\lambda - pt)[e_\lambda - p(\tilde{\omega} + t)] = (e_\lambda - e_\mu)(e_\lambda - e_\nu),$$

il vient

$$\frac{(\bar{e}_\lambda - \bar{e}_\mu)(\bar{e}_\lambda - \bar{e}_\nu)}{(e_\lambda - e_\mu)(e_\lambda - e_\nu)} = \prod\frac{(e_\lambda - e_\mu)(e_\lambda - e_\nu)}{(e_\lambda - p\alpha)^2}.$$

On obtient de même deux autres formules analogues. Multipliant, on obtient la valeur de

$$\frac{(\bar{e}_\lambda - \bar{e}_\mu)^2(\bar{e}_\mu - \bar{e}_\nu)^2(\bar{e}_\nu - \bar{e}_\lambda)^2}{(e_\lambda - e_\mu)^{2\nu}(e_\mu - e_\nu)^{2\nu}(e_\nu - e_\lambda)^{2\nu}} = 16^{\nu-1}\frac{\bar{\Delta}}{\Delta^\nu}$$

sous la forme suivante :

$$16^{\nu-1}\frac{\bar{\Delta}}{\Delta^\nu} = \frac{1}{\Pi(e_\lambda - p\alpha)^2(e_\mu - p\alpha)^2(e_\nu - p\alpha)^2} = \frac{\Pi(\sigma\alpha)^{12}}{\Pi(\sigma_1\alpha\sigma_2\alpha\sigma_3\alpha)^4}.$$

On voit par là que $\frac{\bar{\Delta}}{\Delta}$ est une fonction algébrique des invariants, puisqu'elle est rationnelle, sauf les quantités algébriques $p\alpha$.

Cette expression de $\frac{\bar{\Delta}}{\Delta}$ peut être simplifiée par les remarques suivantes :

Prenons les arguments α et, d'autre part, les arguments 2α

$$\alpha = \frac{2\bar{\omega}'}{\nu},\quad \frac{4\bar{\omega}'}{\nu},\quad \frac{6\bar{\omega}'}{\nu},\quad \ldots,\quad \frac{2(\nu-1)\bar{\omega}'}{\nu},$$

$$2\alpha = \frac{4\bar{\omega}'}{\nu},\quad \frac{8\bar{\omega}'}{\nu},\quad \ldots,\quad \frac{4(\nu-1)\bar{\omega}'}{\nu},$$

$$\frac{2(\nu+1)\bar{\omega}'}{\nu} = 2\bar{\omega}' + \frac{2\bar{\omega}'}{\nu},\quad \ldots,\quad \frac{4(\nu-1)\bar{\omega}'}{\nu} = 2\bar{\omega}' + \frac{2(\nu-2)\bar{\omega}'}{\nu}.$$

Ainsi, sauf des périodes, les quantités 2α reproduisent les α. Le quotient $\Pi\frac{\sigma 2\alpha}{\sigma\alpha}$ se réduit donc à l'exponentielle

$$(-1)^{\frac{\nu-1}{2}} e^{2\bar{\eta}'\left[\frac{\nu-1}{2}\bar{\omega}' + \frac{2\bar{\omega}'}{\nu}(1+3+\ldots+\nu-2)\right]} = (-1)^{\frac{\nu-1}{2}} e^{2\bar{\eta}'\bar{\omega}'\left[\frac{\nu-1}{2} + \frac{2}{\nu}\left(\frac{\nu-1}{2}\right)^2\right]}.$$

Mais

$$\frac{\sigma 2\alpha}{\sigma\alpha} = 2\sigma_1\alpha\sigma_2\alpha\sigma_3\alpha;$$

donc

$$2^{\nu-1}\Pi\sigma_1\alpha\sigma_2\alpha\sigma_5\alpha = (-1)^{\frac{\nu-1}{2}} e^{\frac{(\nu-1)(2\nu-1)}{\nu}\bar{\eta}'\bar{\omega}'}.$$

De là

$$\frac{\overline{\Delta}}{\Delta^{\nu}} = \frac{\Pi(\sigma\alpha)^{12}}{(2^{\nu-1}\Pi\sigma_1\alpha\sigma_2\alpha\sigma_3\alpha)^4} = e^{-4\frac{(\nu-1)(2\nu-1)}{\nu}\bar{\eta}'\bar{\omega}'}\Pi(\sigma\alpha)^{12},$$

$$\left(\frac{\overline{\Delta}}{\Delta^{\nu}}\right)^{\frac{1}{12}} = \varepsilon e^{-\frac{(\nu-1)(2\nu-1)\bar{\eta}'\bar{\omega}'}{3\nu}}\Pi\sigma\alpha \qquad (\varepsilon^{12}=1)$$

$$= \varepsilon e^{-\frac{2\eta'\omega'}{\nu^2}[1^2+2^2+\ldots+(\nu-1)^2]}\Pi\sigma\alpha$$

$$= \varepsilon e^{-\frac{\bar{\eta}'}{2\bar{\omega}'}\Sigma\alpha^2}\Pi\sigma\alpha = \varepsilon\Pi\left(\sigma\alpha e^{-\frac{\bar{\eta}'}{2\bar{\omega}'}\alpha^2}\right).$$

Dans cette formule, on doit assigner à α les valeurs β et $2\bar{\omega}'-\beta$, $\beta = \frac{2\bar{\omega}'}{\nu}, \frac{4\bar{\omega}'}{\nu}, \ldots, \frac{(\nu-1)\bar{\omega}'}{\nu}$.

D'ailleurs la fonction

$$\sigma u e^{-\frac{\bar{\eta}'}{2\bar{\omega}'}u^2}$$

reste inaltérée par le changement de u en $2\bar{\omega}'-u$; donc

$$\left(\frac{\overline{\Delta}}{\Delta^{\nu}}\right)^{\frac{1}{12}} = \varepsilon\Pi\left[\sigma\beta e^{-\frac{\bar{\eta}'}{2\bar{\omega}'}\beta^2}\right]^2,$$

$$\left(\frac{\overline{\Delta}}{\Delta^{\nu}}\right)^{\frac{1}{24}} = \varepsilon_1\Pi\left[\sigma\beta e^{-\frac{\bar{\eta}'}{2\bar{\omega}'}\beta^2}\right] \qquad (\varepsilon_1^{24}=1).$$

Naturellement ε_1 est arbitraire; mais on peut le fixer au moyen d'une convention qui définisse $\Delta^{\frac{1}{24}}$ d'une manière complète. Ceci a lieu si l'on prend la formule (t. I, p. 402)

$$\Delta^{\frac{1}{24}} = q^{\frac{1}{12}}\sqrt{\frac{\pi}{\omega}}(1-q^2)(1-q^4)(1-q^6)\ldots.$$

On peut vérifier le résultat précédent et déterminer la valeur de ε_1 par l'analyse suivante (où nous supposerons, pour fixer les idées, $\bar{\omega}=\omega$, $\bar{\omega}=\omega'$).

Soient

$$q = e^{\frac{\pi i\omega'}{\omega}}, \qquad \beta = \frac{2\rho\omega'}{\nu} \qquad \left(\rho = 1, 2, \ldots, \frac{\nu-1}{2}\right),$$

$$Q = q^{\frac{1}{\nu}}, \qquad z = e^{\frac{\pi i\beta}{2\omega}} = e^{\frac{i\pi\rho\omega'}{\nu\omega}} = q^{\frac{\rho}{\nu}} = Q^{\rho}.$$

On a

$$e^{-\frac{\eta}{2\omega}\beta^2}\sigma\beta = \frac{\omega}{i\pi}(z - z^{-1})\prod\frac{(1-q^m z^2)(1-q^m z^{-2})}{(1-q^m)^2} \quad (m = 2, 4, \ldots, 2p, \ldots)$$

$$= \frac{i\omega}{\pi z}(1 - Q^{2\rho})\frac{\prod[1-Q^{2(p\nu+\rho)}][1-Q^{2(p\nu-\rho)}]}{\prod(1-q^{2p})^2}, \quad p = 1, 2, 3, \ldots.$$

En faisant le produit des quantités analogues pour les divers ρ, on voit que les nombres ρ, $p\nu + \rho$, $p\nu - \rho$ reproduisent tous les entiers positifs, sauf les multiples de ν, et chacune, une seule fois. D'autre part

$$\prod z = Q^{1+2+\ldots+\frac{\nu-1}{2}} = Q^{\frac{(\nu-1)(\nu+1)}{8}}.$$

Donc, en multipliant le numérateur et le dénominateur par le produit

$$\prod(1 - Q^{2p\nu}) = \prod(1 - q^{2p}),$$

il vient

$$\prod\left(e^{-\frac{\eta}{2\omega}\beta^2}\sigma\beta\right) = \left(\frac{i\omega}{\pi}\right)Q^{-\frac{(\nu-1)(\nu+1)}{8}}\frac{\prod(1-Q^{2p})}{\prod(1-q^{2p})^\nu}.$$

D'ailleurs

$$\frac{\eta}{\omega} - \frac{\eta'}{\omega'} = \frac{i\pi}{2\omega\omega'},$$

$$-\frac{\eta}{2\omega}\beta^2 = -\frac{\eta'}{2\omega'}\beta^2 - \frac{i\pi}{4\omega\omega'}\beta^2 = -\frac{\eta'}{2\omega'}\beta^2 - \frac{i\pi\omega'}{\omega}\frac{\rho^2}{\nu^2},$$

$$e^{-\frac{\eta}{2\omega}\beta^2} = e^{-\frac{\eta'}{2\omega'}\beta^2}q^{-\frac{\rho^2}{\nu^2}}.$$

$$\prod e^{-\frac{\eta}{2\omega}\beta^2} = \prod e^{-\frac{\eta'}{2\omega'}\beta^2}q^{-\frac{1}{\nu^2}\left[1^2+2^2+\ldots+\left(\frac{\nu-1}{2}\right)^2\right]}$$

$$= \prod e^{-\frac{\eta'}{2\omega'}\beta^2}q^{-\frac{1}{\nu^2}\frac{\nu(\nu-1)(\nu+1)}{24}}$$

$$= \prod e^{-\frac{\eta'}{2\omega'}\beta^2}Q^{-\frac{(\nu-1)(\nu+1)}{24}}.$$

Donc

$$\prod\left(e^{-\frac{\eta'}{2\omega'}\beta^2}\sigma\beta\right) = \left(\frac{i\omega}{\pi}\right)^{\frac{\nu-1}{2}}Q^{\frac{1-\nu^2}{12}}\frac{\prod(1-Q^{2p})}{\prod(1-q^{2p})^\nu}.$$

Mais

$$\Delta^{\frac{1}{24}} = Q^{\frac{\nu}{12}} \left(\frac{\pi}{\omega}\right)^{\frac{1}{2}} \prod (1 - q^{2p}).$$

$$\bar{\Delta}^{\frac{1}{24}} = Q^{\frac{1}{12}} \left(\frac{\pi}{\omega}\right)^{\frac{1}{2}} \prod (1 - Q^{2p}),$$

Donc

$$\left(\frac{\bar{\Delta}}{\Delta^{\nu}}\right)^{\frac{1}{24}} = i^{-\frac{\nu-1}{2}} \prod \left(e^{-\frac{\eta'}{2\omega'}\beta^2} \sigma\beta\right).$$

Ainsi

$$\varepsilon_1 = i^{-\frac{\nu-1}{2}}.$$

Même démonstration autrement, en prenant

$$q = e^{-\frac{i\pi\omega}{\omega'}},$$

auquel cas il faut faire

$$\Delta^{\frac{1}{24}} = q^{\frac{1}{12}} \left(\frac{i\pi}{\omega'}\right)^{\frac{1}{2}} \prod (1 - q^m) \qquad (m = 2, 4, 6, \ldots),$$

$$\beta = \frac{2\rho\omega'}{\nu}, \qquad z = e^{\frac{i\pi\beta}{2\omega'}} = e^{\frac{i\pi\rho}{\nu}}, \qquad z^2 = \theta = e^{\frac{2i\pi\rho}{\nu}},$$

$$e^{-\frac{\eta'}{2\omega'}\beta^2} \sigma\beta = \frac{\omega'}{i\pi}(z - z^{-1}) \frac{\prod (1 - q^m z^2)(1 - q^m z^{-2})}{\prod (1 - q^m)^2}$$

$$= \frac{\omega'}{\pi} 2 \sin \frac{\pi\rho}{\nu} \frac{\prod (1 - q^m \theta^{\rho})(1 - q^m \theta^{-\rho})}{\prod (1 - q^m)^2}.$$

$$\prod e^{-\frac{\eta'}{2\omega'}\beta^2} \sigma\beta = \left(\frac{\omega'}{\pi}\right)^{\frac{\nu-1}{2}} \prod 2 \sin \frac{\pi\rho}{\nu} \frac{\prod\prod_{\rho} (1 - q^m \theta^{\rho})(1 - q^m \theta^{-\rho})}{\prod (1 - q^m)^{\nu-1}}.$$

Or, on a

$$\left(\prod 2 \sin \frac{\pi\rho}{\nu}\right)^2 = \prod \left[2 \sin \frac{\pi\rho}{\nu} \, 2 \sin \frac{\pi(\nu - \rho)}{\nu}\right]$$

$$= \prod_1^{\nu-1} 2 \sin \frac{\pi\rho}{\nu} = \prod_1^{\nu-1} \frac{e^{\frac{\pi\rho i}{\nu}} - e^{-\frac{\pi\rho i}{\nu}}}{i}$$

$$= \frac{(-1)^{\frac{\nu-1}{2}}}{i^{\frac{\nu-1}{2}} e^{\frac{\pi i}{\nu}\left(1+2+\ldots+\frac{\nu-1}{2}\right)}} \prod_1^{\nu-1} \left(1 - e^{\frac{2\pi\rho i}{\nu}}\right) = \nu.$$

D'ailleurs, ρ étant $<\nu$, les facteurs $2\sin\frac{\pi\rho}{\nu}$ sont tous réels et positifs; donc

$$\prod 2\sin\frac{\pi\rho}{\nu} = +\sqrt{\nu}.$$

D'autre part,

$$\prod_{\rho}(1-q^m\theta^\rho)(1-q^m\theta^{-\rho}) = \prod_{1}^{\nu-1}(1-q^m\theta^\rho)$$
$$= \frac{1-q^{m\nu}}{1-q^m}.$$

Donc on aura

$$\prod e^{-\frac{\eta'}{2\omega'}\beta^2}\sigma\beta = \left(\frac{\omega'}{\pi}\right)^{\frac{\nu-1}{2}}\sqrt{\nu}\,\frac{\prod(1-q^{m\nu})}{\prod(1-q^m)^\nu}$$
$$= i^{-\frac{\nu-1}{2}}\frac{q^{\frac{\nu}{12}}\left(\frac{i\pi\nu}{\omega'}\right)^{\frac{1}{2}}\prod(1-q^{m\nu})}{q^{\frac{\nu}{12}}\left(\frac{i\pi}{\omega'}\right)^{\frac{\nu}{2}}\prod(1-q^m)^\nu}$$
$$= i^{-\frac{\nu-1}{2}}\left(\frac{\overline{\Delta}}{\Delta^\nu}\right)^{\frac{1}{24}}$$

Relations linéaires entre les diverses quantités $\overline{\Delta}^{\frac{1}{8}}$ ou $\overline{\Delta}^{\frac{1}{24}}$.

On connaît déjà une expression de $\Delta^{\frac{1}{8}}$ en série, savoir

$$\Delta^{\frac{1}{8}} = \frac{1}{2\omega}\sqrt{\frac{\pi}{\omega}}\,\vartheta'_1 = \left(\frac{\pi}{\omega}\right)^{\frac{3}{2}} q^{\frac{1}{4}}(1-3q^2+5q^6-7q^{12}+\ldots)$$
$$= \left(\frac{\pi}{\omega}\right)^{\frac{3}{2}}\sum(-1)^{\frac{n-1}{2}}nq^{\frac{n^2}{4}} \qquad (n=1,3,5,\ldots).$$

Il y a une expression analogue, pour $\Delta^{\frac{1}{24}}$, d'après la formule (t. I, p. 410),

$$\vartheta'_1 = 2\pi q^{\frac{1}{4}} Q_0^3,$$

qui donne

$$\Delta^{\frac{1}{8}} = \left(\frac{\pi}{\omega}\right)^{\frac{3}{2}} q^{\frac{1}{4}}Q_0^3, \qquad \Delta^{\frac{1}{24}} = \left(\frac{\pi}{\omega}\right)^{\frac{1}{2}} q^{\frac{1}{12}}Q_0,$$
$$Q_0 = (1-q^2)(1-q^4)(1-q^6)\ldots.$$

Dans la formule

$$\left.\begin{aligned}\mathfrak{I}_0 v &= \prod(1-q^{2p-1}z^2)(1-q^{2p-1}z^{-2})(1-q^{2p})\\ &= \sum_{-\infty}^{\infty}(-1)^p q^{p^2} z^{2p}\end{aligned}\right\} \quad (p = 1, 2, 3, \ldots),$$

faisons

$$q = x^{\frac{3}{2}}, \qquad z^2 = x^{\frac{1}{2}},$$

il vient

$$q^{2p-1}z^2 = x^{3p-1}, \qquad q^{2p-1}z^{-2} = x^{3p-2}, \qquad q^{2p} = x^{3p}.$$

Les nombres $3p-1$, $3p-2$, $3p$ forment tous les entiers possibles. On a donc

$$\prod(1-x^p) = \sum_{-\infty}^{\infty}(-1)^p x^{\frac{p(3p+1)}{2}},$$

formule due à Euler.

Donc

$$\begin{aligned}\Delta^{\frac{1}{24}} &= \left(\frac{\pi}{\omega}\right)^{\frac{1}{2}} q^{\frac{1}{12}} \sum_{-\infty}^{\infty}(-1)^p q^{p(3p+1)}\\ &= \left(\frac{\pi}{\omega}\right)^{\frac{1}{2}} \sum_{-\infty}^{\infty}(-1)^p q^{\frac{(6p+1)^2}{12}}\end{aligned}$$

Cela posé, soit $\overline{\Delta}_\lambda$ le discriminant correspondant aux périodes $\frac{2\omega}{\nu} + \frac{2\lambda\omega'}{\nu}$ et $2\omega'$, et soit

$$q_\lambda = e^{\frac{i\pi}{\omega'}\left(\frac{\omega}{\nu}+\frac{\lambda\omega'}{\nu}\right)} = e^{-\frac{i\pi\lambda}{\nu}} q^{\frac{1}{\nu}}, \qquad q = e^{-\frac{i\pi\omega}{\omega'}}.$$

On aura

$$\overline{\Delta}_\lambda^{\frac{1}{24}} = \left(\frac{\pi}{\omega'}\right)^{\frac{1}{2}} \sum_{-\infty}^{\infty}(-1)^p e^{-\frac{i\pi\lambda}{\nu}\frac{(6p+1)^2}{12}} q^{\frac{(6p+1)^2}{12\nu}}$$

$$\overline{\Delta}_\lambda^{\frac{1}{8}} = \left(\frac{\pi}{\omega'}\right)^{\frac{3}{2}} \sum (-1)^{\frac{n-1}{2}} n e^{-\frac{i\pi\lambda}{\nu}\frac{n^2}{4}} q^{\frac{n^2}{4\nu}}.$$

Pour les périodes $\frac{2\omega'}{\nu}$ et 2ω on aura un dernier discriminant $\overline{\Delta}$

$$\overline{\Delta}^{\frac{1}{24}} = \left(\frac{\pi\nu}{\omega'}\right)^{\frac{1}{2}} \sum_{-\infty}^{\infty} (-1)^p q^{\frac{(6p+1)^2\nu}{12}},$$

$$\overline{\Delta}^{\frac{1}{8}} = \left(\frac{\pi\nu}{\omega'}\right)^{\frac{3}{2}} \sum (-1)^{\frac{n-1}{2}} n q^{\frac{n^2\nu}{4}}.$$

Supposons d'abord $\nu = 3$.

On se convainc qu'il n'y a pas de relation linéaire entre les $\overline{\Delta}_\lambda^{\frac{1}{24}}$ et $\Delta^{\frac{1}{24}}$. Mais considérons les expressions

$$\overline{\Delta}_\lambda^{\frac{1}{8}} = \left(\frac{\pi}{\omega'}\right)^{\frac{3}{2}} \sum (-1)^{\frac{n-1}{2}} n e^{-\frac{i\pi\lambda}{12}n^2} q^{\frac{n^2}{12}}$$

et faisons $\lambda = 0, 8, 16$. Toutes les fois que n est premier à 3, la somme des termes correspondants dans les trois $\overline{\Delta}_\lambda^{\frac{1}{8}}$ est nulle. Si n est divisible par 3, ces termes sont égaux et s'ajoutent. Donc

$$\overline{\Delta}_0^{\frac{1}{8}} + \overline{\Delta}_8^{\frac{1}{8}} + \overline{\Delta}_{16}^{\frac{1}{8}} = -3\left(\frac{\pi}{\omega'}\right)^{\frac{3}{2}} \sum (-1)^{\frac{n-1}{2}} 3 n q^{\frac{3n^2}{4}}$$

$$= -9\left(\frac{\pi}{\omega'}\right)^{\frac{3}{2}} \sum (-1)^{\frac{n-1}{2}} n q^{\frac{3n^2}{4}} = \sqrt{3}\,\overline{\Delta}^{\frac{1}{8}}.$$

En outre, soit A la somme des termes où n n'est pas divisible par 3, B la somme des autres, abstraction faite du coefficient exponentiel, on a

$$\overline{\Delta}_0^{\frac{1}{8}} = A + B,$$

$$\overline{\Delta}_8^{\frac{1}{8}} = \theta A + B, \qquad (\theta^3 = 1),$$

$$\overline{\Delta}_{16}^{\frac{1}{8}} = \theta^2 A + B.$$

On en conclut

$$\overline{\Delta}_0^{\frac{1}{8}} + \theta\overline{\Delta}_8^{\frac{1}{8}} + \theta^2\overline{\Delta}_{16}^{\frac{1}{8}} = 0.$$

Telles sont les deux relations linéaires qui expliquent comment $\dfrac{\bar{\Delta}^{\frac{1}{8}}}{\Delta^{\frac{1}{8}}}$ est solution d'une équation linéaire du second ordre à coefficients rationnels.

Soit ν un nombre premier impair quelconque, et prenons

$$\frac{1}{24}\lambda = 0, 1, 2, \ldots, \nu - 1.$$

Dans la suite des nombres impairs n, distinguons : 1° les multiples de ν désignés par n_0 ; 2° il y a ensuite $\frac{\nu-1}{2}$ résidus quadratiques $\beta_1, \beta_2, \ldots, \beta_{\frac{\nu-1}{2}}$, ce qui donne lieu à distinguer les nombres $n_1, n_2, \ldots, n_{\frac{\nu-1}{2}}$, dont les carrés sont congrus à ces résidus (mod. ν). On aura ainsi

$$\begin{aligned}
\bar{\Delta}_0^{\frac{1}{8}} &= A_0 + A_1 + \ldots + A_{\frac{\nu-1}{2}},\\
\bar{\Delta}_{24}^{\frac{1}{8}} &= A_0 + e^{-\frac{6i\pi}{\nu}\beta_1} A_1 + \ldots + e^{-\frac{6i\pi}{\nu}\beta_{\frac{\nu-1}{2}}} A_{\frac{\nu-1}{2}},\\
\bar{\Delta}_{48}^{\frac{1}{8}} &= A_0 + e^{-\frac{12i\pi}{\nu}\beta_1} A_1 + \ldots + e^{-\frac{12i\pi}{\nu}\beta_{\frac{\nu-1}{2}}} A_{\frac{\nu-1}{2}},\\
\bar{\Delta}_{(\nu-1)24}^{\frac{1}{8}} &= A_0 + e^{-\frac{6(\nu-1)i\pi}{\nu}\beta_1} A_1 + \ldots + e^{-\frac{6(\nu-1)i\pi}{\nu}\beta_{\frac{\nu-1}{2}}} A_{\frac{\nu-1}{2}},
\end{aligned}$$

d'où il résulte par addition

$$\bar{\Delta}_0^{\frac{1}{8}} + \bar{\Delta}_{24}^{\frac{1}{8}} + \ldots + \bar{\Delta}_{(\nu-1)24}^{\frac{1}{8}} = \sqrt{\nu}\,\bar{\Delta}^{\frac{1}{8}},$$

puis, par élimination des A, $\nu - \frac{\nu+1}{2} = \frac{\nu-1}{2}$ relations linéaires homogènes entre les $\bar{\Delta}_\lambda^{\frac{1}{8}}$. Pour les obtenir, multiplions ces équations respectivement par $1, e^{\frac{6i\pi}{\nu}\gamma}, e^{\frac{12i\pi}{\nu}\gamma}, \ldots$ (γ étant un non résidu) et ajoutons-les ; comme il est certain que $\gamma - \beta_i$ n'est jamais nul, il viendra

$$\bar{\Delta}_0^{\frac{1}{8}} + e^{\frac{6i\pi}{\nu}\gamma}\bar{\Delta}_{24}^{\frac{1}{8}} + \ldots + e^{\frac{6(\nu-1)i\pi}{\nu}\gamma}\bar{\Delta}_{(\nu-1)24}^{\frac{1}{8}} = 0.$$

On trouvera de même (en remarquant que les nombres $6p+1$ reproduisent tous les nombres possibles, aux multiples près de ν)

$$\Delta_0^{-\frac{1}{24}} + \ldots + \Delta_{(\nu-1)24}^{-\frac{1}{24}} = \sqrt{\nu}\,\Delta^{-\frac{1}{24}},$$

$$\Delta_0^{-\frac{1}{24}} + e^{\frac{2i\pi}{\nu}\gamma}\Delta_{24}^{-\frac{1}{24}} + \ldots + e^{\frac{2(\nu-1)i\pi}{\nu}\gamma}\Delta_{(\nu-1)24}^{-\frac{1}{24}} = 0.$$

Calcul des fonctions symétriques.

Soient $a, b, c, \ldots$ les $p\,\frac{2\omega}{\nu}$ d'une même classe, en nombre $\frac{\nu-1}{2}$; et

$$\begin{array}{llll} a, & b, & c, & \ldots, \\ a_1, & b_1, & c_1, & \ldots, \\ \ldots & \ldots & \ldots & \ldots, \\ a_\nu, & b_\nu, & c_\nu, & \ldots \end{array}$$

les $\nu+1$ classes.

Posons

$$\begin{aligned} \pi_1 &= a+b+c+\ldots, \\ \pi_2 &= ab+bc+ca+\ldots, \\ \pi_3 &= abc+abd+\ldots, \\ &\ldots\ldots\ldots\ldots, \\ \pi_{\frac{\nu-1}{2}} &= abcd\ldots \end{aligned}$$

On a

$$\pi_1 = -\frac{A_1}{A}, \qquad \pi_2 = \frac{A_2}{A}, \qquad \ldots.$$

Ayant ici $s=\frac{\nu-1}{2}$, la première équation (5) deviendra

$$6A_1 - \nu DA = 0;$$

d'où

$$\pi_1 = -\frac{\nu DA}{6A}.$$

On a d'ailleurs

$$\Sigma\pi_1 = 0.$$

La deuxième équation donne ensuite

$$5.4A_2 + \frac{\nu-1}{2}(\nu+6)\frac{g_2}{6}A - \nu DA_1 = 0$$

ou

$$\begin{aligned} 0 &= 5.4\pi_2 + \frac{\nu-1}{2}(\nu+6)\frac{g_2}{6} + \frac{\nu}{A}D\pi_1 A \\ &= 20\pi_2 + \frac{\nu-1}{2}(\nu+6)\frac{g_2}{6} + \nu\pi_1\frac{DA}{A} + \nu D\pi_1 \\ &= 20\pi_2 + \frac{\nu-1}{2}(\nu+6)\frac{g_2}{6} - 6\pi_1^2 + \nu D\pi_1 ; \end{aligned}$$

d'où

$$20\Sigma\pi_2 - 6\Sigma\pi_1^2 + \frac{(\nu+1)(\nu-1)(\nu-6)}{12}g_2 = 0.$$

Soit

$$a^2 + b^2 + c^2 + \ldots = s_2 ;$$

on a

$$\pi_1^2 = s_2 + 2\pi_2,$$

et par suite

$$4\Sigma\pi_1^2 - 10\Sigma s_2 + \frac{(\nu+1)(\nu-1)(\nu+6)}{12}g_2 = 0.$$

On peut déterminer Σs_2 par le moyen de la fonction ψ_ν. Remarquons, en effet, que cette fonction satisfait à une équation aux dérivées partielles, toute semblable à (3), sauf le changement de ν en ν^2. De plus, son premier coefficient $\mathcal{A}$, correspondant à A, est une constante. En désignant par $\Pi_1, \Pi_2, \ldots, S_1, S_2, \ldots$ les sommes analogues à $\pi_1, \pi_2, \ldots, s_1, s_2, \ldots$, on aura donc entre ces quantités des relations analogues à celles qui existent entre ces dernières quantités, sauf les modifications ci-dessus,

$$\Pi_1 = -\frac{\nu^2 D\mathcal{A}}{6\mathcal{A}} = 0 ;$$

puis

$$0 = 5.4\Pi_2 + \frac{(\nu^2-1)(\nu^2+6)}{2}\frac{g_2}{6} = 0$$

et

$$0 = S_2 + 2\Pi_2 ;$$

d'où

$$10\Sigma s_2 = 10 S_2 = -20\Pi_2 = \frac{(\nu^2-1)(\nu^2+6)}{12}g_2$$

et enfin

$$4\Sigma\pi_1^2 = \left[\frac{(\nu^2-1)(\nu^2+6)}{12} - \frac{(\nu+1)(\nu-1)(\nu+6)}{12}\right] g_2$$
$$= \frac{(\nu-1)^2\nu(\nu+1)}{12} g_2.$$

L'équation suivante est

$$7.6 A_3 + \frac{\nu-3}{2}(\nu+12)\frac{g_2}{6} A_1 - \frac{(\nu-1)(\nu-3)}{4} g_3 A - \nu D A_2 = 0$$

ou

$$-7.6\pi_3 - \frac{\nu-3}{2}(\nu+12) g_2 \pi_1 - \frac{(\nu-1)(\nu-3)}{4} g_3 + 6\pi_1\pi_2 - \nu D\pi_2 = 0.$$

Pour ψ_ν, ceci donne

$$-7.6\Pi_3 - \frac{(\nu^2-1)(\nu^2-3)}{4} g_3 + \frac{\nu^2}{20}(\nu^2-1)(\nu^2+6) g_3 = 0,$$
$$\Pi_3 = \frac{(\nu^2-1)(\nu^4+\nu^2+15)}{4.5.6.7} g_3.$$

Cela posé, on a

$$\pi_1^3 = s_3 + 3\Sigma ab^2 + 6\pi_3,$$
$$\pi_1\pi_2 = \Sigma ab^2 + 3\pi_3;$$

d'où

$$\pi_1^3 - 3\pi_1\pi_2 + 3\pi_3 = s_3,$$
$$20\pi_1\pi_2 + \frac{(\nu-1)(\nu+6)}{12} g_2\pi_1 - 6\pi_1^3 + \nu\pi_1 D\pi_1 = 0,$$
$$-42\pi_3 - \frac{(\nu-3)}{3}(\nu+12) g_2\pi_1 - \frac{(\nu-1)(\nu-3)}{4} g_3 + 6\pi_1\pi_2 - \nu \bar{D}\pi_2 = 0;$$

d'où

$$\Sigma\pi_1^3 - 3\Sigma\pi_1\pi_2 + 3\Sigma\pi_3 = S_3 = \frac{3(\nu^2-1)(\nu^4+\nu^2+1)}{4.5.6.7} g_3,$$
$$20\Sigma\pi_1\pi_2 - 6\Sigma\pi_1^3 + \frac{(\nu-1)^2\nu(\nu+1)}{8} g_3 = 0,$$
$$-42\Sigma\pi_3 + 6\Sigma\pi_1\pi_2 - \frac{(\nu-3)(\nu-1)(\nu+1)}{4} g_3 - \frac{\nu(\nu^2-1)(\nu-2)(4\nu+3)}{40} g_3 = 0.$$

Par ces trois équations, on trouve $\Sigma\pi_1^3$, $\Sigma\pi_1\pi_2$ et $\Sigma\pi_3$.

En poursuivant, on voit que $\Sigma\pi_1^4$, $\Sigma\pi_1^2\pi_2$, etc., s'expriment en fonction entière de g_2 et g_3.

Méthode élémentaire.

Soit $\alpha = \frac{2\bar{\omega}}{\nu}$ (ν impair). On considère les arguments α, $2\alpha, \ldots, \frac{\nu-1}{2}\alpha$, et l'on forme la fonction

$$\begin{aligned}\varphi(u) = f(pu) &= (pu - p\alpha)(pu - p2\alpha)(pu - p3\alpha)\ldots \\ &= p^{\frac{\nu-1}{2}} - \pi_1 p^{\frac{\nu-1}{2}-1} + \pi_2 p^{\frac{\nu-1}{2}-2} - \ldots \\ &= \frac{\sigma(\alpha-u)\sigma(\alpha+u)\ldots\sigma(p\alpha-u)\sigma(p\alpha+u)\ldots}{(\sigma u)^{\nu-1}\sigma^2\alpha\ldots\sigma^2 p\alpha\ldots}\end{aligned}$$

On a

$$\begin{aligned}\frac{\varphi'(u)}{\varphi(u)} &= \zeta(u-\alpha) + \zeta(u+\alpha) + \ldots + \zeta(u - \\ &+ \zeta(u+p\alpha) + \ldots - (\nu-1)\zeta u.\end{aligned}$$

Soit $\beta = \rho\alpha$ et posons $u = \beta + \varepsilon$, ε étant un infinime · petit. On a $\varphi(\beta) = 0$, d'où

$$\frac{\varphi'(u)}{\varphi(u)} = \frac{\varphi'(\beta) + \varepsilon\varphi'(\beta) + \ldots}{\varepsilon\varphi'(\beta) + \frac{1}{2}\varepsilon\varphi''(\beta) + \ldots} = \frac{1}{\varepsilon} + \frac{1}{2}\frac{\varphi''(\beta)}{\varphi'(\beta)}$$

$\zeta(u-\beta) = \frac{1}{\varepsilon}$ + infiniment petit.

Donc

$$\frac{1}{2}\frac{\varphi''(\beta)}{\varphi'(\beta)} = \zeta(\beta-\alpha) + \zeta(\beta+\alpha) + \ldots + \zeta(2\beta) + \ldots - (\nu-1)\zeta(\beta).$$

Il est clair que les arguments β, 2β, $\beta-\alpha$, $\beta+\alpha$, ... reproduisent, sauf des périodes, les arguments $\pm\alpha$, $\pm 2\alpha$, ... en sorte que l'on a pour résultat $2k\bar{\eta} - \nu\zeta\beta$. Quel est l'entier k? On a les arguments dont les rapports à α sont

$$\rho,\ 2\rho,\ \rho-1,\ \rho+1,\ \ldots,\ -1,\ 2\rho+1,\ \ldots,\ -\left(\frac{\nu-1}{2}-\rho\right),\ \frac{\nu-1}{2}+\rho.$$

Il y en a donc $\frac{\nu-1}{2} - \rho$ qui sont négatifs, au lieu de $\frac{\nu-1}{2}$; donc $k = \rho$.

Par conséquent

$$\frac{1}{2}\frac{\varphi''(\rho\alpha)}{\varphi'(\rho\alpha)} = \nu\left[\frac{2\rho\bar{\eta}}{\nu} - \zeta\left(\frac{2\rho\bar{\omega}}{\nu}\right)\right]$$

Maintenant

$$\varphi'(u) = f'(\mathrm{p})\mathrm{p}',$$
$$\varphi''(u) = f''(\mathrm{p})\mathrm{p}'^2 + f'(\mathrm{p})\mathrm{p}'',$$
$$\frac{\varphi''}{\varphi'} = \frac{\mathrm{p}''}{\mathrm{p}'} + \frac{f''}{f'}\mathrm{p}',$$

donc

$$\frac{2\rho\tilde{\eta}}{\nu} - \zeta\beta = \frac{1}{2\nu}\left[\frac{\mathrm{p}''\beta}{\mathrm{p}'\beta} + \frac{f''(\mathrm{p}\beta)}{f'(\mathrm{p}\beta)}\mathrm{p}'\beta\right] \qquad \left(\beta = \frac{2\rho\tilde{\omega}}{\nu}\right).$$

Maintenant on a

$$\mathrm{D}\mathrm{p}\beta = 2\mathrm{p}'\beta\left[\zeta\beta - \frac{2\rho\tilde{\eta}}{\nu}\right] + 4\mathrm{p}^2\beta - \frac{2}{3}g_2.$$

Par conséquent, en posant $\mathrm{p}\beta = a$ et remplaçant $\mathrm{p}''\beta$ et $\mathrm{p}'^2\beta$ par leurs valeurs on a

$$(6) \qquad \mathrm{D}a = \frac{2(2\nu-3)}{\nu}a^2 - \frac{4\nu-3}{6\nu}g_2 - \frac{1}{\nu}\frac{f''a}{f'(a)}(4a^3 - g_2 a - g_3).$$

Sommant les équations analogues pour les diverses valeurs de ρ, et désignant par $s_1, s_2, \ldots$ les sommes des puissances semblables des a, il vient

$$\left\{\begin{aligned} \mathrm{D}s_1 = {} & \frac{2(2\nu-3)}{\nu}s_2 - \frac{4\nu-3}{12\nu}(\nu-1)g_2 \\ & - \frac{1}{\nu}\sum\frac{f''a}{f'(a)}(4a^3 - g_2 a - g_3). \end{aligned}\right.$$

Pour trouver la somme du second membre, il faut développer

$$\frac{f''(x)(4x^3 - g_2 x - g_3)}{f'(x)} = \lambda_0 x + \lambda_1 + \frac{\lambda_2}{x} + \ldots$$

et la somme cherchée sera égale à λ_2.

Soit

$$\frac{f''(x)}{f'(x)} = \frac{\mu_0}{x^2} + \frac{\mu_1}{x^3} + \frac{\mu_2}{x^4} + \ldots;$$

on a

$$\tfrac{1}{4}(\nu-1)(\nu-3) = \mu_0,$$
$$\tfrac{1}{4}(\nu-3)(\nu-5)\pi_1 = \mu_0\pi_1 + \mu_1,$$
$$\tfrac{1}{4}(\nu-5)(\nu-7)\pi_2 = \mu_0\pi_2 + \mu_1\pi_1 + \mu_2,$$

. . . .

d'où

$$\begin{aligned}\mu_0 &= \tfrac{1}{4}(\nu-1)(\nu-3),\\ \mu_1 &= -(\nu-3)\pi_1,\\ \mu_2 &= -2(\nu-4)\pi_2+(\nu-3)\pi_1^2,\\ &\ldots\ldots\ldots\end{aligned}$$

et d'autre part

$$\begin{aligned}\lambda_0 &= 4\mu_0,\\ \lambda_1 &= 4\mu_1,\\ \lambda_2 &= 4\mu_2-g_2\mu_0,\\ \lambda_3 &= 4\mu_3-g_2\mu_1-g_3\mu_0,\\ &\ldots\ldots\ldots\end{aligned}$$

Donc

$$\begin{aligned}\nu\mathrm{D}s_1 &= 2(2\nu-3)s_2-\frac{(4\nu-3)(\nu-1)}{12}g_2+8(\nu-4)\pi_2\\ &\quad -4(\nu-3)\pi_1^2+\tfrac{1}{4}(\nu-1)(\nu-3)g_2\\ &= -\tfrac{1}{12}(\nu-1)(\nu+6)g_2+6\pi_1^2-20\pi_2.\end{aligned}$$

En multipliant l'équation (6) par a^{k-1}, on aura

$$\begin{aligned}\frac{\nu}{k}\mathrm{D}a^k &= 2(\nu-3)a^{k+1}-\frac{4\nu-3}{6}g_2a^{k-1}\\ &\quad -\frac{f''(a)}{f'(a)}a^{k-1}(4a^3-g_2a-g_3)\end{aligned}$$

et en faisant la somme

$$\frac{\nu}{k}\mathrm{D}s_k=2(2\nu-3)s_{k+1}-\frac{4\nu-3}{6}s_{k-1}-\lambda_{k+1}.$$

En divisant par x^k et faisant la somme de $k=1$ à $k=\infty$, on a

$$\nu\sum\frac{\mathrm{D}s_k}{kx_k}=2(2\nu-3)\sum\frac{s_{k+1}}{x^k}-\frac{4\nu-3}{6}g_2\sum\frac{s_{k-1}}{x^k}-\sum\frac{\lambda_{k+1}}{x^k}.$$

Or on a

$$\sum_1^\infty\frac{s_{k-1}}{x_k}=\frac{f'(x)}{f(x)},$$

d'où, en intégrant de ∞ à x,

$$\tfrac{1}{2}(\nu-1)\log x-\sum_1^\infty\frac{s_k}{kx^k}=\log f(x)$$

$$\sum\frac{\mathrm{D}s_k}{kx^k}=-\mathrm{D}\log f(x)=-\frac{\mathrm{D}f(x)}{f(x)}.$$

Enfin

$$\sum_1^\infty \frac{s_{k+1}}{x^k} = x^2 \frac{f'(x)}{f(x)} - s_0 x - s_1$$
$$= x^2 \frac{f'(x)}{f(x)} - \frac{\nu - 1}{2} x - s_1$$

et

$$\sum_1^\infty \frac{\lambda_{k+1}}{x^k} = \frac{f''(x)}{f(x)} (4x^3 - g_2 x - g_3) - \lambda_0 x - \lambda_1.$$

Donc

$$-\nu \frac{Df}{f} = 2(2\nu - 3)\left(\frac{x^2 f'}{f} - \frac{\nu - 1}{2} x - s_1\right) - \frac{4\nu - 3}{6} g_2 \frac{f'}{f}$$
$$- \frac{f''}{f} (4x^3 - g_2 x - g_3) + \lambda_0 x + \lambda_1$$

ou

$$0 = \nu Df + \left[2(2\nu - 3)x^2 - \frac{4\nu - 3}{6} g_2\right] f' - [4x^3 - g_2 x - g_3] f''$$
$$- [\nu(\nu - 1)x + 6s_1] f.$$

Par là on a toutes les équations récurrentes.

Si maintenant on détermine une constante A par la condition

$$\nu \frac{DA}{A} = -6s_1$$

et que l'on pose $t = Af$, on aura

$$\frac{\nu Df}{f} - 6s_1 = \frac{\nu Dt}{t} - \frac{\nu DA}{A} - 6s_1 = \nu \frac{Dt}{t},$$

et si l'on fait en outre $x = \mathrm{p}u$, il viendra

$$0 = \nu Dt + \left[2(2\nu - 3)\mathrm{p}^2 - \frac{4\nu - 3}{6} g_2\right] \frac{dt}{d\mathrm{p}} - \mathrm{p}'^2 \frac{d^2 t}{d\mathrm{p}^2} - \nu(\nu - 1)\mathrm{p}\, t,$$

équation déjà établie autrement.

La même analyse abrégée. — Nous avons

$$\nu f(a) Da = f'(a) \left[2(2\nu - 3)a^2 - \frac{4\nu - 3}{6} g_2\right]$$
$$- f''(a)(4a^3 - g_2 a - g_3).$$

Considérons le polynôme

$$\psi(x) = \nu \mathrm{D}f(x) + f'(x)\left[2(2\nu-3)x^2 - \frac{4\nu-3}{6}g_2\right] - f''(x)(4x^3 - g_2 x - g_3);$$

on a

$$[\mathrm{D}f(x)]_{x=a} + f'(a)\mathrm{D}a = \mathrm{D}f(a) = \mathrm{D}(0) = 0.$$

Ainsi $\psi(a) = 0$, quelle que soit la racine a que l'on considère.

Donc $\psi(x) = f(x)\theta(x)$, et il n'y a plus qu'à déterminer le polynôme $\theta(x)$. D'après les degrés connus de $\psi(x)$ et de $f(x)$, il doit être du premier degré.

Nous déterminerons ses coefficients par la comparaison des deux termes de degré le plus élevé.

Soit

$$f(x) = x^n - \pi_1 x^{n-1} + \pi_2 x^{n-2} - \ldots \qquad \left(n = \frac{\nu-1}{2}\right).$$

Les termes des degrés les plus élevés dans $\psi(x)$ sont

$$\begin{aligned}&2(2\nu-3)x^2[nx^{n-1} - (n-1)\pi_1 x^{n-2}]\\ &-4x^3[n(n-1)x^{n-2} - \pi_1(n-1)(n-2)x^{n-3}]\end{aligned}$$

ou

$$\left.\begin{matrix}(2\nu-3)(\nu-1)\\ -(\nu-1)(\nu-3)\end{matrix}\right|x^{n+1} \qquad \left.\begin{matrix}-(2\nu-3)(\nu-3)\\ +(\nu-3)(\nu-5)\end{matrix}\right|\pi_1 x^n$$

Donc

$$\begin{aligned}f(x) &= \nu(\nu-1)x^{n+1} - (\nu-3)(\nu+2)x^n + \ldots\\ &= (x^n - \pi_1 x^{n-1} + \ldots)[\nu(\nu-1)x + 6\pi_1],\\ \theta(x) &= \nu(\nu-1)x + 6\pi_1,\end{aligned}$$

et par suite

$$(7)\quad \left\{\begin{aligned}&(4x^3 - g_2 x - g_3)f'' - \left[2(2\nu-3)x^2 - \frac{4\nu-3}{6}g_2\right]f' - \nu \mathrm{D}f\\ &\qquad + [\nu(\nu-1)x + 6\pi_1]f = 0.\end{aligned}\right.$$

Substituons dans cette expression la valeur de $f(x)$; le coefficient de x^{n-k}, égalé à zéro, donnera

$$(\mathrm{A})\quad \left\{\begin{aligned}&(2k+3)(2k+2)\pi_{k+1} + \tfrac{1}{12}(\nu+1-2k)(\nu+6k)\pi_{k-1}g_2\\ &+\left(\frac{\nu-1}{2}+2-k\right)\left(\frac{\nu-1}{2}+1-k\right)g_3\pi_{k-2} + \nu \mathrm{D}\pi_k - 6\pi_1\pi_k\end{aligned}\right\} = 0.$$

En particulier, pour

$$k = 0, \qquad 3.2\pi_1 - 6\pi_1 = 0,$$

$$(A_1) \quad k = 1, \qquad 5.4\pi_2 + \tfrac{1}{12}(\nu - 1)(\nu + 6)g_2 - 6\pi_1^2 + \nu D\pi_1 = 0,$$

$$(A_2) \left\{ \begin{aligned} k = 2, \qquad & 7.6\pi_3 + \tfrac{1}{12}(\nu - 3)(\nu + 12)g_2\pi_1 + \frac{\nu - 1}{2}\left(\frac{\nu - 1}{2} - 1\right)g_3 \\ & - 6\pi_1\pi_2 + \nu D\pi_2 = 0. \end{aligned} \right.$$

....

Ces formules récurrentes permettent de calculer toutes les fonctions symétriques entières de π_1, π_2, ... Supposons, en effet, calculées toutes les fonctions symétriques de poids k, y compris celles où figurent des symboles D, en sorte que $D\pi_r$ soit de poids $r + 1$, et proposons-nous de calculer les fonctions symétriques de poids $k + 1$.

Soit par exemple $k = 3$. On aura neuf fonctions inconnues

$$\Sigma\pi_4, \quad \Sigma\pi_3\pi_1, \quad \Sigma\pi_2^2, \quad \Sigma\pi_2\pi_1^2, \quad \Sigma\pi_2 D\pi_1, \quad \Sigma\pi_1^2 D\pi_1,$$
$$\Sigma(D\pi_1)^2, \quad \Sigma\pi_1 D\pi_2 \quad \Sigma\pi_1 D^2\pi_1,$$

et, pour les déterminer, on aura neuf équations linéaires obtenues comme il suit :

Trois équations

$$\Sigma(A_1)\pi_2 = 0, \qquad \Sigma(A_1)\pi_1^2 = 0, \qquad \Sigma(A_1)D\pi_1 = 0$$

obtenues en multipliant le premier membre de l'équation (A_1) par les fonctions de poids 2, π_2, π_1^2, $D\pi_1$ et faisant la sommation.

Les équations analogues

$$\Sigma(A_2)\pi_1 = 0, \qquad \Sigma D(A_1)\pi_1 = 0.$$

L'équation suivante

$$(A_3) = 0$$

déduite de A pour $k = 3$.

Les équations

$$\Sigma\pi_2 D\pi_1 + \Sigma\pi_1 D\pi_2 = D\Sigma\pi_1\pi_2,$$
$$2\Sigma(D\pi_1)^2 + \Sigma\pi_1 D^2\pi_1 = D^2\Sigma\pi_1^2.$$

Enfin l'équation

$$\Sigma s_4 = S_4.$$

Mais ce sont des calculs atroces.

Voici une autre manière de procéder. En posant

$$4x^3 - g_2 x - g_3 = \varphi, \qquad \lambda = \frac{f'}{f},$$

l'équation différentielle (7) peut s'écrire

$$(B) \quad \begin{cases} \varphi(\lambda' + \lambda^2) - \left[2(2\nu - 3)x^2 - \frac{4\nu - 3}{6} g_2\right]\lambda \\ \qquad + \nu(\nu - 1)x + 6\pi_1 - \nu \frac{Df}{f} = 0. \end{cases}$$

Considérons les divers facteurs $f, f_1, \ldots, f_\nu$ dont le produit fait $\psi_\nu = F(x)$, et posons $\frac{F'(x)}{F(x)} = \Lambda$; on aura

$$\Lambda = \Sigma \frac{f'}{f} = \Sigma\lambda, \qquad \frac{DF}{F} = \Sigma \frac{Df}{f}.$$

Nous aurons pour F l'équation analogue (en remplaçant ν et π_1 par ν^2 et o)

$$\varphi(\Lambda' + \Lambda^2) - \left[2(2\nu^2 - 3)x^2 - \frac{4\nu^2 - 3}{6} g_2\right]\Lambda + \nu^2(\nu^2 - 1)x - \nu^2 \frac{DF}{F} = 0.$$

Faisons la somme des diverses équations (B), il viendra

$$\varphi(\Lambda' + \Sigma\lambda^2) - \left[2(2\nu - 3)x^2 - \frac{4\nu - 3}{6} g_2\right]\Lambda + \nu(\nu^2 - 1)x - \nu \frac{DF}{F} = 0.$$

Éliminant $\frac{DF}{F}$, on obtient

$$\varphi[(\nu - 1)\Lambda' - \Lambda^2 + \nu\Sigma\lambda^2] + (\nu - 1)\left(6x^2 - \frac{1}{2} g_2\right)\Lambda = 0.$$

$$\nu\Sigma\lambda^2 = \Lambda^2 - (\nu - 1)\left(\Lambda' + \frac{1}{2}\frac{\varphi'}{\varphi}\Lambda\right)$$

On connaît ainsi $\Sigma\lambda$, $\Sigma\lambda^2$. Si l'on peut obtenir également $\Sigma\lambda^3$, $\Sigma\lambda^4$, ..., on pourra former l'équation dont l'inconnue est λ.

Différentions l'équation (7) après l'avoir mise sous la forme

$$\varphi f'' + \tfrac{1}{2}\varphi' f' - 4\nu\left(x^2 - \tfrac{1}{6} g_2\right) f' + [\nu(\nu - 1)x + 6\pi_1] f - \nu Df = 0;$$

il vient

$$\begin{aligned} &\varphi f''' + \tfrac{3}{2}\varphi' f'' + \tfrac{1}{2}\varphi'' f' - 4\nu\left((x^2 - \tfrac{1}{6} g_2\right) f'' \\ &\quad + [\nu(\nu - 9)x + 6\pi_1] f' + \nu(\nu - 1) f - \nu D f' = 0. \end{aligned}$$

ou

$$\varphi \frac{f'''}{f} + \frac{3}{2}\varphi' \frac{f''}{f} + \frac{1}{2}\varphi'' \frac{f'}{f} - 4\nu\left(x^2 - \frac{1}{6}g^2\right)\frac{f''}{f}$$
$$+ [\nu(\nu - 9)x + 6\pi_1]\frac{f'}{f} + \nu(\nu - 1) - \nu\frac{\mathrm{D}f'}{f} = 0.$$

L'équation primitive, multipliée par $-\frac{f'}{f^2}$, donne d'autre part

$$-\varphi\frac{f'f''}{f^2} - \frac{1}{2}\varphi'\frac{f'^2}{f^2} + 4\nu\left(x^2 - \frac{1}{6}g_2\right)\frac{f'^2}{f^2}$$
$$-[\nu(\nu-1)x + 6\pi_1]\frac{f'}{f} + \nu\frac{f'\mathrm{D}f}{f^2} = 0.$$

Ajoutant, on a

$$\varphi\left[\frac{f'''}{f} - \frac{f'f''}{f^2}\right] + \varphi'\left[\frac{2}{3}\frac{f''}{f} - \frac{1}{2}\frac{f'^2}{f^2}\right] + \frac{1}{2}\varphi''\frac{f'}{f}$$
$$-4\nu\left(x^2 - \frac{1}{6}g^2\right)\left(\frac{f''}{f} - \frac{f'^2}{f^2}\right) - 8\nu x\frac{f'}{f} + \nu(\nu-1) - \nu\mathrm{D}\frac{f'}{f} = 0$$

ou bien

$$\varphi\left[\left(\frac{f'}{f}\right)'' + \left(\frac{f'^2}{f^2}\right)'\right] + \varphi'\left[\frac{3}{2}\left(\frac{f'}{f}\right)' + \frac{f'^2}{f^2}\right] + \frac{1}{2}\varphi''\frac{f'}{f}$$
$$-4\nu\left(x^2 - \frac{1}{6}g_2\right)\left(\frac{f'}{f}\right)' - 8\nu x\frac{f'}{f} + \nu(\nu-1) - \nu\mathrm{D}\frac{f'}{f} = 0,$$

ou

$$\varphi[\lambda'' + (\lambda^2)'] + \varphi'\left[\tfrac{3}{2}\lambda' + \lambda^2\right] + \tfrac{1}{2}\varphi''\lambda$$
$$-4\nu\left(x^2 - \tfrac{1}{6}g_2\right)\lambda' - 8\nu x\lambda + \nu(\nu-1) - \nu\mathrm{D}\lambda = 0.$$

Multipliant par λ, il vient

$$\varphi\left[\tfrac{1}{2}(\lambda^2)'' - \tfrac{1}{2}\lambda'^2 + \tfrac{2}{3}(\lambda^3)'\right] + \varphi\left[\tfrac{3}{4}(\lambda^2)' + \lambda^3\right] + \tfrac{1}{2}\varphi''\lambda^2$$
$$-2\nu\left(x^2 - \tfrac{1}{6}g_2\right)(\lambda^2)' - 8\nu x\lambda^2 + \nu(\nu-1)\lambda - \frac{\nu}{2}\mathrm{D}\lambda^2 = 0.$$

En faisant la somme, multipliant par ν et retranchant l'équation analogue pour Λ, on obtient

. . . .

Soit

$$\wp u = x, \qquad \varphi(x) = 4x^3 - g_2 x - g_3$$

et soit

$$\bar{\wp} u = z = x + \sum_1^\infty \frac{\rho_n}{x^n}$$

le développement de $\bar{\wp} u$ suivant les puissances décroissantes de x, on aura

$$\begin{aligned}
&\bar{\wp}' u = z' \wp' u = z' \sqrt{\varphi},\\
&\bar{\wp}'' u = z'' \varphi + \tfrac{1}{2} z' \varphi' = 6 \bar{\wp}^2 u - \tfrac{1}{2} \bar{g}_2,\\
&z' = 1 - \sum \frac{n \rho_n}{x^{n+1}},\\
&\tfrac{1}{2} \varphi' = 6x^2 - \tfrac{1}{2} g_2,\\
&\tfrac{1}{2} z' \varphi' = 6x^2 - (6\rho_1 + \tfrac{1}{2} g_2) + \sum_1^\infty \frac{\left[\frac{1}{2}(n-1) g_2 \rho_{n-1} - 6(n+1)\rho_n\right]}{x^n},\\
&z'' = \sum_1^\infty \frac{n(n+1)\rho_n}{x^{n+2}},\\
&z'' \varphi = 8\rho_1 + \sum_1^\infty \begin{pmatrix} 4(n+1)(n+2)\rho_{n+1} - (n-1) n g_2 \rho_{n-1} \\ -(n-2)(n-1) g_3 \rho_{n-2} \end{pmatrix} \frac{1}{x^n},
\end{aligned}$$

$$\begin{aligned}
z'' \varphi + \tfrac{1}{2} z' \varphi' = {} & 6x^2 + 2\rho_1 - \tfrac{1}{2} g_2 \\
& + \sum_1^\infty \begin{pmatrix} 2(n+1)(2n+1)\rho_{n+1} - \dfrac{(n-1)(2n-1)}{2} g_2 \rho_{n-1} \\ -(n-2)(n-1) g_3 \rho_{n+2} \end{pmatrix} \frac{1}{x^n};
\end{aligned}$$

$$\begin{aligned}
6z^2 - \tfrac{1}{2} \bar{g}_2 = {} & 6x^2 + 12\rho_1 + \sum_1^\infty 6(2\rho_{n+1} + 2\rho_{n-1}\rho_1 + 2\rho_{n-2}\rho_2 + \ldots) \frac{1}{x^n},\\
& - \tfrac{1}{2} \bar{g}^2.
\end{aligned}$$

Identifiant ces deux développements de $\bar{\wp}'' u$, il vient

$$2\rho_1 - \tfrac{1}{2} g_2 = 12\rho_1 - \tfrac{1}{2} \bar{g}_2,$$

d'où

$$\bar{g}_2 - g_2 = 20\rho_1,$$

puis une série de formules récurrentes pour les ρ.

Pour

$$\begin{aligned}
n = 2, &\qquad 2.9\rho_3 - \tfrac{3}{2} g_2 \rho_1 - 6\rho_1^2 = 0,\\
n = 3, &\qquad 2^2.11\rho_4 - 5 g_2 \rho_2 - 2 g_3 \rho_1 - 12 \rho_1 \rho_2 = 0,\\
\ldots\ldots &\qquad \ldots\ldots\ldots\ldots\ldots\ldots\ldots\ldots\ldots\ldots
\end{aligned}$$

Les coefficients ρ_i se calculent au moyen des sommes des puissances semblables des racines de f.

On a, en effet,

$$\bar{\sigma} u = (\sigma u)^\nu f(x) e^{s_1 u^2},$$

$$\bar{\zeta} u = \nu \zeta u + \frac{f'}{f} p' + 2 s_1 u,$$

$$\bar{p} u = \nu p u - \left(\frac{f'}{f}\right)' \varphi - \frac{1}{2}\frac{f'}{f}\varphi' - 2 s_1$$

$$= \nu x + \varphi \sum_1^\infty \frac{n s_{n-1}}{x^{n+1}} - \tfrac{1}{2}\varphi' \sum_1^\infty \frac{s_{n-1}}{x^n} - 2 s_1.$$

Le terme en x dans le second membre a pour coefficient

$$\nu + 4 s_0 - 6 s_0 = 1 \qquad \left(\text{car } s_0 = \frac{\nu - 1}{2}\right).$$

Le terme constant sera

$$8 s_1 - 6 s_1 - 2 s_1 = 0;$$

et, en général, le coefficient ρ_n du terme en $\frac{1}{x^n}$ sera

$$\begin{aligned} \rho_n &= 4(n+2) s_{n+1} - g_2 n s_{n-1} - g_3 (n-1) s_{n-2} - 6 s_{n+1} + \tfrac{1}{2} g_2 s_{n-1} \\ &= 2(2n+1) s_{n+1} - \frac{2n-1}{2} g_2 s_{n-1} - (n-1) g_3 s_{n-2}. \end{aligned}$$

En particulier,

$$\begin{aligned} \rho_1 &= 6 s_2 - \tfrac{1}{2} g_2 s_0, \\ \rho_2 &= 10 s_3 - \tfrac{3}{2} g_2 s_1 - g_3 s_0, \\ \rho_3 &= 14 s_4 - \tfrac{5}{2} g_2 s_2 - 2 g_3 s_1, \\ &\ldots\ldots\ldots\ldots\ldots\ldots \end{aligned}$$

Par les relations entre les s_i, on aura des relations entre les ρ_i, et l'élimination fournira des équations algébriques pour chaque ρ_i.

Soient $a_1 = \mathrm{p}\alpha$, $a_2 = \mathrm{p}2\alpha$, ..., $a_{\frac{\nu-1}{2}} = \mathrm{p}\frac{\nu-1}{2}\alpha$ les racines de $f(x)$, et soit

$$\Omega = \Pi(a_i - a_j) \qquad \left(\begin{array}{l} i = 1, 2, \ldots, \frac{\nu-1}{2} \\ j = i+1, \ldots, \frac{\nu-1}{2} \end{array}\right).$$

Cherchons à déterminer $D\Omega$.

On a

$$\frac{D\Omega}{\Omega} = \sum_{i,j} \frac{Da_i - Da_j}{a_i - a_j} \qquad (j > i)$$
$$= \sum_{i,j} \frac{Da_i}{a_i - a_j} \qquad (j \gtrless i).$$

Or nous avons trouvé

$$(8) \qquad \nu Da_i = 2(2\nu - 3)a_i^2 - \frac{4\nu - 3}{6} g_2 - \varphi(a_i)\frac{f''(a_i)}{f'(a_i)},$$

en posant, pour abréger,

$$4a^3 - g_2 a - g_3 = \varphi(a).$$

D'ailleurs on a

$$\frac{f''(a_i)}{f'(a_i)} = 2\sum_k \frac{1}{a_i - a_k}.$$

Divisant l'équation (8) par $a_i - a_j$, et sommant par rapport à i et j, il viendra

$$\nu\frac{D\Omega}{\Omega} = \sum_{i,j} \frac{2(2\nu - 3)a_i^2 - \frac{4\nu - 3}{6} g_2}{a_i - a_j} - 2\sum_{i,j,k} \frac{\varphi(a_i)}{(a_i - a_j)(a_i - a_k)} \qquad \left(\begin{array}{l} j \gtrless i \\ k \gtrless i \end{array}\right).$$

Pour calculer la première somme, permutons-y les indices i et j et prenons la moyenne des résultats. Elle sera égale à

$$\frac{1}{2}\sum_{i,j} \frac{2(2\nu - 3)(a_i^2 - a_j^2)}{a_i - a_j} = (2\nu - 3)\sum_{i,j}(a_i + a_j)$$
$$= 2(2\nu - 3)\sum_{i,j} a_i$$
$$= 2(2\nu - 3)\frac{\nu - 3}{2}\sum_i a_i$$
$$= (2\nu - 3)(\nu - 3)s_1.$$

Dans la seconde somme, nous distinguerons les termes où $k \gtrless j$ de ceux où $k = j$. La somme des premiers sera (en permutant circulairement les indices)

$$-\frac{2}{3}\sum\left[\frac{\varphi(a_i)}{(a_i-a_j)(a_i-a_k)}+\frac{\varphi(a_j)}{(a_j-a_i)(a_j-a_k)}+\frac{\varphi(a_k)}{(a_k-a_i)(a_k-a_j)}\right],$$

ou, à cause de l'identité

$$\frac{1}{(a_i-a_j)(a_i-a_k)}+\frac{1}{(a_j-a_i)(a_j-a_k)}+\frac{1}{(a_k-a_i)(a_k-a_j)}=0,$$

$$\begin{aligned}&-\frac{2}{3}\sum\left[\frac{\varphi(a_i)-\varphi(a_k)}{(a_i-a_j)(a_i-a_k)}+\frac{\varphi(a_j)-\varphi(a_k)}{(a_j-a_i)(a_j-a_k)}\right]\\ &=-\frac{4}{3}\sum\frac{\varphi(a_i)-\varphi(a_k)}{(a_i-a_j)(a_i-a_k)}\\ &=-\frac{4}{3}\sum\frac{4(a_i^2+a_ia_k+a_k^2)-g_2}{a_i-a_j},\end{aligned}$$

ou, en permutant i et j et prenant la moyenne,

$$-\frac{16}{3}\sum(a_i+a_j+a_k)=-16\sum a_i=-4(\nu-3)(\nu-5)s_1.$$

Reste à calculer la somme des termes où $k = j$, à savoir :

$$-2\sum_{i,j}\frac{\varphi(a_i)}{(a_i-a_j)^2}=-\sum\frac{\varphi(a_i)+\varphi(a_j)}{(a_i-a_j)^2}.$$

Or on a, par le théorème d'addition,

$$a_i+a_j+a_{i+j}=\frac{1}{4}\left[\frac{\sqrt{\varphi(a_i)}-\sqrt{\varphi(a_j)}}{a_i-a_j}\right]^2,$$

$$a_i+a_j+a_{i-j}=\frac{1}{4}\left[\frac{\sqrt{\varphi(a_i)}+\sqrt{\varphi(a_j)}}{a_i-a_j}\right]^2,$$

et, en ajoutant,

$$2a_i+2a_j+a_{i+j}+a_{i-j}=\frac{1}{2}\frac{\varphi(a_i)+\varphi(a_j)}{(a_i-a_j)^2}.$$

La somme cherchée est donc égale à

$$-2\sum_{i,j}(2a_i+2a_j+a_{i+j}+a_{i-j})=-12\sum_{i,j}a_i=-6(\nu-3)s_1.$$

On a donc enfin

$$\nu\frac{D\Omega}{\Omega} = [2\nu - 3 - 4(\nu - 5) - 6](\nu - 3)s_1 = -(\nu - 3)(2\nu - 11)s_1.$$

Comparons cette équation à celle qui détermine A,

$$\nu\frac{DA}{A} = -6s_1.$$

On aura

$$\frac{DA}{A} = \frac{(\nu - 3)(2\nu - 11)}{6}\frac{D\Omega}{\Omega};$$

d'où

$$A = \Omega^{\frac{(\nu-3)(2\nu-11)}{6}}F(\Delta).$$

FIN DE LA TROISIÈME PARTIE.

TABLE DES MATIÈRES.

TROISIÈME PARTIE.

FRAGMENTS.

CHAPITRE I.

Division des périodes par 5. — Résolution de l'équation du cinquième degré par les fonctions elliptiques.

CHAPITRE II.

Division des périodes par 7.

FRAGMENTS DIVERS.

I. — Sur la multiplication complexe dans les fonctions elliptiques et, en particulier, sur la multiplication par $\sqrt{-23}$.

II. — Parties aliquotes de périodes; leur répartition en groupes, quand le diviseur est un nombre premier.

III. — Fragments relatifs à la transformation.

15491 Paris — Impr. GAUTHIER-VILLARS ET FILS, quai des Grands-Augustins, 55.

www.ingramcontent.com/pod-product-compliance
Ingram Content Group UK Ltd.
Pitfield, Milton Keynes, MK11 3LW, UK
UKHW020558230726
13926UKWH00005B/2083